Монгол Улсад сэргээгдэх устөрөгчийн стратеги боловсруулах ажилд

OECD
BETTER POLICIES FOR BETTER LIVES

Эшилнэ үү:
OECD (2025), *Монгол Улсад сэргээгдэх үстөрөгчийн стратеги боловсруулах ажилд*, OECD Publishing, Paris, https://doi.org/10.1787/6b64f963-mn.

ISBN 978-92-64-53501-5 (Хэвлэл)
ISBN 978-92-64-64435-9 (PDF)
ISBN 978-92-64-73945-1 (HTML)

Зургийг: Нүүр © witsarut sakorn/Shutterstock.com.

Өмнөх үг

Монгол Улсын Эдийн засаг хөгжлийн яам (ЭЗХЯ)-аас Эдийн засгийн хамтын ажиллагаа, хөгжлийн байгууллага (ЭЗХАХБ)-ын Ази дахь тогтвортой дэд бүтцийн хөтөлбөр (АТДБХ)-т гаргасан хүсэлтийн дагуу сэргээгдэх эрчим хүчний салбарыг хөгжүүлэх үндэсний стратеги боловсролуулахад нь дэмжлэг болгон энэхүү баримт бичгийг боловсруулаа. АТДБХ нь Холбооны Герман Улсын Байгаль орчин, байгалийн баялгийг хамгаалах, цөмийн аюулгүй байдал, хэрэглэгчийн эрх ашгийг хамгаалах яам болон Байгаль орчны олон улсын санаачилгын санхүүжилтээр ЭЗХАХБ-ын тэргүүлсэн түншүүдийн корсорциумын хэрэгжүүлж буй хөтөлбөр юм.

Энэхүү тайлан гаргах хэрэгцээ шаардлагыг Улаанбаатар хотноо 2023 оны гуравдугаар сард ЭЗХАХБ-ын АТДБХ-ийн Монголын устөрөгчийн зөвлөл, Эрчим хүчний яам, Эдийн засгийн хөгжлийн яамтай хамтран зохион байгуулсан төр хувийн хэвшлийн дугуйн ширээний ярилцлага, цуврал уулзалтын үеэр зөвлөхүүдийн баг ажиллан тодорхойлсон болно. Улмаар 2024 оны дөрөвдүгээр сард зөвлөх баг семинар зохион байгуулж,тайлангийн төслийг танилцуулан санал шүүмжийг авсан билээ. Уг тайланд цаг үеийн бодлого, чиглэл төдийгүй оролцогч талуудын санал сэтгэгдэл, ажиглалтыг тусгав.

Энэхүү тайланг сэргээгдэх нүүрстөрөгчийн зах зээл, өртгийн сүлжээнд гарч буй шинэ боломж бололцоог холбогдох бодлого тодорхойлогчид, уг бизнесийг сонирхогч талуудад зориулав. Мөн Монгол Улс нүүрстөрөгчийн бага ялгаруулалт руу шилжихэд тайланд дурдсан зөвлөмжүүдийг бүх талууд ашиглах боломжтой. Нүүрстөрөгчийн хэрэглээг багатай, байгаль орчны тогтвортой байдлыг хамгаалсан аж үйлдвэрийг хөгжүүлэхэд ялангуяа устөрөгч зэрэг хамгийн орчин үеийн, шинэлэг технологийг нэвтрүүлэх нь урьдач нөхцөл болдог билээ.

Талархал

Энэхүү тайланг ЭЗХАХБ-ын Азийн тогтвортой дэд бүтцийн хөтөлбөр (АТДБХ)-ийн хүрээнд уг хөтөлбөрийн Төв Ази хариуцсан захирал Пелинь Атамерийн удирдлага дор боловсруулав. ЭЗХАХБ-ын Олон Улсын харилцааны Нарийн бичгийн дарга нарын газрын Евразийн хэлтсийн дарга Уильям Томпсон, ЭЗХАХБ-ын Байгаль орчны газрын Санхүү, хөрөнгө оруулалт, олон улсын харилцааны хэлтсийн дарга Ювал Ластер нарын стратегийн зөвлөмжүүд чухал хувь нэмэр оруулсан юм. ЭЗХЯ-ны Нэгдсэн бодлого, төлөвлөлтийн газрын дарга Л. Балчинлувсан энэхүү тайланг боловсруулахад биечлэн оролцож, хамтарсан болно.

ЭЗХАХБ-ын АТДХ-ийн газрын Люк Маклэ, Пелинь Атамер нар энэ тайланг бичлээ. Тайланд ЭЗХАХБ-ын АТДБХ-ийн туслах шинжээч Франческа Аль Түүм, Магги Кийвөрф нар, IV бүлэгт Д. Басандорж эксперт, ЭЗХАХБ-ын Байгаль орчны газрын Марийн Корндэвал, Лайла Дэйвис нарын судалгаа шинжилгээний ажлыг ашиглав.. Мөн дотоодын зөвлөх Д. Энхбаяр, АТДБХ-ийн Парис дахь офисын ажилтан Элиза Ларрахоэтия нар үнэ цэнтэй дэмжлэг үзүүлсэн юм.

Монголын талын оролцогчид, ЭЗХАХБ-ын хамт олон болон энэхүү төслийг амжилттай хэрэгжүүлэхэд бүхий л талаар дэмжлэг туслалцаа үзүүлж, үнэтэй зөвлөгөө, зааварчилгаа өгсөн бүх хүмүүс, үүний дотроос ЭЗХАХБ-ын Байгаль орчны газрын мэргэжилтнүүд: Кшиштоф Михалак, Вёржини Маршал, Дуглас, Херрик, Дегэр Сайгин, Жозеф Кордонньер, Мүнён Лий, Маттью Гриффитс, Такаёоши Като, Монголын Устөрөгчийн Зөвлөлийн гишүүн Б. Бямбасайхан, Ё.Итгэл, Монгол дахь НҮБ ХХ-ийн Суурин төлөөлөгч Матильда Димовска, НҮБ ХХ-ийн Төслийн үндэсний зохицуулагч Т. Дэлгэрнаран, Эрчим хүчний эдийн засгийн хүрээлэнгийн захирал Т. Махбал, Оюу Толгойн нүүрстөрөгчийг халах асуудал хариуцсан менежер М. Сайнтулга, ШУТИС-ийн проф. Д. Үлэмж, Шинэ уур амьсгалын хүрээлэнгийн Анна Нилссон, Меред Сайэнсэс По-гийн Микаа Блюгеон, GIZ байгууллагын Др. Дуня Хофман, Лукас, Диэтрих, ЭХЯ-ны М. Балдорж, Ньком Группын Г. Дагва, Т. Хишигт, ШУА-ын Др. Г. Сэвжидсүрэн, Говь Н2 төслийн Б. Бямбасайхан, Нэйл Янг, ЕвроХан төслийн Др Оливьер Шнорр, Давид Паули, Х. Гүнчин-Иш, Б. Хангайсайхан, СанСтепп Н2 туршилтын төслийн Л. Зула, Д. Даваасүрэн, Майк Бак, Монголын Алт (МАК)-ын Б. Золжаргал, М.Төгөлдөр, П. Тэмүүлэн нарт гүн талархал илэрхийлье.

Агуулга

Зураг

Хүснэгт

Хураангуй

Нүүрстөрөгчийг тэглэх дэлхий нийтийн хөдөлгөөн Монголын хувьд сэргээгдэх нүүрстөрөгч үйлдвэрлэгч орон болон хөгжиж эдийн засгийн боломж бололцоо үүсэх боломжтой бий

2050 он гэхэд ялгарлыг тэглэх дэлхий нийтийн зорилгод нэгдэн Уур амьсгалын талаарх Парисын гэрээнд Монгол Улс нэгдсэн билээ. Энэхүү амбицтай зорилгод хүрэхийн тулд одоо ашиглаж буй болон шинээр нээх технологиудыг бүрэн хэмжээнд аж үйлдвэрлэлд өргөнөөр ашиглаж байж нүүрстөрөгчийн ул мөр өндөртэй эдийн засгийн үйл ажиллагааг бууруулах болно. Үүний нэг нь устөрөгчийн, үүний дотор сэргээгдэх эрчим хүч ашиглан электролит үйлдвэрлэл явуулж сэргээгдэх устөрөгч үйлдвэрлэх технологи мөн. Технологийн хувьд өөрчлөхөд хэцүү металлург, цемент химийн үйлдвэрлэл, уул уурхай зэрэг үйлдвэрлэлд уламжлалт түлшний хэрэглээг халахад тодорхой давуу талтай. Олон Улсын Эрчим Хүчний Агентлаг (ОУЭХА)-ийн тооцоолсноор дэлхийн улстөрөгчийн үйлдвэрлэл 2021 оны 94 мегатонн (мт)-оос өсөн нэмэгдэж, 2050 он гэхэд 500мт-нд хүрнэ. Үүний 90% нь сэргээгдэх, эсхүл нүүрстөрөгч багатай эх сурвалжаас гарах ёстой.. Бараг бүх шаардлагатай хэрэгцээг хангахуйц устөрөгчийн эх үүсвэрийг шинээр суурилуулах шаардлагтай юм.

Сэргээгдэх устөрөгчийн дэлхийн зах зээл бэлэн болохын хэрээр энэ технологийн хэрэгцээ нэмэгдэж буй, энэ нь Монгол зэрэг хөгжиж буй орны хувьд маш том боломж юм. Ихэнх олон улсын байгууллагууд, аж үйлдвэрлэлийн салбарын оролцогч талууд сэргээгдэх устөрөгч уламжлалт шатах материалтай өрсөлдөхийн тулд килограмм нь гурван ам. доллараас бага үнэ өртөгтэй байх шаардлагатай гэж үзэж буй. Үнэ өртөг бүрдүүлж буй зүйлс нь олон янз, зарим нь байршлаас (зах зээлд хүрэх зай) бусад нь үйлдвэрлэлийн орцын хувьд асуудалтай байна. Үнэ өртөгт нөлөөлж буй хамгийн том хоёр хүчин зүйл нь электролиз болон сэргээгдэх эрчим хүчний тэгшитгэсэн үнэ юм. Технологи боловсронгуй болохын хэрээр ирэх жилүүдэд улам ихээр ашиглах болно, иймд электролизийн үнэ буурна гэсэн хүлээлт үүссэн тул сэргээгдэх эрчим хүчний үнэ нь үнэ тогтоогч гол хүчин зүйл болох юм. Монгол Улс сэргээгдэх эрчим хүчний баялаг нөөц боломжтой учраас сэргээгдэх устөрөгчийн салбарт өрсөлдөгч болох бүрэн боломж бий.

Монгол Улсын хувьд сэргээгдэх устөрөгч үйлдвэрлэх салбар хувийн хэвшлийн сонирхлыг аль хэдийнээ татаад буй. Өмнийн говьд ихэд тархацтай нар салхины эрчим хүч үйлдвэрлэх өндөр боломж Монголд аль хэдийн хөрөнгө оруулсан болон оруулах сонирхолтой хөрөнгө оруулагчид сэргээгдэх устөрөгчийн төслийн хувьд өөр өөр үе шатанд явна. Нүүрстөрөгч бага эдгээр дэвшилтэт шийдлийг сонирхож буй эдгээр эхний хүмүүсийн хувьд хоёр зүйл анхааран үзэж буй. Үүнд, нэгд нар салхины эрчим хүч үйлдвэрлэх боломж нөхцлийн чанар чансаа, хоёрт зах зээлд харьцангуй ойрхон байршил буюу Хойд Хятадын гангийн үйлдвэрүүдтэй газар зүйн хувьд дөхүү байдал юм. Энэ тайланд тодорхойлсончлон сэргээгдэх устөрөгчийн дотоодын зах зээл хөгжлийн анхан шатандаа, төсөл хэрэгжүүлэгчид оффтэйк гэрээг дотоодын томоохон үйлдвэрүүдтэй байгуулж эхэлсэн нь үйл ажиллагаандаа нүүрстөрөгч багасгах шилжилтэд бэлэн биш хэдий ч гаднаас ирж буй өртгийн сүлжээндээ нүүрстөрөгчийг багасгах шахалтаас болж эдгээр үйлдвэрүүд иймд шийдвэр гаргахад хүргэжээ.

Өрсөлдөх чадвартай сэргээгдэх устөрөгчийн үйлдвэрлэл Монгол Улсын эдийн засгаа солонгоруулах, нүүрстөрөгчийг халах үйл ажиллагааг дэмжих боломжтой

Сэргээгдэх устөрөгчийн үйлдвэрлэл хэрэглээг бий болгох нь Монгол Улсын хувьд хэд хэдэн ашиг тустай. Хэрэв сэргээгдэх эрчим хүчний арвин нөөцөө хөгжүүлж чадвал сэргээгдэх устөрөгч бага зардлаар үйлдвэрлэн экспортлох боломжтой юм. Бордооноос синтетик шатахуун гаргах хүртэлх эхлэл үедээ яваа устөрөгчийн ашиглалт хэрэглээ нэмэгдсэнээр экспортоо солонгоруулах урт хугацааны зорилтыг нүүрстөрөгч бага өртгийн сүлжээнд нэгдэн хэрэгжүүлэх боломж үүснэ.

Бага өртөгтэй сэргээгдэх устөрөгч үйлдвэрлэх нь юуг яаж олборлох нь өөрчлөгдөн хувьсаж буй Монголын уул уурхайн салбарт сайн нөлөө үзүүлнэ. Ерөнхийдөө аж үйлдвэрлэл ялангуяа уул уурхайн салбар хөгжүүлэх сайн төлөвлөгөө төрөөс боловсруулж хөрөнгө оруулалт цутгах төв болох зорилго тавьжээ. Уул уурхайн салбарын цаашдын хөгжилд нүүрстөрөгч бууруулах асуудал нь боломж, шалгуур болж байна. Нэг талаасаа 2023 онд COP 28-оос гарсан уламжлалт түлшнээс татгалзах шийдвэрээс улбаалан Монголын нүүрсний экспортын ирээдүй тодорхойгүй. Нөгөө талаасаа цахилгаан машин, тоног төхөөрөмжийн үйлдвэрлэлд тус улсын гол уул уурхайн бүтээгдэхүүн болох зэс, нөөц нь бүрэн тодорхойлогдоогүй газрын ховор элементүүд чухал орц нь юм.

Ногоон шилжилтийн үед уул уурхай эдийн засгийн чухал салбар хэвээр байх боломж бий. Гэхдээ уул уурхайн салбарт устөрөгч ашиглах хөрөнгө оруулалтын шийдвэр зэрэг нүүрстөрөгч багатай технологи дэмжсэн бодлогын өөрчлөлт хийхгүйгээр Монголын аж үйлдвэрийн салбарын хөгжил төрөөс баримталж буй тогтвортой хөгжлийн амбицтай зорилттой нийцэхгүй. Монголын нүүрсээр эрчим хүч үйлдвэрлэдэг системд уул уурхайн салбар томоохон хэрэглэгч, цаашид ч хэрэглээ нь өсөн нэмэгдэх тул эхлээд дотооддоо энэ чиглэлд өөрчлөлт хийвэл урт хугацаандаа бусад салбарт нүүрстөрөгчийг халахад чухал түлхэц болж чадна. Уул уурхайн өртгийн сүлжээнд бүхэлд нь нүүрстөрөгчийг халах дэлхий даяар чармайж байгаа энэ үед Монгол Улс хүдэр хайлуулах зэрэг нэмүү өртөг илүү шингээсэн боловсруулах үйлдвэрлэл явуулбал нүүрснээс өөр түүхий эд ашиглан эрчим хүч үйлдвэрлэх хэрэгцээ шаардлага улам нэмэгдэх болно. Энд сэргээгдэх эрчим хүчний технологи чухал үүрэг гүйцэтгэх боломжтой.

Сэргээгдэх устөрөгчийн үйлдвэрлэл хөгжүүлэх стратеги: Хувийн хэвшлийн сонирхолд тулгуурлан Монгол Улсын нүүрстөрөгч багасгах шилжилт хийх зорилготой нийцүүлэхүй

Сэргээгдэх устөрөгчийн үйлдвэрлэлийг хөгжүүлснээр бий бий болох боломж, сорилтын хүлээн зөвшөөрч Монголын төр устөрөгч хөгжүүлэх стратегиэ тодорхойлох ажил эхлүүлээд байна. Энэ тайланд томьёолсончлон хэрэв сэргээгдэх устөрөгчийн үйлдвэрлэл хөгжүүлэх бол төр тодорхой манлайлал үзүүлэх хэрэгтэй. Монголын Устөрөгчийн зөвлөлөөр дамжуулан илэрхийлсэн хувийн хэвшлийн сонирхлыг хүлээн авч, ндэсний хэмжээнд устөрөгчийн үйлдвэрлэл хөгжүүлэх стратеги боловсруулах ажлыг ЭЗХЯ анхлан санаачилсан болно. Ингээд Эрчим хүчний яам, Аж үйлдвэржилтийн үндэсний хороо зэрэг төрийн бусад байгууллагууд Монгол Улсад устөрөгчийн үйлдвэрлэл хөгжүүлэх, хэрэглэх боломж, бололцоог судлан үзэж байгаа юм.

Шийдвэр гаргагчдын хувьд устөрөгчийн үйлдвэрлэл хөгжүүлэх зорилго нь бусад бага нүүрстөрөгчийн салбарт хөрөнгө оруулалт, инновац шийдлийг сааруулахгүйгээр бодлогын дэмжлэг үзүүлэх нь чухал. Монголын байгалийн баялаг сэргээгдэх устөрөгчийн чухал үйлдвэрлэгч болж хөгжих боломжтой хэдийн ч энэ зах зээлийн ирээдүй тодорхойгүй, дотоодын уул уурхайн компаниуд нүүрстөрөгчийг халах чиглэлд өөр бусад технологи туршиж буй. Иймд сэргээгдэх устөрөгчийн хувьд инновац, үйлдвэрлэл хөгжүүлэх бодлогын дэмжлэгийг зэрэгцүүлэн хийснээр хувийн хэвшлийн бусад бага нүүрстөрөгчийн технологи нэвтрүүлэх үйл ажиллагааг нөлөөлөхгүйгээр хийнэ гэдэг сорилт мөн. Иймд 'технологийн хувьд дагнасан бус" инновац, үйлдвэржилтийн шийдэл гарц гаргалгаа сэргээгдэх устөрөгчийн үйлдвэрлэлийн чадавх бүрдүүлэхэд бодлогын түвшинд чухал болох ба эрчим хүчний салбарт нүүрснээс татгалзах гэх мэт "харамсах юмгүй" бодлого явуулах нь өргөн утгаараа нүүрстөрөгч тэглэх орчныг сайжруулна. Үүнээс гадна дэлхийн сэргээгдэх устөрөгчийн зах зээлд анхлан орж Монголын өрсөлдөх чадварыг сайжруулахад дэмжлэг үзүүлэх (татаас өгөх, татварын хөнгөлөлт үзүүлэх гм.) болон олон улсад зах зээл хөгжин технологийн өртөг буурахыг тооцон үзэж илүү зөв зохистой төсвийн хөрөнгийг зөв зохистой зарцуулах үйл ажиллагаанд тэнцвэртэй хандах шаардлагатай.

Бага нүүрстөрөгчийн хэрэглээнд аливаа эдийн засгийн шилжилт тогтолцооны асуудалтай тулдаг, амжилтад хүрэхийн тулд худалдан авагчид, оролцогч талуудын ашиг сонирхлыг бодлогын шийдэлтэй уялдуулах асуудалтай нүүр тулдаг. Хэдий өмнө нь олон бэрхшээл байгаа болович Монгол Улсын бага нүүрстөрөгчийн хэрэглээ рүү хийж буй шилжилт эхэн үедээ яваа, хувийн хэвшил сэргээгдэх устөрөгч үйлдвэрлэхийг сонирхож эхэлж буй явдал давхцаж буй нь сонирхолтой тохиолдол байж болно. Сэргээгдэх устөрөгчтэй холбоотой Монголын амбиц урт хугацаандаа тогтвортой, өрсөлдөхүйц эдийн засагтай болоход зайлшгүй хийх шаардлагатай аж үйлдвэрлэлд нүүрстөрөгчийг халах гол хөшүүрэг болж чадна. Хэрэв Монгол Улс эхлэлийн шатандаа байгаа энэ салбарыг хөгжүүлэх аваас ирэх жилүүдэд дэд бүтэц, технологи, чадал чансаагаа нэмэхтэй холбоотой шийдвэрүүд дотоодын аж үйлдвэрийн салбар, байгаль орчны тогтвортой байдалд хэрхэн нөлөөлөхийг тодорхойлох юм. Монголд устөрөгчийн хөгжил зогсох, хойшлуулах, удаан хугацаанд зогссон ч гэсэн энэ тайланд заасан үйл ажиллагаа нь төр засгийн бага нүүрстөрөгчийн хэрэглээнд шилжих зорилтыг хангахад мэдлэг, ур чадвар, технологи, санхүүгийн дэмжлэг үзүүлж аж үйлдвэрийн салбарыг илүү тогтвортой байдлаар хөгжүүлэхэд туслах нь дамжиггүй.

Сэргээгдэх устөрөгчийн салбар хөгжүүлэхэд үйл ажиллагаа, стратеги зохицуулалтыг дөрвөн чиглэлд анхаарах шаардлагатай

Хөрөнгө оруулалт татах

Уул уурхайн салбарт төвлөрч ирсэн ГШХО-ын туршлагатай Монголын хувьд сэргээгдэх устөрөгчийн салбарыг хөгжүүлэхийн тулд технологи, дэд бүтцэд гадаадаас маш их хөрөнгө татах шаардлагатай. Чухам яагаад Монголд, яг одоо хөрөнгө оруулах хэрэгтэйг төр засгаас тайлбарлан ухуулах хэрэгтэй. Үүний тод жишээ нь сэргээгдэх эрчим хүчний дэд бүтцийн үйлдвэрлэл, дамжуулах шугам сүлжээнд хөрөнгө оруулалт шаардлагатай. Өмнө нь 600 мегаватт (МВ) хүчин чадал суурилуулах сэргээгдэх эрчим хүчний төсөл яригдсан ба энэ нь тус улсад одоо суурилагдсан байгаа хүчин чадлаас даруй хоёр дахин их. Тус улсын сэргээгдэх эрчим хүчний нөөц арвин ч гэсэн дэд бүтцэд хөрөнгө оруулалт олдоогүй нь нэг төрлийн эрсдэл болох хөнгөлөлт чөлөөлөлттэй холбоотой. Хөрөнгө оруулагчид эрсдэлээ, ялангуяа устөрөгчийн төсөл эхлүүлэх үед бүтээгдэхүүн худалдан авах гэрээ байгуулах зэрэг төр-хөрөнгө оруулагчийн хамтын ажиллагаа онц чухал. Иймд хөрөнгө оруулагчийн итгэлийг нэмэгдүүлэх шаардлагатай. Мөн Монгол Улсад сэргээгдэх устөрөгч үйлдвэрлэл эрхлэх боломжтой болохыг сурталчлан таниулж, энэ чиглэлийг хөгжүүлж буй бусад улс орнуудтай өрсөлдөн хөрөнгө оруулагчдын анхаарлыг татах нь зүйтэй.

Инновац технологи хослуулан нүүрстөрөгчийн ялгарлыг бууруулах нь

Монгол Улсын аж үйлдвэрийн салбарт нүүрстөрөгчийг халахад устөрөгч голлох үүрэг гүйцэтгэх боломжтой хэдий бага нүүрстөрөгчийн технологи нэвтрүүлэхэд салбар бэлэн биш байна байна. Дотоодын хэрэгцээнд ийм технологи хөгжүүлэх, нэвтрүүлэх хэрэгцээ өндөр байгааг зах зээлийн нөхцөл байдал харуулж, нүүрстөрөгчийн үнэ тогтоох, тусгай нөхцлөөр төр худалдан авах, төрийн захиалгаар судалгаа, хөгжүүлэлтийн (СХ) ажил хийх, үнэ тогтоох зэрэг бодлогын арга хэмжээг авах шаардлага үүсчээ. Бага нүүрстөрөгчийн технологид инновац нэвтрүүлэх ажиллагаа ерөнхийдөө үндэстэн дамнасан уул уурхайн компаниудад явагдаж байгаа нь гадаад талаасаа нүүрстөрөгчийг халах дарамтын дор өртгийн сүлжээнд тогтвортой хөгжлийн зорилтыг хангах шаардлагаас үүдэлтэй. Эдгээр компаниуд СХ-ийн олон улсын сайн сүлжээгээ энэ чиглэлд ашиглаж буй. Хувийн болон төрийн өмчид компанид (ТӨК) аль алинд нь устөрөгчтэй холбоотой инновац хийгдэж байгаа нь тус улсын нүүрс олборлох салбарт нэмүү үнэ цэн бий болгох гэсэн төрийн бодлоготой холбоотой, энэ төрлийн технологийн дэвшил нэвтрүүлэх нь Монголын тэргүүлэх эдийн засгийн салбарт инновац нэвтрүүлэх чадавхыг шалгаж буй хэрэг боловч инновацид оруулсан зардал нь сэргээгдэх устөрөгчийн дэлхийн зах зээлийн хүлээлт, деривативт тавих бүрэлдэж буй стандарттай нийцэхгүй байх эрсдэлтэй юм.

Сэргээгдэх устөрөгчийн үйлдвэрлэлийн хэрэглээний усны тогтвортой хангамж

Сэргээгдэх эрчим хүчнээс гадна устөрөгчийн үйлдвэрлэлд зайлшгүй шаардлагатай орц бол ус, ялангуяа чанартай цэвэр ус мөн. Улс даяараа биш гэхэд бүс нутгийн түвшинд Монгол Улсад усны хомсдол нүүрлээд буй. Энэ нь сэргээгдэх устөрөгчийн үйлдвэрлэл далайцтай хөгжүүлэхэд ихээхэн нөлөө үзүүлнэ. Нутгийн хойд хэсгээр цэвэр усны нөөц, өмнөд хэсгээр сэргээгдэх эрчим хүчний нөөц төвлөрсөн нь газар зүйн байршлын хувьд үл давхцал үүсгэж буй. Усны хэрэглээ өндөр уул уурхай төвлөрсөн өмнийн говьд бүх сэргээгдэх устөрөгчийн туршилтын төслүүд одоогоор байршиж байна. Эрдэсжилт өндөртэй гүний ус л ашиглах боломжтой, гэвч гүний нөөц, нөхөн сэргэх чадвар нь тодорхойгүй. Бусад хөгжиж буй орнууд устөрөгчийн үйлдвэрлэлд цэвэршүүлсэн далайн ус ашиглах боломжтой бол Монголд боломжгүй. Сэргээгдэх эрчим хүчний нөөцөө ашиглах нь тус улс бага нүүрстөрөгчийн зорилтоо хангахад онц шийдвэрлэх үүрэгтэй, харин устөрөгчийн үйлдвэрлэлийн хувьд усны эх үүсвэрээ зөв тодорхойлж, усны ашиглалт нь байгаль орчинд ээлтэй, нийгэм хүлээн зөвшөөрсөн эсэхээс төслийн амжилт шалтгаална.

Үндэсний хэмжээний алсын хараа, стратеги бүтээхэд салбар бүрийн оролцогч талуудыг нэгтгэх платформ хэрэгтэй

Сэргээгдэх (зарим тохиолдолд дэлгэрэнгүй утгаараа бага нүүрстөрөгчийн гэх) устөрөгчийн үйлдвэрлэл ашиглалтыг олон орон төлөвлөж буй энэ цагт, энэ чиглэлд, энэ ажлыг урагшлуулах зохицуулах механизм үүсгэхийн тулд үндэсний хэмжээний алсын хараа, стратеги боловсруулах хэрэгтэй. Монгол Улсын хувьд ЭЗХАХБ, НҮБ ХХ зохион байгуулж хэд хэдэн яамд, Монголын устөрөгчийн зөвлөл зэрэг хувийн хэвшлийн төлөөлөл, үндэсний эксперт, судлаачид, олон улсын түншүүдийг нэгтгэн байгуулсан төр хувийн хэвшлийн хамтарсан ажлын хэсэгт тулгуурлан энэ ажлыг хийх боломжтой. Инновац, технологи дамжуулалт, ус болон устөрөгч, дэд бүтэц, стандарт зохицуулалт зэрэг тухайлсан асуудлаар ажлын хэсэг байгуулж болно. Үндэсний хэмжээнд аж үйлдвэржилтийн бодлого хэлэлцэх ийм платформ байгуулснаар олон талаараа чухал ач холбогдолтой. Энэ нь тал бүрийн мэдлэг, мэдээллийг нэгтгэх, ялангуяа бодлого зохицуулалттай холбоотой гогцоо асуудлыг олж тогтоох, шийдэл олоход дөхөмтэй. Мөн шинэ ногоон технологийн талаарх инстүүц мэдлэг нэмэгдүүлэх нь гарах үр дагавар болон эдийн засгийн өсөлт, нүүрстөрөгч тэглэх бодлоготой хэрхэн уялдаж байгааг ойлгоход тустай.

1 Оршил: Монгол Улс бага нүүрстөрөгчтэй хэрэглээнд шилжих үйл явцыг дэмжих сэргээгдэх устөрөгчийн стратеги

Энэхүү бүлэгт Монгол Улсад сэргээгдэх устөрөгчийн стратегийг боловсруулах үндэслэлийг танилцуулна. Тус улсын эдийн засаг нь нүүрс болон бусад ашигт малтмалын олборлолт, түүнээс улбаалсан байгаль орчин, нийгмийн өндөр өртөгтэй үйл ажиллагаанаас шууд хамааралтай байдаг. Нүүрс уул уурхайн салбар болон эрчим хүчний үйлдвэрлэлд чухал үүрэгтэй. Монгол Улс Парисын хэлэлцээрийн хүрээнд утааг бууруулах үүргээ биелүүлэхэд хүндрэл учруулж болзошгүй юм. Иймд Монгол Улс ногоон технологийн хөгжил, дэвшил, шинэ эрчим хүчний эх үүсвэрүүдийг судлах шаардлагатай болж байна. Өмнөговийн бүс нутаг, цөлд хувийн хэвшлийн сэргээгдэх устөрөгчийн төсөл хэрэгжиж эхэлсэн энэ үед, Монгол Улсын Төр сэргээгдэх устөрөгчийн үндэсний стратегийг боловсруулах боломжийг ашиглах хэрэгтэй. Энэхүү стратеги нь эхний төслүүдийг дэмжиж, нүүрстөрөгч багасгах, байгальд ээлтэй технологийг хөгжүүлэх үндсийг тавих болно. Сэргээгдэх устөрөгчийн үйлдвэрлэл, хэрэглээг тогтвортой удирдан чиглүүлснээр Монгол Улс эдийн засгийн нүүрстөрөгчгүйжилтэд хүрч, илүү уян хатан, тогтвортой хөгжлийн шатанд шилжих боломжтой.

Монгол Улсын эдийн засгийн загвар нь нүүрсхүчлийн хий бага ялгаруулдаг шилжилтэд хүндрэл учруулж байна.

Монгол Улс нүүрсхүчлийн хий бага ялгаруулах амлалтаа биелүүлэх, мөн улсаа илүү уян хатан, байгаль орчинд ээлтэй эдийн засгийн замд оруулахад шаардлагатай өөрчлөлтүүдийг хэрэгжүүлэх чадамж бүрдүүлэх зорилт нь хоёр харилцан уялдаатай сорилтыг шийдвэрлэхэд чиглэж байна. Нэгдүгээрт, Монгол Улсын эдийн засгийн өсөлт ойрын ирээдүйд нүүрс болон бусад ашигт малтмалын бүтээгдэхүүний экспортоор хангагдах бөгөөд энэ нь утаа ихээр ялгаруулдаг. Хоёрдугаарт, тус улсын эрчим хүчний систем нь нүүрсэнд үндэслэсэн бөгөөд Монгол Улс дэлхийн хамгийн өндөр эрчим хүчний хэрэглээтэй орны нэг юм. Монгол Улс уур амьсгалын өөрчлөлтийн тухай Парисын хэлэлцээрээр Үндэсний тодорхой хувь нэмэр (ҮХЦ) зорилтуудыг биелүүлэх амлалт хүлээж, сүүлийн жилүүдэд эдийн засгийг нүүрстөрөгчөөс ангижруулахад чиглэсэн төлөвлөгөө, бодлогуудыг хэрэгжүүлсэн ч цэвэр эрчим хүчний шилжилт хийж эхлээгүй байна. Энэ бүлэгт Монгол Улсыг нүүрстөрөгчгүйжүүлэхэд тулгарч буй сорилтуудыг нарийвчлан авч үзнэ.

Сүүлийн 20 гаруй жилийн хугацаанд голчлон ашигт малтмалын экспортоос хамаарч Монгол Улсын эдийн засгийн өсөж байна.

1990-ээд оны эхэн үеийн гүн хямралаас гарснаас хойш Монгол Улсын эдийн засаг тогтвортой өсөж, 2000-2022 оны хооронд дунджаар 5.9%-ийн өсөлттэй байсан (IMF, 2023[1]). 1998-2018 оны хооронд ядуурлын түвшин 28.5%-аас 0.7% (өдөрт 2.15 ам.доллар буюу ядуурлын шугамын доод түвшин) болж буурсан бөгөөд (World Bank, 2023[2]), нэг хүнд ногдох ДНБ (PPP) 13.1%-иар өсжээ. Эдийн засгийн хөгжил 2000 оны дундажтай харьцуулахад 2022 онд 28.3%-иар нэмэгдсэн боловч эдийн засгийн өсөлт сүүлийн жилүүдэд удааширсан (World Bank, 2023[3]). 2000 оноос хойш эдийн засгийн бүх салбарт бүтээмж мэдэгдэхүйц өссөн бөгөөд, жишээлбэл, 2000 онд хөдөө аж ахуйн салбарт нэг ажилтанд ногдох бүтээмж 1875 ам.доллар байсан бол 2019 онд 5705 ам.доллар болж нэмэгджээ. Аж үйлдвэрийн салбарт нэг ажилтанд ногдох бүтээмж 9395 ам.доллароос 14156 ам.доллар болж нэмэгдсэн (2010). Харин үйлчилгээний салбарт бүтээмжийн өсөлт бага байж, нэг ажилтанд ногдох бүтээмж 9516 ам.доллар болсон байна (World Bank, 2023[3]).

Энэхүү өсөлтийг голчлон зэс, алт, нүүрс зэрэг ашигт малтмалын бүтээгдэхүүний олборлолт, экспортын өсөлт бүрдүүлж байна. Монгол Улсын экспортын 70.1%-ийг боловсруулаагүй эрдэс бүтээгдэхүүн эзэлдэг бөгөөд, хамгийн том зах зээл болох Хятад улс Монголын нийт экспортын 73%-ийг худалдан авдаг. 2011-2021 онуудад Монгол Улсын экспорт 131%-иар өсчээ (OEC, 2023[4]). 2021 онд Монгол Улсаас БНХАУ-д экспортолсон бүтээгдэхүүний 38% нь зэсийн хүдэр, 32.1% нь нүүрс, 12.4% нь төмрийн хүдэр, 3.58% нь түүхий нефть, 2.23% нь цайрын хүдэр байв (OEC, 2023[4]). Монгол Улс дэлхийн хэмжээнд 24-т орох том батлагдсан нүүрсний нөөцтэй (2.5 тэрбум тонн) бөгөөд, 2019 онд 1,123,854 тонн, 2021 онд 892,455 тонн нүүрс олборлосон байна. Тус улс хэмжээгээрээ дэлхийн 14-т орох нүүрс олборлогч бөгөөд эдийн засаг, эрчим хүчний салбарт нь нүүрс гол ач холбогдолтой. 2022 онд Монгол Улс нэг хүнд ногдох 61,257 киловатт/цаг (кВт/цаг) нүүрс олборлосон нь Австралийн (121,618 кВт/цаг) дараа орж байна. ОУВС-гийн 2020 оны судалгаагаар нүүрс олборлолт Монгол Улсын ДНБ-ий 30%-ийг бүрдүүлж, үүнээс нүүрсний цэвэр экспорт нь ДНБ-ий 22.5%-тай тэнцэж байна. Эдгээр үзүүлэлт нь Монгол Улсыг нүүрс олборлогч орны хувьд бусад судалгаанд хамрагдсан улс орнуудаас илт давуу байна (BP, 2022[5]) (IMF, 2022[6]).

Дотоодын зах зээл жижиг учраас Монгол Улсын эдийн засгийн өсөлт нь гадаад эрэлт, тэр дундаа Хятадаас улам бүр ихээхэн хамааралтай болж байна. Дотоодын аж үйлдвэр, үйлдвэрлэлийн бүтээгдэхүүний ихэнх хувийг экспортолдог Монгол Улсын 2022 оны бараа, үйлчилгээний экспорт ДНБ-ий 69.7%-тай тэнцэж байв. Энэ хувь нь ЭЗХАХБ-ын дунджаас 30.4%-иар өндөр бөгөөд Казахстан зэрэг олборлолтод түшиглэсэн эдийн засаг бүхий бүс нутгийн ижил төстэй орноос (33.5%) илүү өндөр үзүүлэлт юм (World Bank, 2023[3]). Монгол Улсын эдийн засгийн нөхцөл байдал нь Евразийн шилжилтийн эдийн засагтай орнуудтай төстэй бөгөөд дотоодын зах зээл жижиг байх тул гадаад худалдаа нь дотоодын үйлдвэрлэлд чухал үүрэг гүйцэтгэж байна.

Экспортын бүтээгдэхүүн, худалдааны түншийн хэт төвлөрөл нь гадны нөлөөнд өртөмтгий байдлыг нэмэгдүүлж байна. COVID-19 цар тахлын улмаас олон улсын эдийн засгийн үйл ажиллагаа зогсонги байдалд орж Монгол Улс 2020 онд ДНБ 4.6%-иар буурч, эдийн засаг нь 8.4%-иар унасан Киргизийн дараа Төв Азид эдийн засгаараа хамгийн хүнд цохилт авсан улс орнуудаас хоёрт орсон (World Bank, 2023[3]). Хятад улсын хилээ хаах шийдвэр нь Монгол Улсын эдийн засагт шууд цохилт болж, аж үйлдвэр, худалдаанд нөлөөлсөн (World Bank, 2023[7]). 2020 онд уул уурхайн салбарын зогсонги байдал нь тус улсын эдийн засгийн уналтад хүргэсэн хамгийн том хүчин зүйл болж, ДНБ-ий уналтын 31.3%-ийг эзэлж байна (National Statistical Committee of Mongolia, 2022[8]).

Уул уурхайн салбар нь өнөөгийн нөхцөлд улс орны эдийн засгийн хөгжилд чухал ач холбогдолтой хэвээр байх болно. Хятад улс 2022 онд хилээ дахин нээснээс хойш уул уурхайн олборлолтын хэмжээ нэмэгдэж, тус салбарын үйлдвэрлэлийн хэмжээ тухайн жилдээ нэмүү өртгийн 25.8%-ийг эзэлж, Казахстан (15.6%), Узбекистан (4.3%) зэрэг Төв Азийн “Ази дахь тогтвортой дэд бүтцийн хөтөлбөр”-ийн бусад улс, орнуудтай харьцуулахад хамаагүй өндөр байна (Зураг 1.1). 2011-2022 оны хооронд Монгол Улсад орж ирсэн гадаадын шууд хөрөнгө оруулалтын (ГШХО) 72.8 хувийг уул уурхайн салбар эзэлж байна (National Statistics Office of Mongolia, 2023[9]). Оюу толгойн зэс, алтны ордод далд уурхайд олборлолт эхэлж, 2023-2025 онд олборлолт хоёр дахин өсөх төлөвтэй байгаа тул уул уурхайн салбарын Монгол Улсын эдийн засагт оруулах хувь нэмэр ойрын жилүүдэд өсөх төлөвтэй байна (World Bank, 2023[10]). Худалдааны түншүүд Монголын газрын хэвлий дэх ашигт малтмал, тэр дундаа зэс, газрын ховор элемент, уран зэрэг бусад ашигт малтмалыг ашиглах сонирхол нь уул уурхайн хөгжилд хөтөлж байна. 2011 онд Монголын ашигт малтмалын баялаг 1-3 их наяд ам.долларт хүрсэн байна (Brian S. Fisher, 2011[11]). Салбарыг хөгжүүлэх үндэсний төлөвлөгөөг энэхүү тайлангийн 3-р бүлэгт авч үзсэн болно.

Зураг 1.1. Монгол Улс, бүс нутгийн болон ЭЗХАХБ-ын гишүүн улс нутгийн үйлдвэрлэлийн бүтэц

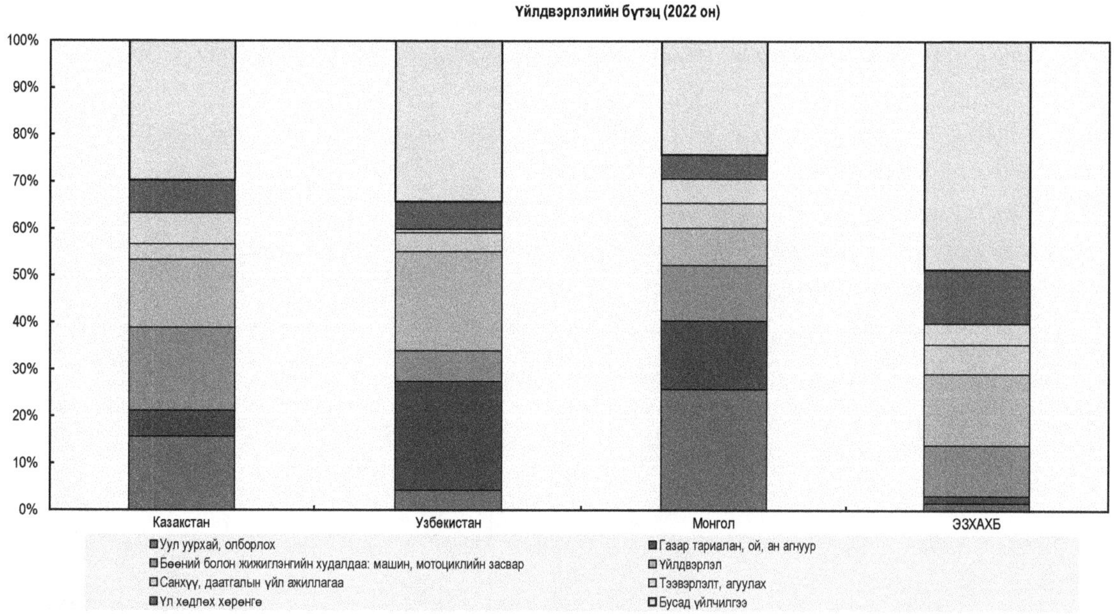

Тайлбар: Эдийн засгийн бүх төрлийн үйл ажиллагааны салбарын (ISIC) ангиллын дагуу эдийн засгийн үйл ажиллагаа. "Бусад" нь гэдэг ангилалд: Төрийн удирдлага, батлан хамгаалах; нийгмийн даатгал; Боловсрол; Барилга; Хүний эрүүл мэнд, нийгмийн ажил; Мэдээлэл, харилцаа холбоо; Цахилгаан, хий, уур, агааржуулалт; мэргэжил, шинжлэх ухаан, техникийн үйл ажиллагаа; Орон байр, хоолны үйлчилгээ; Захиргааны болон туслах үйлчилгээ; Усан хангамж; ариутгах татуурга, хог хаягдлын менежмент, цэвэрлэгээ; Бусад үйлчилгээ; Урлаг, зугаа цэнгэл, амралт; өрхийн үйлдвэрлэл; өрх өөрийн хэрэгцээнд зориулан бараа, үйлчилгээний үйлдвэрлэл.
Эх сурвалж: Монгол, Узбекистан, Казахстан Улсын Үндэсний статистикийн агентлагуудаас авсан мэдээ (OECD, 2021[12]).

Аж үйлдвэрийн салбар нь эрчим хүчний салбар шиг шууд хүлэмжийн хийн ул мөргүй (Зураг 1.2а ба Хайрцаг 1.1) боловч хүлэмжийн хий болон бусад хэлбэрийн бохирдлын гол эх үүсвэр болдог (IEA, 2022[13]). Монгол Улсын нийт хүлэмжийн хийн ялгаралтын 6%-ийг аж үйлдвэр ээлдэг бөгөөд дийлэнх нь уул уурхайн салбараас, 95% нь уул уурхайн үйл ажиллагаанаас үүдэлтэй (Зураг 1.2); Энэ нь ЭЗХАХБ-ын дунджаас 10.5%-иар бага боловч ижил төстэй Казахстан (3.1%), Узбекистан (6.1%)-аас өндөр боловч чиг хандлага нь ерөнхийдөө нийцэж байна (Gutschow et al., 2022[14]). (НҮБХБХБ Холбооны мэдээлснээр энэ нь арай доогуур түвшинд буюу Монголын нийт ялгарлын 3 орчим хувьтай тэнцэж байгаа боловч). Сүүлийн 20 жилийн хугацаанд тус салбарын үйлдвэрлэл өсөхийн хэрээр шууд ялгаралтын хэмжээ огцом өссөн. Монгол Улсын уул уурхайн салбар нь нүүрстөрөгчийн өндөр эрчимтэй гэдгээрээ онцлог бөгөөд энэ нь уул уурхайн үйл ажиллагааг эрчим хүчээр хангахад ашиглагдаж буй чулуужсан түлшний эзлэх хувь маш өндөр байдагтай холбоотой юм. ЭЗХАХБ-ын дундаж 0.36 ам.доллартой харьцуулахад Монголын уул уурхай нь нэг кг CO2 ялгаруулж 0.15 ам.долларын нэмүү өртөг үйлдвэрлэдэг (Зураг 1.с). Уул уурхайн өсөлт ба цахилгаан эрчим хүчний эрэлтийн хамаарлыг судлахад Монгол Улсын утааны үзүүлэлтэд уул уурхайн нөлөөлөл маш тод харагддаг. Тус улс одоо өмнөд говийн бүс нутгийн уул уурхайн үйл ажиллагаанаас өсөн нэмэгдэж буй цахилгаан эрчим хүчний хэрэгцээг хангахын тулд нүүрсээр галладаг ТЭЦ барьж байна.

Монголын уул уурхай нь нэг мегажоуль (МЖ) эрчим хүч тутамд 2.2 VA долларын үйлдвэрлэж байгаа бөгөөд ЭЗХАХБ-ын дундаж нэг МЖ эрчим хүч 6.35 ам.доллар (.Зураг 1.1d)). Австрали,

Канад зэрэг уул уурхайн томоохон эдийн засагтай орнуудтай харьцуулбал нэг кг CO2 нь 0.52 VA ам. доллар, нэг кг CO2 нь 6.01 ам. доллар, нэг кг CO2 нь 1.52 ВА ам. доллар/МЖ 27.3 ам.доллар байдаг. Тиймээс энэ салбар эрчим хүч их шаарддаг төдийгүй үр ашиг багатай байдаг. Монгол Улсын эдийн засгийн үр ашгийг дээшлүүлэхэд эрчим хүчний үр ашиг ихээхэн нөлөөтэй. Аж үйлдвэрийн технологи, үйл явцыг шинэчлэх нь ахиу зардлыг бууруулах муруйн доод хэсэгт мэдэгдэхүйц сайжруулна.

Зураг 1.2. Монгол Улсын уул уурхайн ялгаруулалт ба аж үйлдвэрийн бүтээгдэхүүний нүүрсхүчлийн эрчим

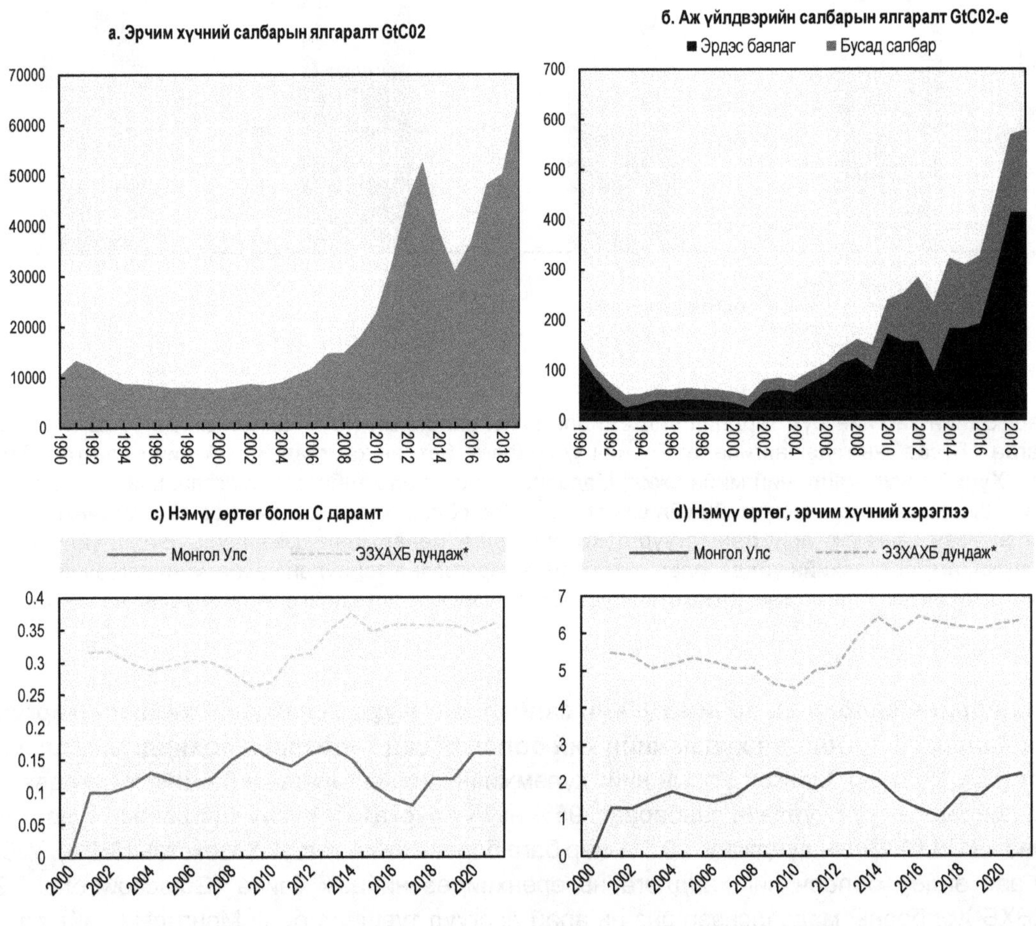

Тайлбар: Зураг 1.2с-д 1 кг CO2-д ногдох уул уурхайн салбарын нэмүү өртгийн хэмжээг графикаар харуулав. Зураг 1.2d-д хэрэглэсэн эрчим хүчний MJ тутамд уул уурхайн салбарын нэмүү өртгийн хэмжээг графикаар харуулав.

Эх сурвалж: Зураг 1.2а ба б дээр үндэслэсэн (Gutschow et al., 2022[14]). Зураг 1.2с ба d дээр үндэслэсэн (IEA, 2023[15]).

Хүнд аж үйлдвэрийн бусад салбарын нэгэн адил уул уурхайн үйл ажиллагаанаас ялгарах хорт утааг "багасгахад хэцүү" гэж үздэг. Ерөнхийдөө цахилгаанжуулалт, түүний үр ашгийг дээшлүүлэхэд арилжааны технологийн шийдлүүдийг нэвтрүүлж улмаар хязгаарлагдмал хүрээнд ялгаралтыг бууруулах боломжийг тусгасан болно. Энэ нь бусад улс орны нэгэн адил Монголд ч үнэн боловч эрчим хүчний хэрэглээний үр ашиг, нүүрсхүчлийн хийн ялгаруулалтыг үйлдвэрлэлтэй харьцуулахад Монгол Улс болон бусад уул уурхайн эдийн засагтай улс орнуудын хооронд ихээхэн зөрүүтэй байна. Тус улс уул уурхайн тогтвортой байдлыг сайжруулах, нүүрстөрөгчийн эрчимжсэн үйл ажиллагаа, ялангуяа эрчим хүчний салбарт технологийн шинэчлэл хийж, эдийн засгийн бусад салбаруудад дамжих нөлөө үзүүлэх арга замуудыг эрэлхийлэх шаардлагатай байгааг харуулж байна. Засгийн газраас үйлдвэржилт, эдийн засгийн хөгжлийн стратегийн хүрээнд уул уурхайн үйл ажиллагааны цар хүрээг ихээхэн өргөжүүлэхээр зорьж байгаа нь Монгол Улсын аж үйлдвэрийн утааны ул мөрд нөлөөлнө (Government of Mongolia, 2020[16]) (Government of Mongolia, 2023[17]). Энэ нь тогтвортой, бага нүүрстөрөгчтэй технологийг аж үйлдвэрийн төлөвлөлтөд нэгтгэх үндэслэл, шалтгаан болж байгаа бөгөөд тухайлбал, бага нүүрстөрөгчтэй технологиудыг Монголд шинээр бий болж буй гангийн үйлдвэрлэлд нэвтрүүлэх, нутагшуулах үйл явцыг дэмжих хэрэгтэй. Жишээ нь, хэлэлцүүлгээс харахад Дарханы гангийн үйлдвэрийг хөгжүүлэх нь нүүрстөрөгч багасгах технологийг дэмждэг олон улсын нөхцөл байдалд Монголын аж үйлдвэрийн урт хугацаанд өрсөлдөх чадварыг нэмэгдүүлэхэд туслах юм.

Уурхайн нэмүү өртгийн сүлжээн дэх үйл ажиллагааг нэг шат дамжлагаар нэмж хөгжүүлэхэд уул уурхайн салбарын дотоод утааны эрчимжилт мөн өснө. Одоогоор Монгол Улс ашигт малтмалынхаа дийлэнх хувийг түүхийгээр нь экспортолж байна. Тухайлбал, 2021 онд Хятадад 2.9 тэрбум ам.долларын зэс экспортолсон нь өмнөх таван жилийнхээс 80.5%-иар өссөн бөгөөд бүгд хүдэр буюу баяжмал хэлбэрээр байсан бөгөөд боловсруулалтыг голчлон Хятадад хийж байжээ (OEC, 2023[4]). Далайн эрэг дээр (одоогийн байдлаар зэс хайлуулах үйл ажиллагаатай адил) хамгийн их нүүрстөрөгч ялгаруулдаг үйлдвэр байршдаг тул энэ салбарын жинхэнэ утааны ул мөрийг дотооддоо тогтоодоггүй. Төр уул уурхайн үйл ажиллагаагаа өргөжүүлж, нэмүү өртөг шингэсэн Монголд боловсруулах үйл явцыг Монгол Улсын хэмжээнд төрөлжүүлэх, хөгжүүлэх зорилтыг хүрээнд дэвшүүлсэн (2050 оны “Алсын хараа 2050” баримт бичгийн 4.2-р зорилтын 1-р заалтад Ашигт малтмалын түвшнийг нэмэгдүүлэх зорилго тавьсан.) (Government of Mongolia, 2020[16]). Энэ утгаараа дэлхийн тогтвортой, нүүрсхүчлийн хий багатай шилжилтэд чухал ач холбогдолтой ашигт малтмалын хэрэгцээ нь Монгол Улсын хувьд томоохон боломж болж магадгүй юм. Нэмүү өртөг өндөртэй уул уурхайн үйл ажиллагааг нутаг дэвсгэртээ байршуулах нь нүүрстөрөгч болон бусад хүлэмжийн хийн ялгаруулалтыг тус улсын хэмжээнд өсгөх болно. Монголын уул уурхайн салбарт нүүрстөрөгчийг ангижруулах шийдлүүдийг нэвтрүүлэх нь ойрын хэдэн арван жилд уг салбарыг төрөлжүүлэх, ашигт малтмалын өртгийн сүлжээг нэмэгдүүлэх төлөвлөгөөтэй зэрэгцэн хамт явах ёстой.

Шигтгээ 1.1. Монгол Улсын хүлэмжийн хийн ялгарлын тухай мэдээлэл: Нэгдсэн Үндэстний Байгууллагын Уур амьсгалын өөрчлөлтийн суурь конвенцид илгээсэн Монгол Улсын Үндэсний тооллогын тайлангаас авсан мэдээлэл

2020 онд Монгол Улсын нийт хүлэмжийн хийн ялгаруулалт нь газар ашиглалт, түүний өөрчлөлт, ойн аж ахуй (LULUCF)-аас ялгарах ялгарлыг тооцохгүйгээр 43,081.62 гигаграмм CO2-тэй тэнцэх (Gg CO2-e)-тэй тэнцэж байна. Энэ нь 1990 оноос хойш хүлэмжийн хийн ялгаруулалт 82.17%-иар өссөн үзүүлэлт юм; 2020 онд хүлэмжийн хийн цэвэр ялгаруулалт (жишээ нь, нийт ялгаралтаас ялгаруулалтыг хассан) 12,909.10 Gg CO2-e-тэй тэнцэж байгаа нь 1990 оны түвшнээс 340.02%-иар өссөн байна. (Зураг 1.3).

Зураг 1.3. Нэгдсэн Үндэстний Байгууллагын Уур амьсгалын өөрчлөлтийн суурь конвенцид өгсөн Үндэсний тооллогын тайланд үндэслэн тооцсон Монгол Улсын утааны хэв шинж

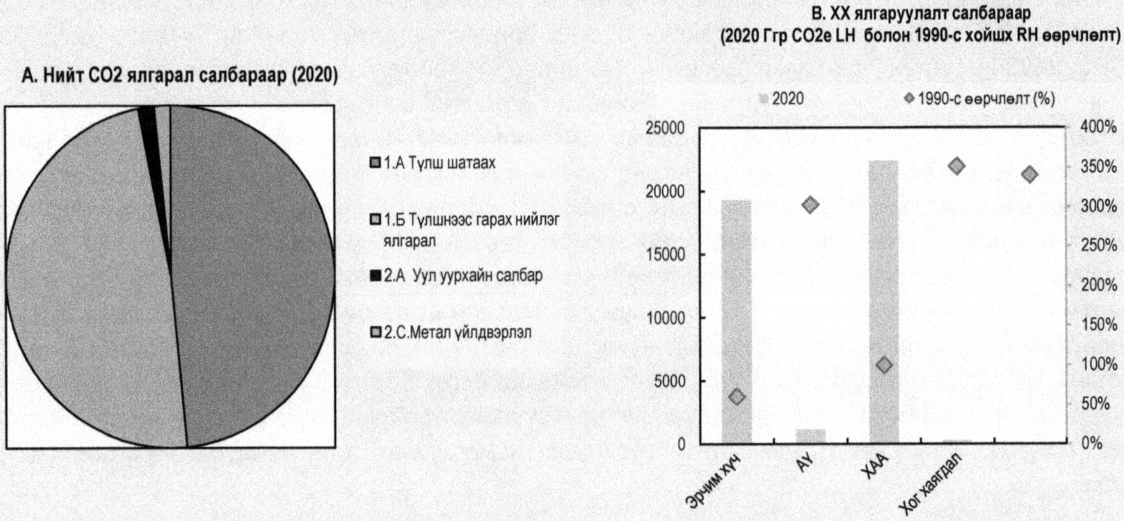

Тайлбар: А диаграммын хувьд Газар ашиглалт, түүний өөрчлөлт ба ойн аж ахуй (LULUCF) ангиллыг хассан бөгөөд 2020 онд -30,172.52 GgCO2e буюу 1990 оноос хойш 3.95%-иар өссөн байна.
Эх сурвалж: (UNFCCC, 2023[18])

Монгол Улсын хүлэмжийн хийн ялгаралд хамгийн их хувь нэмэр оруулдаг салбар бол хөдөө аж ахуй, эрчим хүчний салбар юм. 2020 онд хөдөө аж ахуйн салбараас ялгарах утаа нийт утааны 51.97 хувийг, эрчим хүчний салбар нийт утааны 44.78 хувийг тус тус эзэлж байна. Аж үйлдвэрийн үйл явц ба бүтээгдэхүүний хэрэглээнээс үүдэн гарах ялгарал нь нийт ялгарлын 2.66%-тай тэнцэж байгаа ч үүнд эрчим хүчний хэрэглээгээр дамжсан үйлдвэрлэлийн шууд бус ялгаруулалтыг тооцоогүй. Аж үйлдвэрийн утааны 50.11 хувийг уул уурхай, ашигт малтмалын салбар эзэлж байгаа бөгөөд энэ салбарын нийт ялгаралт огцом өссөөр байна.

Нүүрстөрөгчийн давхар исэл (CO2) нь Монгол Улсын үндсэн хүлэмжийн хий бөгөөд 2020 онд нийт хүлэмжийн хийн ялгаралтын 42.4%-ийг эзэлж, метан (33.82%), азотын исэл (22.46%) удаалсан байна. 2020 онд Монгол Улс 18,256.66 Гг CO2 ялгаруулсан нь 1990 оныхоос 52.59%-иар өссөн дүнтэй байгаа болно. Эдгээр ялгаралтын 96.84%-ийг эрчим хүч үйлдвэрлэх түлшний шаталт эзэлж байна.

Эх сурвалж: (UNFCCC, 2023[18])

Монголын нүүрсээр ажилладаг эрчим хүчний систем нь нүүрстөрөгч багатай, тогтвортой хөгжихөд саад болж байна.

Монгол Улс дэлхийн хамгийн утаа ихтэй эдийн засагтай орны нэг. ДНБ-ний CO2-ын эрчим (1 ам.долларын бүтээгдэхүүнд ногдох CO2 кг CO2), ДНБ-ний эрчим хүчний бүтээмж (нийт эрчим хүчний хангамжийн нэгжид ногдох ДНБ)-ээр хэмжигддэг Монгол Улс ЭЗХАХБ-ын дунджаас нэлээд хоцорч байна (Зураг 1.3a). Товчхондоо, Монгол Улс ЭЗХАХБ-ын гишүүн болон ЭЗХАХБ-ын гишүүн бус улс орнуудтай харьцуулахад бүтээгдэхүүн үйлдвэрлэхийн тулд илүү их эрчим хүч хэрэглэж, илүү их нүүрстөрөгч ялгаруулдаг. 2020 оны харьцуулсан дүнгээр, Монгол Улс 6 102 ам.долларын гарц, бүтээгдэхүүн үйлдвэрлэхэд 1 тонн газрын тостой тэнцэх хэмжээний эрчим хүч шаардлагатай байсан бол ЭЗХАХБ-ын дунджаар10 898 ам.долларын гарц, бүтээгдэхүүн үйлдвэрлэхэд 1 тонн газрын тостой тэнцэх хэмжээний эрчим хүч шаардлагатай байсан байна (Зураг 1.3b) (OECD, 2023[19]).

Зураг 1.4. Монгол Улсын эдийн засгийн CO2 ба эрчим хүчний чадал

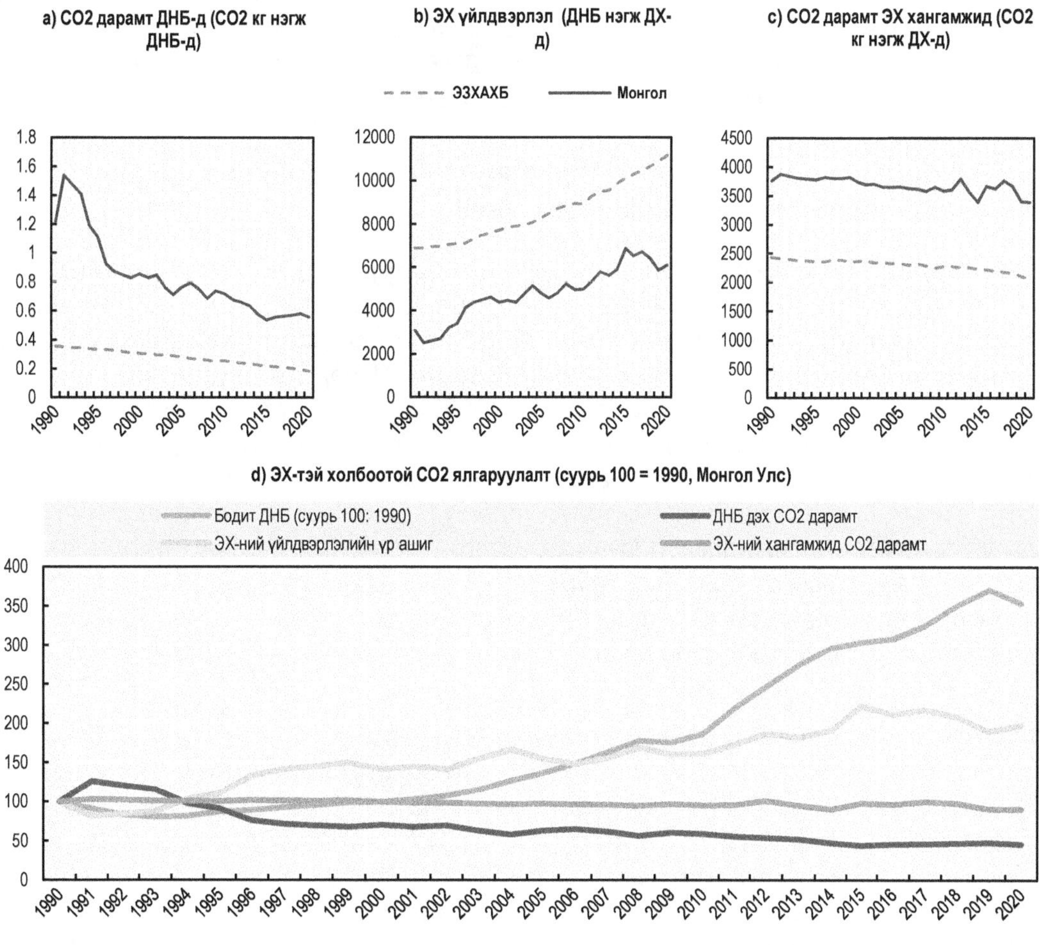

TES = Total Energy Supply
Эх сурвалж : (OECD, 2023[20])

CO2 ялгаруулалтын өндөр түвшин, үйлдвэрлэлийн эрчим хүчний чадал нь тус улсын эрчим хүчний хангамжид чулуужсан түлш давамгайлж байгаатай шууд холбоотой. Эрчим хүч, дулааны салбар нь Монгол Улсын CO2 ялгаруулалтын 65%-ийг бүрдүүлдэг бөгөөд цахилгаан эрчим хүчний үйлдвэрлэлийн 85%-ийг нүүрсээр галладаг (IEA, 2023[21]).

Нийт эрчим хүчний хангамжийн нэгжид ногдох CO2-ын эрчим (дотоодын эрчим хүчний салбарыг нүүрстөрөгчгүйжүүлэх гол хүчин зүйл) зэрэг ихэнх ялгаралтын эрчим, өсөлтийн үзүүлэлтүүдэд бага зэрэг эерэг хандлага ажиглагдаж байгаа нь Монгол Улсын аж үйлдвэрийн бааз, эрчим хүчний салбарт эрчим хүчний үр ашгийг аажмаар нэмэгдүүлж байгааг харуулж байна. Эрчим хүчний нийлүүлэлт дэх CO2-ын агууламж ЭЗХАХБ-ын дунджаас нэлээд өндөр хэвээр байгаа бөгөөд цаашид Монгол Улс ЭЗХАХБ-ын чиг хандлагатай ойртохын тулд тус улсын эрчим хүчний салбарт томоохон хөрөнгө оруулалт, шинэчлэл хийх шаардлагатай болно.

Утаа ихээр ялгаруулж байгаа нь Монгол Улсын эдийн засаг, байгаль орчны зардлыг нэмэхээс гадна нийгмийн эрүүл мэндэд ихээхэн хохирол учруулж байна. Монгол Улсын эрчим хүчний хангамжид нүүрс давамгайлж байгаа нь хүлэмжийн хийг бууруулах зорилтоо хэрэгжүүлэхэд томоохон саад болоод зогсохгүй, бохирдлын гол эх үүсвэр болж, байгаль орчин, нийгэмд их хэмжээгээр нөлөөлж байна. 2019 онд ЭЗХАХБ-ын тооцоолсноор Монгол Улсын хүн амын 51 орчим хувь нь агаарын бохирдлын аюултай хэмжээний тоосонцороор амьсгалсан. Үүнийг ЭЗХАХБ-ын гишүүн улс орнуудын дундаж үзүүлэлт 0.45 хувьтай байгаатай харьцуулахад их хүнд дүр зураг харагдана (OECD, 2023[19]). Монгол орны бохирдлын өртөг нийгмийн эрүүл мэнд, төсвийн санхүүгийн хувьд ч их өндөр байна. ЭЗХАХБ-ын тооцоолсноор Монгол Улсад тоосонцроос үүдэлтэй цаг бус нас баралтын халамжийн зардал 2021 онд ДНБ-ий 7.7 хувьтай тэнцэж байна. Нэг сая хүн амд 696 хүн цаг бусаар баралт ноогдож байна (OECD, 2023[22]).

Үндэсний хэмжээнд оруулах хувь нэмрээ амлан тодорхойлсон ч Монгол Улс эрчим хүчний шилжилт хийж эхлээгүй байна.

Хэрэв урьдчилан таамаглаагүй бол дэлхийн тэг ялгаруулалтын төлөвт шилжих нь Монгол Улсад тулгамдсан асуудал, ялангуяа эдийн засаг, нийгэмд нүүрсний ач холбогдлыг шийдвэрлэх шаардлагатай болж байна. ОУЭА-аас гаргасан судалгаанд 2050 он гэхэд Нүүрсхүчлийн хийн тэг ялгаруулалтын төлөвт шилжих "Цэвэр тэг" хувилбарт нүүрсний эрэлт хэрэгцээг ойрын хэдэн арван жилд эрс бууруулж, 2050 он гэхэд нүүрсний эрэлт 98%-иар буурах төлөвтэй байна гэсэн (IEA, 2021[23]). Дэлхийд нүүрсний эрэлт буурахын хэрээр нүүрс олборлогч бүс нутгуудад эдийн засгийн гарц, ажлын байр, түүнчлэн нүүрсний олборлолтын татварын орлого, экспортын орлого буурах тул төсвийн байгууллагуудад нөлөөлөх магадлалтай. Уул уурхайн олборлолт улс орон даяар явагддаг боловч Тавантолгой (нүүрс), Оюу толгой (нүүрс, зэс) зэрэг эдийн засгийн чухал ач холбогдолтой олон уурхай Өмнөговь аймагт (бүс) байрладаг. Олборлох үйлдвэрлэлд суурилсан хөгжиж буй эдийн засагт сөрөг нөлөө үзүүлэхгүйгээр нүүрс зэрэг нүүрсустөрөгчөөс салах нь нийгмийн оролцоо, сайн сайхан байдалд, "шударга" байдлыг хангахад эрдэм шинжилгээний болон шилжилтийн бодлого ихээхэн чухал (OECD, 2022[24]) (IEA, 2023[25]).

Төр 2020 онд эрчим хүчний салбараас ялгарах хүлэмжийн хийн ялгарлыг 2015 оны суурь үзүүлэлттэй харьцуулахад 2030 он гэхэд 49.4%-иар бууруулах зорилтыг Үндэсний хэмжээнд тодорхойлсон хувь нэмэр (ҮХТ)-т шинэчилж дэвшүүлсэн. Монгол Улсын ҮХЦ-ийн амлалтууд нь тус улсын эрчим хүчний системд сэргээгдэх эрчим хүчний эзлэх хувийг нэмэгдүүлэх талаар дотоодын бодлогын олон амлалтуудыг хэрэгжүүлж байна. Тус улсын эрчим хүчний талаар баримтлах гол бодлого нь 2015 онд "Төрөөс эрчим хүчний талаар баримтлах бодлого" (ТБХБ) юм. Үүнд 2014 онд нийт цахилгаан эрчим хүч үйлдвэрлэх хүчин чадлын 7.62 хувь эзэлж байсан сэргээгдэх эрчим хүчний хүчин чадлыг 2023 он гэхэд 20 хувь, дараа нь 2030 он гэхэд 30 хувь болгон нэмэгдүүлэх зорилтыг тус тус тавьсан (IEA, 2023[21]). Саяхан ҮХЦ-ийн шинэчлэл хийхээс өмнө Төр усан цахилгаан станцын хүчин чадлыг тэгтэй ойролцоо түвшнээс 0.9 ГВт-аар нэмэгдүүлэх, мөн бусад эх үүсвэрээс авах сэргээгдэх хүчин чадлыг 0.6 ГВт-аар нэмэгдүүлэх зорилт дэвшүүлсэн (Government of Mongolia, 2019[26]) (Government of Mongolia, 2015[27]).

Эдгээр амлалтуудыг үл харгалзан төлөвлөсөн нэмэлт хүчин чадлын дийлэнх хувийг нүүрснээс авах ёстой. Хямдхан, хялбар хүртээмжтэй нүүрсний элбэг дэлбэг байдал нь нүүрстөрөгчийн өндөр агууламжтай, бохирдолтой, уян хатан бус эрчим хүч, халаалтын системийг бий болгож, ялгаралт нь цахилгаан эрчим хүчний хэрэгцээтэй уялдан өсдөг. Аж үйлдвэр тасралтгүй хөгжиж, Улаанбаатар хот руу чиглэсэн дотоод шилжилт хөдөлгөөний улмаас орон сууцны цахилгаан эрчим хүчний хэрэгцээ нэмэгдэж байгаагийн хэрээр Монгол Улсын эрчим хүчний системийн эрэлт жил бүр нэмэгдэж байна. Монгол Улсын эрчим хүчний өргөтгөлийн дийлэнх хувийг нүүрсээр галладаг нэмэлт үйлдвэрүүдээс авахаар төлөвлөж байна. Одоогийн байдлаар Монгол Улсын Эрчим хүчний яам нүүрсний станцын хүчин чадлыг 810 мегаватт (МВт)-аар өргөтгөх, мөн 750 МВт-ын шинэ нүүрсний хүчин чадал бүрдүүлэхоор төлөвлөж байна. 2025 оноос хойш нүүрсний нийт суурилагдсан хүчин чадал бараг хоёр дахин өсөх төлөвтэй байгаа тул Тавантолгойн 450 МВт-ын хүчин чадалтай ДЦС болон шинэ ДЦС-уудыг өргөтгөх хэд хэдэн төсөл хэрэгжиж эхэлсэн (Ministry of Energy of Mongolia, 2022[28]).

Сүлжээ болон эрчим хүчний системийн уян хатан бус байдал нь сэргээгдэх эрчим хүчийг нэвтрүүлэх, цэвэр цахилгааныг нэвтрүүлэхэд тулгарч буй томоохон сорилт юм. Монголын ДЦС-ын эрчим хүч үйлдвэрлэх хүчин чадал нь ерөнхийдөө уян хатан бус бөгөөд цахилгаанаас илүү дулааны хэрэгцээтэй холбоотой байдаг (Nilsson et al., 2021[29]) Эрчим хүчний систем ба сүлжээний уян хатан бус байдлын нэг үр дагавар нь салхи, нар зэрэг хувьсах сэргээгдэх эрчим хүч (VRE) эх үүсвэрээс үйлдвэрлэсэн цахилгаан эрчим хүчийг нэгтгэхэд хүндрэлтэй байгаа нь цахилгаанжуулалтад далд саад болж, нүүрстөрөгчийг ялгаруулах салбар болох боломж юм. Сүлжээний уян хатан бус байдал нь хувьсах сэргээгдэх эрчим хүчний багахан хувийг ч нэгдсэн сүлжээнд холбоход томоохон сорилт болж байна. Эдгээр сорилтууд нь Монгол Улсын эрчим хүчний сүлжээнүүдийн уялдаа холбоогүй байдлаас болж улам хурцдаж байгаа бөгөөд энэ нь газарзүй, хөрөнгө оруулалт дутуу байгаагийн нэг илрэл юм (Nilsson et al., 2021[29]).

Улс орны нийгэм, эдийн засгийн ирээдүйд нүүрсний гүйцэтгэх үүргийн талаарх Монголын эрх баригчдын байр суурь нь ялгаралтыг бууруулах үндэсний амлалтуудтай зөрчилдөж байна. Энэ нь сэргээгдэх устөрөгч зэрэг нүүрстөрөгчийн хий багатай үйлдвэрүүдийг хөгжүүлэхэд үндсэн сорилт болно. Гуравдугаар бүлэгт дурдсанчлан, Монгол Улс нүүрсний хүчин чадлаа нэмэхээр төлөвлөж, хэмжээний шугам хоолойг хадгалж байгаа бол сэргээгдэх эрчим хүч үйлдвэрлэх шинэ үүсгүүрийг нэвтрүүлэх ажил хэт удаан үргэлжилж байна. Олон улсын уур амьсгалын асуудлаарх хэлэлцээрийн чиг хандлага, тухайлбал, “COP-28”-аас нүүрсний эрчим хүчийг бууруулах, чулуужсан түлшний татаасыг зогсоох тухай шийдвэр, ЭЗХАХБ-аас албан ёсоор дэмжигдсэн экспортын зээлийн тухай хэлэлцээр, цахилгаан станцыг нүүрсээр галлах, түлшийг дэмжихгүй байх тухай тохиролцоо зэрэг баримт бичиг байна. Түүнчлэн Дэлхийн банк, АХБ зэрэг олон талт санхүүгийн байгууллагуудын нүүрсээр ажилладаг шинэ эрчим хүч үйлдвэрлэх санхүүжилтийг үе шаттайгаар зогсоох шийдвэрүүд нь Монгол Улсад нүүрсний дараах ирээдүйг төлөвлөж эхлэх шаардлагатай байгааг харуулж байна. (UNFCCC, 2023[30]) (OECD, 2021[31]) (ADB, 2024[32]) (World Bank, 2023[33]). Нүүрсний экспортын орлого ойрын хэдэн арван жилд буурч магадгүй ч дэлхийн нүүрстөрөгчийн хий багатай шилжилт нь Монгол Улсад боломжуудыг үүсгэнэ. Төрийн хөгжүүлэхийг хүсэж буй зэс болон бусад газрын ховор ашигт малтмалын олборлолт, түүнчлэн устөрөгч зэрэг бага нүүрстөрөгчтэй шинэ технологи зэрэг нарийн, заримдаа илүү өндөр өртөгтэй үйлдвэрлэлийн үйл ажиллагаанд ийм боломж үүснэ. Дэлхийн энэхүү шилжилтийн үед ийм боломж үүснэ. Энэхүү тайлангийн явцад дурдсанчлан Төр нүүрснээс татгалзаж, бага нүүрстөрөгчтэй бүс нутагт хөрөнгө оруулалтыг идэвхжүүлэх тодорхой дохио өгөх эсэхээс эдгээр үйл ажиллагааны хөгжил хамаарна.

Сэргээгдэх устөрөгч ба дэлхий дахинаа нүүрсхүчлийн хийн тэг ялгаруулалтын төлөвт шилжих цэвэр тэг рүү шилжих үед Монгол Улсад төслөөр ямар боломжууд үүсэх талаар

2050 он гэхэд дэлхийн эдийн засгийг нүүрстөрөгч тэглэх үндэсний хүчин чармайлтыг эрчимжүүлсэн нь Монголын байгаль орчин, нийгмийг нүүрстөрөгчөөс ангижруулах үндэслэлд түлхэц өгсөн. Дэлхийн өнцөг булан бүрт улс орнууд эдийн засаг, үйлдвэрлэлээ нүүрстөрөгчөөс ангижруулах үйл ажиллагааг дэмжих бодлогын хөтөлбөрүүдийг боловсруулж, хэрэгжүүлж байна. Монгол Улсын нэгдэн орсон Парисын хэлэлцээрээр дэлхийн агаарын температурын өсөлтийг энэ зууны эцэс гэхэд аж үйлдвэржилтийн өмнөх үеийнхээс 1.5 хэм хүртэл хязгаарлах зорилт дэвшүүлсэн. Энэхүү зорилтыг хэрэгжүүлж буй бүх улс орнуудын өмнө тулгамдаж буй асуудал бол бага нүүрстөрөгчтэй шилжилтийг зохицуулах нарийн төвөгтэй асуудал юм. Засгийн газрууд дотооддоо системийн өөрчлөлтийг хөнгөвчлөхийн тулд зах зээлд хөндлөнгөөс оролцох, удирдах үүрэг гүйцэтгэх нь улам бүр нэмэгдсээр байгаа бөгөөд энэ нь ихэвчлэн аж үйлдвэрийн бодлогыг дахин тодорхойлж байгаагаар илэрдэг бөгөөд олон улсын хэмжээнд үүнд дасан зохицдог (Criscuolo et al., 2022[34]). Нүүрстөрөгчийн хий багатай шилжилт нь одоо байгаа зах зээлийг өөрчилж, шинэ зах зээлийг үүсгэж байгаа нь ирээдүй хойч үеийнхний өрсөлдөх чадвар, сайн сайхан байдлыг хангахын тулд Засгийн газруудад шуурхай ажиллахад арилжааны болон эдийн засгийн нэмэлт хөшүүрэг болж байна. Нүүрстөрөгчийг ангижруулах зорилтыг хэрэгжүүлэхийн тулд Монгол Улсын Төр олон улсын түншүүд, тэр дундаа ЭЗХАХБ-тай хамтран бага нүүрстөрөгчтэй эдийн засгийг хөгжүүлэх урт хугацааны хэтийн төлөвийг боловсруулж байна.

Сэргээгдэх устөрөгч нь дэлхийн хэмжээнд төдийгүй эдийн засгийн хувьд нүүрсхүчлийн хийн тэг түвшинд хүрэхэд чухал үүрэг гүйцэтгэнэ (Зураг 1.4ab). Сэргээгдэх устөрөгчийг үйлдвэрлэх олон арга байдаг ч хамгийн ирээдүйтэй нь сэргээгдэх эрчим хүчний эх үүсвэрээр ажилладаг электролиз ашиглан үйлдвэрлэсэн "ногоон" буюу сэргээгдэх устөрөгч бөгөөд дэлхийн "Цэвэр тэг" зорилтод дөрвөн арга замаар хувь нэмрээ өргөн цар хүрээтэй оруулж чадна (Шигтгээ 1.2). Нэгдүгээрт, 2050 он гэхэд устөрөгчийн хэрэглээ нь мэдэгдэхүйц өсөх төлөвтэй байгаа нь эрчим хүчний салбар дахь чулуужсан түлш болон өндөр температур шаарддаг үйлдвэрлэлийн процесст ирээдүйтэй харагдаж байна (Зураг 1.4в). Устөрөгчийн шаталтын бүтээгдэхүүн нь ус юм. Иймээс цахилгаанжуулалтын техникийн боломж хязгаарлагдмал, хүндрэлтэй салбаруудын тогтвортой байдлыг сайжруулахад хувь нэмэр оруулах боломжтой. Хоёрдугаарт, устөрөгч нь түлшний эсэд суурилсан тээврийн хэрэгслийг хөгжүүлэхэд зайлшгүй шаардлагатай орц бөгөөд энэ нь ложистик, барилга байгууламж, уул уурхай зэрэг салбарт ялгаралтыг бууруулахад чухал үүрэг гүйцэтгэх магадлалтай. Гуравдугаарт, устөрөгч нь хэд хэдэн химийн үйлдвэрүүдийн түүхий эд бөгөөд иймээс сэргээгдэх устөрөгч нь бордоо зэрэг нүүрстөрөгчийн эрчимтэй бүтээгдэхүүнүүдийг нүүрстөрөгчгүйжүүлэхэд ихээхэн дэмжлэг үзүүлэхийн зэрэгцээ шинэ синтетик түлшийг бүрдүүлэх боломж үүсдэг. Эцэст нь, устөрөгч нь сэргээгдэх цахилгаан эрчим хүчний үүсвэрээс үйлдвэрлэсэн эрчим хүчийг нөгтгэхэд тусалдаг (Cammeraat, Dechezlepretre and Lalanne, 2022[35])(IEA, 2022b).

Зураг 1.5. Нүүрсхүчлийн хийн тэг ялгаруулалтын төлөвт шилжих хувилбарт устөрөгч

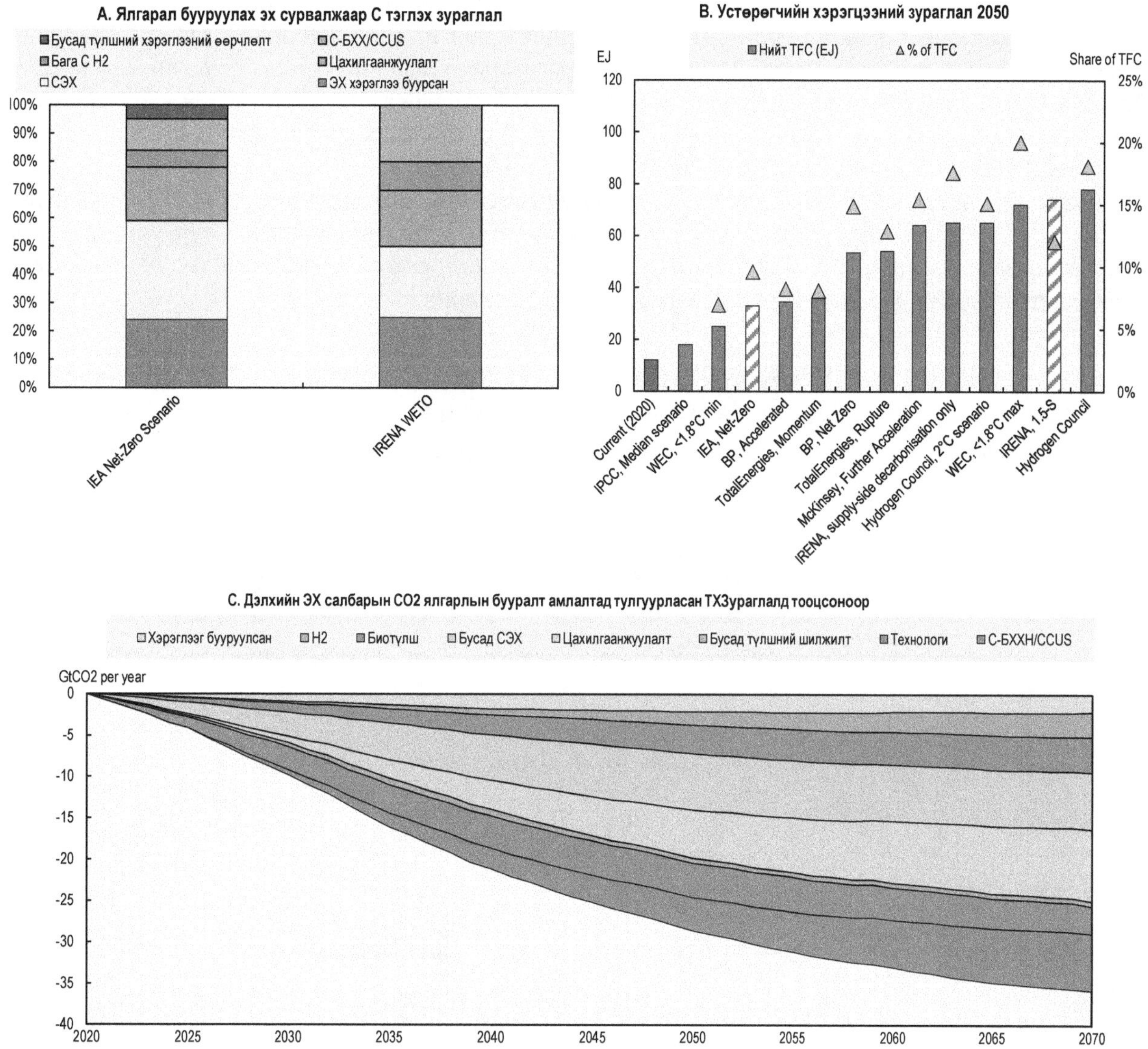

Эх сурвалж: (IEA, 2021[23]), Зураг 1.4b ЭЗХАХБ-ын тодорхойлсон хувилбарууд дээр үндэслэн хийсэн дүн шинжилгээ .

Дэлхийн устөрөгчийн үйлдвэрлэл ойрын хэдэн арван жилд мэдэгдэхүйц өсөх хандлагатай байгаа тул түлш болон түүний дайвар бүтээгдэхүүнүүд "цэвэр тэг" зорилтод хүрэхэд улам их үүрэг гүйцэтгэнэ. 2050 он гэхэд дэлхийн эрчим хүчний эрэлтэд сэргээгдэх устөрөгчийн эзлэх хувь 12-22%-ийн хооронд хэлбэлзэж байгаа нь 340-420 экзоуль (EJ) эрчим хүчтэй тэнцэнэ (Зураг 1.4 б). Эдгээр устөрөгч бүгдээрээ "ногоон" биш бөгөөд байгалийн хий, нүүрстөрөгчийг хуримтлуулах, хадгалах (CCUS) технологийг ашиглан мэдэгдэхүйц хэмжээгээр үйлдвэрлэх магадлалтай. Гэвч эдгээр хувилбаруудад шаардагдах устөрөгчийн үйлдвэрлэлийн өсөлт асар их байна. 2021 онд дэлхийн устөрөгчийн үйлдвэрлэл 94 мегатон (Мт) болсон бөгөөд үүний 90 гаруй хувийг тасралтгүй чулуужсан түлш ашиглан үйлдвэрлэжээ. Олон улсын эрчим хүчний агентлаг (ОУЭА) 2050 он гэхэд дэлхийн хэрэгцээг хангахын тулд нийт үйлдвэрлэлийн хэмжээг 500 сая тоннд хүргэх шаардлагатай бөгөөд үүний 90 гаруй хувийг бага нүүрстөрөгчтэй эх үүсвэрээс бүрдүүлнэ гэжээ (IEA, 2022c).

Технологийн дэвшил, зохицуулалтын нөлөөгөөр сэргээгдэх устөрөгч чулуужсан түлштэй тэнцэхүйц өртөгтэй болох төлөвтэй байгаа тул ойрын хэдэн арван жилд түүний эрэлт хэд хэдэн салбарт өсөх болно (Зураг 1.5). Нүүрстөрөгчийн гүн ялгаруулалт нь бага нүүрстөрөгчтэй түлшийг үйл ажиллагаандаа нэгтгэх шинэ, шинэчилсэн технологийг хөгжүүлэх, нэвтрүүлэх шаардлагатай болно гэсэн үг. 2050 он гэхэд аж үйлдвэрийн устөрөгчийн эрэлт, хэрэгцээ 62.9 сая тоннд хүрч, 2020 онд үйлдвэрлэсэн устөрөгчийн хэрэглээний түвшнийг бараг хоёр дахин нэмнэ (IEA, 2023[36]). Сэргээгдэх устөрөгчийн өртөг буурахын хэрээр түлшний эсүүдтэй тээврийн хэрэгсэл, усан тээвэр, хүнд үйлдвэр зэрэг хэд хэдэн шинэ салбарт нэвтрүүлж 2020 онд тэгээс 93.2 сая тонн, 57.3 сая тонн, 2050 он гэхэд 28.3 сая тонн болж өсөх төлөвтэй байна. (Зураг 1.5). Богино хугацаанд тулгамдаж буй асуудал бол технологи сольж шилжүүлэхтэй холбоотой учирч болох эрсдэлийн зэрэг болон түүнийг дагасан дэд бүтцэд үзүүлэх нөлөөлөл юм. Эдгээр нь эрэлтийг бууруулахад хэцүү салбар гэх мэт эрэлтийн боломжит хөтлөгчид бага нүүрстөрөгчтэй хувилбаруудыг нэвтрүүлэхэд анхны зардал өндөр, хязгаарлагдмал урамшуулалтай тулгарна гэсэн үг юм.

Зураг 1.6. Дэлхийд нүүрсхүчлийн хийн тэг ялгаруулалтын төлөвт шилжих хувилбарт үйлдвэрлэлийн салбаруудад устөрөгчийн эрэлт хэрэгцээ ямар байх талаар ОУЭА-гаас хийсэн судалгаа (2020-2050)

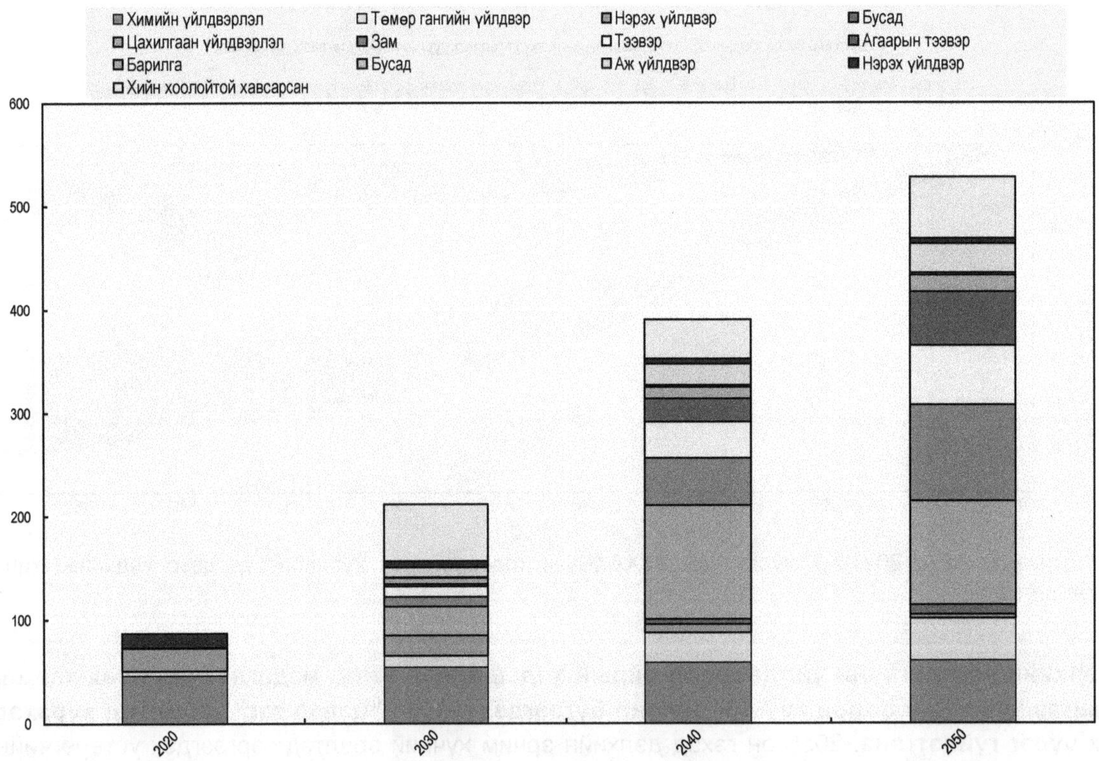

Тайлбар: Нийт хэрэгцээнд бага нүүрстөрөгчтэй устөрөгчийн эзлэх хувь 2020 онд 11%, 2030 онд 70%, 2040 онд 91%, 2050 онд 99% болж тус тус өсөх төлөвтэй байна.
Эх сурвалж: (IEA, 2021[23])

Устөрөгч нь Монголын аж үйлдвэр, эрчим хүчний салбарыг нүүрстөрөгчгүйжүүлэхэд тусалж чадах цөөн технологийн нэг юм. Сэргээгдэх устөрөгч нь Монголын утаатай уул уурхайн салбарыг нүүрстөрөгчөөс ангижруулахад дэмжлэг үзүүлэхийн зэрэгцээ тус улсын чулуужсан түлшээр ажилладаг эрчим хүчний системийг нүүрстөрөгчгүйжүүлэхэд хувь нэмрээ оруулна. Улс орны хэмжээнд сэргээгдэх устөрөгчийн хэрэгцээний анхны эх үүсвэр болох уул уурхайн салбарт устөрөгчийг цахилгаанжуулалт хийх боломжгүй хүнд даацын уурхайн машинд ашиглаж болно (Nilsson et al., 2021[29]). Эрчим хүчний салбарт устөрөгч нь зөөвөрлөх боломжтой ногоон эрчим хүчний өөр хувилбар байж болох юм. Сэргээгдэх эрчим хүчний (VRE) эх үүсвэрээс гаргаж авсан устөрөгч нь бага нүүрстөрөгчтэй сүлжээг тэнцвэржүүлэх шийдлүүдийг санал болгож, Монгол Улсад ойрын болон дунд хугацаанд үүсэж буй сүлжээний уян хатан бус байдлыг даван туулах боломжийг олгох боломжтой. Сэргээгдэх эрчим хүч (VRE)-ийг үндэсний цахилгааны нэгдсэн сүлжээнд нэгтгэхэд техникийн саад бэрхшээл учирч байна. Тус улсын бусад боломжит хэрэглээнд нийлэг түлш үйлдвэрлэх, нийтийн тээврийн системд ашиглах зэрэг асуудал ч мөн үүнд орно. Гэвч устөрөгчийн үйлдвэрлэлийг хөгжүүлэх нь Сэргээгдэх эрчим хүчний системийн (RES) өргөтгөлийн зайлшгүй нөхцөл биш бөгөөд устөрөгчийн үйлдвэрлэлийн шинэ хүчин чадал нь сүлжээнд холбогдсон тохиолдолд нэмэлт хүчин чадалтай байх ёстой гэдгийг тэмдэглэх нь зүйтэй.

Дэлхийн сэргээгдэх устөрөгчийн зах зээл төлөвшиж, өргөжин тэлэхийн хэрээр Монгол зэрэг хөгжиж буй эдийн засагтай орнуудад худалдааны боломж үүсэж болзошгүй. Сэргээгдэх устөрөгчийн үйлдвэрлэлтэй холбоотой инновац, технологийн хөгжил Япон, АНУ, Герман, Солонгос зэрэг цөөхөн хэдэн оронд төвлөрсөн хэвээр байна. Гэвч хөгжиж буй олон орнууд, тэр дундаа Монгол улс сэргээгдэх эрчим хүчний нөөцтэй, устөрөгчийг их хэмжээгээр үйлдвэрлэхэд шаардлагатай газар нутагтай (Cammeraat et al., 2022). Сэргээгдэх устөрөгчийн дэлхийн эрэлт 2022 онд 1 сая тонн байсан бол 2050 онд 420 миллион тонн болж өснө гэж ОУЭА тооцоолсон бөгөөд үүний 327 сая тонн нь электролиз, сэргээгдэх эрчим хүч, цаашлаад 89 сая тонн нь CCUS технологийг ашиглан чулуужсан түлшнээс гарна (IEA, 2023[36]). Цахилгаан электролизер нь устөрөгчийн үйлдвэрлэлийн нийт өртөг (LCOH) хамгийн чухал зардал юм. Түүний өртөг ойрын жилүүдэд буурах хандлагатай байгаа тул дунд болон урт хугацаандаа LCOH нь сэргээгдэх цахилгаан эрчим хүчний өртөг хямдруулах гол хүчин зүйл болох төлөвтэй байна. Үүнтэй холбогдуулан Монгол Улс сэргээгдэх эрчим хүчний салбарт хөрөнгө оруулалтаа нэмэгдүүлэхэд тулгарч буй саад бэрхшээлийг амжилттай даван туулж чадвал сэргээгдэх устөрөгчийн үйлдвэрлэлд харьцангуй давуу талтай болох юм.

Монгол Улс сэргээгдэх устөрөгчийн хайгуул нь бусад хөгжиж буй эдийн засагтай орнуудын арилжааны үндэслэлээс гурав дахин их хэрэгтэй байна. Нэгдүгээрт, хэрэв Монгол Улс сэргээгдэх устөрөгчийг бага зардлаар үйлдвэрлэж чадвал аж үйлдвэрийн түлш болох сэргээгдэх устөрөгчийн хэрэглээ мэдэгдэхүйц нэмэгдэх магадлалтай юм. Үүнийгээ бусад хөгжиж буй эдийн засагтай орнуудад нийлүүлж болно. Жишээлбэл, Хятадад ган үйлдвэрлэгчдийн тал хувь нь үйлдвэрлэлийг нүүрстөрөгчөөс ангижруулахын тулд устөрөгчийн салбарт хөрөнгө оруулалт хийж эхэлсэн бол бусад нь Хятад гангийн үйлдвэрлэлийн өрсөлдөх чадварыг баталгаажуулахын тулд үүнийг дагаж мөрдөх магадлалтай. Хятадын хойд хэсэгт, Монголтой ойрхон – дэлхийн бага нүүрстөрөгчтэй нөхцөлд (Hseuh, 2023[37]) (Zhou et al., 2022[38]) ихэнх нь байрладаг. Хоёрдугаарт, Зураг 1.4а-д дурдсанчлан сэргээгдэх устөрөгчийн ихээхэн хувийг бордоо, нийлэг түлш зэрэг үйлдвэрлэлийн бус хэрэглээнд ашиглана. Тиймээс сэргээгдэх устөрөгчийн үйлдвэрлэгчид бага нүүрстөрөгчтэй дэлхийн эдийн засагт ач холбогдол нь өсөж, шинэхэн боловч өндөр өсөлттэй өртгийн сүлжээнд өөрсдийгөө байршуулах боломжтой. Гуравдугаарт, сэргээгдэх устөрөгчийн хүртээмж нь Монгол Улсын худалдаалах боломжтой аж үйлдвэрийн бүтээгдэхүүний (ялангуяа уул уурхай, шинээр гарч ирж буй металлургийн салбар) ирээдүйд олон улсын хэмжээнд өрсөлдөх чадварыг нэмэгдүүлэхэд хувь нэмэр оруулж, үйлдвэрлэлийн өсөлт нь ялгаруулалт ихтэй чулуужсан түлшээр үргэлжилсээр байвал ихээхэн хохирол учирч болзошгүй юм.

Сэргээгдэх устөрөгч нь дотоодын нүүрстөрөгчийг ангижруулахад чухал үүрэг гүйцэтгэх эсэх нь Төрийн ирээдүйн бага нүүрстөрөгчтэй хөгжлийн стратегиас шалтгаална. Тус улс цэвэр 0 зорилт хараахан дэвшүүлээгүй байгаа ч бага нүүрстөрөгчтэй шилжилтийн хэд хэдэн тодорхой зорилтуудыг тодорхойлсон: тус улс 2023 он гэхэд суурилагдсан эрчим хүчний 20%-ийг сэргээгдэх эх үүсвэрээс, 2030 он гэхэд 30%-д хүргэх зорилт тавьсан (Government of Mongolia, 2019[39]). Хэдийгээр тус улс эдгээр чухал зорилтуудын эхнийх нь амжилтад хүрч чадаагүй ч 2030 он хүртэлх зорилтоо биелүүлэхэд бага хугацаа үлдсэн байна. Мөн Төр ҮХЦ-дээ ердийн ажил хэрэгч (BAU) хувилбартай харьцуулахад хүлэмжийн хийг 27.2 хувиар бууруулахаар тусгасан. Гэвч Монгол Улс нүүрстөрөгчийн хэрэглээг үе шаттайгаар зогсоох стратеги, аж үйлдвэрийг нүүрстөрөгчөөс ангижруулах төлөвлөгөө, нүүрстөрөгчийн үнийг тогтоох механизм, мөн нүүрстөрөгчийн давхар ислийн системийн шинж чанарыг зохицуулах ерөнхий стратегийн замын зураглалыг хараахан боловсруулаагүй байгаа тул тус улсын нүүрстөрөгчийн хий бага ялгаруулах бодлогын хүрээний хөгжлийн төлөвшил бага, нүүрстөрөгчгүйжүүлэх үйл явц нь бэрхшээл ихтэй хэвээр байсаар байна.

Эдийн засаг, хөгжлийн яамнаас 2050 он хүртэлх урт хугацааны хэтийн хөгжлийг бүрдүүлэхийн тулд хийж буй ажил нь ирээдүйд урт хугацааны бага ялгаруулах хөгжлийн стратегийн (LT-LEDS) үндэс суурь болж байгаа нь Бага-нүүрстөрөгчийн технологийг нэвтрүүлэх, эдийн засгийг бүхэлд нь нүүрстөрөгчгүйжүүлэх хувилбарт хөгжүүлэхэд хүрэх алхам гэж үзэж болно. “LT-LEDS”-ийн талаарх энэхүү ажлыг 2050 Алсын хараа, ЕСБХБ, АХБ, “IDDRI”, ЭЗХАХБ, НҮБХХ зэрэг олон улсын түншүүд дэмжиж байна.

Хэрэв Монгол Улсад сэргээгдэх эрчим хүч хөгжвөл сэргээгдэх устөрөгч нь тус улсын бага нүүрстөрөгчтэй хөгжлийн өргөн цар хүрээтэй замд чухал үүрэг гүйцэтгэх боломжтой болно. Монгол Улс 2.6 тераватт (ТВт) сэргээгдэх эрчим хүчний хүчин чадалтай бөгөөд тус улс салхи, нарны эх үүсвэрээс жилдээ 15,000 тераватт-цагт (ТВт/цаг) хүртэл цахилгаан эрчим хүч гаргаж авах магадлалтай бөгөөд энэ нь 2020 оны Хятадын нийт цахилгаан эрчим хүчний хэрэглээнээс хоёр дахин их байна. (IRENA, 2016[40]) (IEA, 2022[13]). Тус улс сэргээгдэх эрчим хүчний асар их нөөцтэй ч бодит байдалд маш хязгаарлагдмал түвшний сэргээгдэх эрчим хүчний хангамжтай. 2020 оны байдлаар нийт эрчим хүчний хангамжид (TES) сэргээгдэх эрчим хүчний эзлэх хувь ердөө 2% байсан ч энэ нь өмнөх таван жилийнхээс 9.6%-иар, өмнөх таван жилийнхээс 40.4%-иар өссөн үзүүлэлт байна (IRENA, 2022[41]). Сэргээгдэх эх үүсвэрээс үүссэн цахилгаан эрчим хүчний үйлдвэрлэл нь нийт үйлдвэрлэлийн 10%-ийг эзэлдэг. Олон улсын байгууллагуудын мэдээлэл нь Төрийн өөрийн статистик мэдээлэлтэй ерөнхийдөө нийцэж байгаа бөгөөд 2020 онд тус улс 649.4ГВт.цаг сэргээгдэх эрчим хүч (салхи 70.4%; нарны эрчим хүч 16.8%; ус 12.8%) буюу 9.1%-тай тэнцэх хэмжээний сэргээгдэх эрчим хүчний суурилагдсан хүчин чадалтай гэж тооцсон байна. Харин нийт суурилагдсан хүчин чадлын 90.9% буюу 4,493.6 ГВт.ц нь нүүрсээр ажилладаг ДЦС-д ногдож байна (Ministry of Energy of Mongolia, 2022[42]).

Монгол Улс сэргээгдэх эрчим хүчний нөөцөө амжилттай хөгжүүлж чадвал шинэ, ногоон аж үйлдвэрийн ажлын байр, инновацыг хөгжүүлэх боломжтой. Улс орны сэргээгдэх эрчим хүчний нөөцийг хөгжүүлэх нь эрчим хүч, аж үйлдвэрийн салбарыг нүүрстөрөгчөөс ангижруулахад тус дөхөм болохоос гадна элбэг дэлбэг, хямд сэргээгдэх эрчим хүчийг ашиглах нь гол орц болдог шинэ ногоон үйлдвэрүүдийг бий болгож, эдийн засгаа төрөлжүүлэх боломжийг олгоно. Үүнтэй адилаар эрчим хүч их шаарддаг одоогийн үйлдвэрүүдийн сонирхлыг энэхүү элбэг дэлбэг, хямд, тогтвортой эрчим хүчээр татах боломжтой. Чухам энэ хүрээнд Монгол Улсын Төр сэргээгдэх устөрөгч зэрэг бага нүүрстөрөгчтэй түлшийг эрэлхийлж байгаа бөгөөд хөрөнгө оруулагчид, бизнес эрхлэгчид Монгол Улсыг сэргээгдэх устөрөгчийн үйлдвэрлэх боломжтой газар хэмээн хүлээн зөвшөөрч байна. Үүнийг хувийн хэвшлийнхэн санаачлан хэрэгжүүлж байна.

Хувийн хөрөнгө оруулагчид Монголд сэргээгдэх устөрөгч үйлдвэрлэх төслүүдийг аль хэдийнээ боловсруулж эхэлжээ. Шинэ уур амьсгалын хүрээлэн зэрэг байгууллагуудын сүүлийн үеийн тайланд дурдсан сэргээгдэх устөрөгчийн үйлдвэрлэлийн боломжуудыг тусгаж, хэд хэдэн хувийн хөрөнгө оруулагчид Монголд сэргээгдэх устөрөгчийн төслийг аль хэдийн боловсруулж байна (Nilsson et al., 2021[29]). Уг тайланд Хавсралт А-д дурдсан эхний шатны төслүүдийн хэд хэдэн жишээн дээр суурилан бодлоготой холбоотой хэд хэдэн сургамжийг танилцуулав. Кейс судалгаанаас харахад Монголд бага нүүрстөрөгчтэй төслүүдийг эхлүүлэхэд ихээхэн саад бэрхшээл учирч байгаа ч Монголд хувийн хэвшлийн оролцогчид болон тус улсад шинээр орж ирж буй компаниуд ихээхэн сонирхол татаж байна.

Бодлого боловсруулагчид Монголын Төрийн хэд хэдэн бодлогын зорилтод устөрөгч ямар хувь нэмэр оруулах боломжтой талаар судалж эхэлж байна. 2022 онд Монголын устөрөгчийн зөвлөл байгуулж төр, хувийн хэвшлийн хэд хэдэн төлөөлөгчдийг нэгтгэсэн нь Монгол Улсад сэргээгдэх устөрөгчийн үйлдвэрлэлийг хөгжилд төр, хувийн хэвшлийн түншлэлийн тод жишээ болсон. Монгол дахь устөрөгчийн хөгжил. Гэвч сонирхол нь өөр өөр газраас ирдэг. Тухайлбал, энэхүү тайланд тусгасан нэгэн жишээ бол Монгол Улсад саяхан байгуулагдсан Үйлдвэржилтийн бодлогын хорооны ивээл дор боловсруулсан төсөл юм. Уг технологи нь Монгол Улсад нүүрстөрөгчгүйжүүлэх зориулалттай шинэ үнэ цэнийг бүрдүүлэх боломж гэж үзэж байна. Салбарын яамд, бодлого боловсруулагчдыг уялдуулах, тэдэнд үе шаттай, урам зоригтой туршилтын төслүүдийн чадавхыг ашиглах боломж олгох нь устөрөгчийг дотоодын нүүрстөрөгчийг ангижруулах, аж үйлдвэрийг хөгжүүлэх салбар болгох ач холбогдолтой юм.

Шигтгээ 1.2. Устөрөгчийн төрөл бүрийн өнгө төрх

Олон улсын байгууллага, үндэсний засаг захиргаа, хувийн хэвшлийн байгууллагууд устөрөгчийн үйлдвэрлэлийн төрөл бүрийн арга, технологиудыг ялгахын тулд өнгөөр ангилдаг. Эдгээр өнгийг устөрөгчийн үйлдвэрлэлийн төрөл бүрийн арга, технологиудын нүүрстөрөгчийн эрчим, тогтвортой байдлыг ойролцоогоор тооцоолоход ашигладаг бөгөөд дараах "ангиллуудыг" тоймлон харуулав.

- **Сэргээгдэх устөрөгч** нь сэргээгдэх эрчим хүчээр ажилладаг электролизер ашиглан үйлдвэрлэсэн устөрөгч юм. Эх сурвалжид устөрөгчийн бүх хэлбэрийн нэгэн адил үүнийг түлш болгон шатааж, бусад бүтээгдэхүүнд түүхий эд болгон ашиглаж болно гэж үздэг. Энэ тохиолдолд нүүрстөрөгч оролцоогүй, цорын ганц бүтээгдэхүүн нь ус. Сүүлийнх нь бага нүүрстөрөгчтэй эсвэл тэг нүүрстөрөгчийн бүтээгдэхүүн, устөрөгчийн дайвар бүтээгдэхүүнд хувь нэмэр оруулах боломжтой.
- **Цэнхэр устөрөгч** нь байгалийн хийнээс гаргаж авсан сэргээгдэх устөрөгч боловч ялгаралтыг хязгаарлахын тулд нүүрстөрөгчийн хуримтлалыг ашигладаг. Цэнхэр устөрөгчийг шүүмжлэгчид технологид оруулсан хөрөнгө оруулалт нь нүүрстөрөгчийг саармагжуулах шилжилтийг удаашруулж, сэргээгдэх устөрөгчийн арилжаатай өрсөлдөж болзошгүй гэж үздэг. Гэвч одоо байгаа саарал устөрөгчийн үйлдвэрлэлийг нүүрстөрөгчгүйжүүлэх, устөрөгчийн илүү боловсронгуй зах зээлийг бүрдүүлэхэд туслах богино хугацааны хувилбар тул санал болгов.
- **Саарал устөрөгч** нь уурын өөрчлөлтийг ашиглан байгалийн хийн эрчим хүчнээс үйлдвэрлэсэн устөрөгч юм.
- **Нил ягаан өнгийн устөрөгч** нь цөмийн энерги ашиглан үйлдвэрлэсэн устөрөгч юм.
- **Бор буюу хар устөрөгч**ийг нүүрснээс гаргаж авсан устөрөгч гэнэ.

Дэлхийн устөрөгчийн үйлдвэрлэлийн 90 гаруй хувийг одоогоор чулуужсан түлшээр хангадаг. Энэ нь чулуужсан түлшинд суурилсан үйлдвэрлэлд ашигладаг технологийн түвшнийг илтгэх ба үүний үр дүнд технологийн түвшин бага, "ногоон" устөрөгчийн үйлдвэрлэлийн өртөг өндөр байна. Олон орны сэргээгдэх устөрөгчийг хөгжүүлэх стратеги нь сэргээгдэх устөрөгчийн үйлдвэрлэл, хэрэглээний өртгийг чулуужсан түлшээр үйлдвэрлэсэнтэй харьцуулан бууруулж, улмаар сэргээгдэх устөрөгчийн зах зээлийг бүрдүүлэх, бага нүүрстөрөгчтэй түлш болон түүхий эдийн арилжааны үр ашгийг дээшлүүлэх зорилготой байдаг.

Устөрөгч үйлдвэрлэх технологийг "өнгө" ашиглах талаар шүүмжлэл гарсан. Үйлдвэрлэлийн төрөл бүрийн технологид хамаарах өнгийг ашиглах, мөн "тогтвортой", "нүүрстөрөгч багатай" эсвэл "цэвэр" зэрэг шаардлага хангаагүй нэр томьёо нь холбогдох ялгарлын төрөл бүрийн түвшнийг бүдгэрүүлж болзошгүй гэж маргаж байна. Нэр томьёо жигдрээгүй, стандартчилагдаагүй байгаа нь гэрээ байгуулах, хөрөнгө оруулалтын шийдвэр гаргахад бодитой бус байдлыг үүсгэх эрсдэлтэй. Одоогоор устөрөгчийн үйлдвэрлэлийн технологид өөр өөр нэр томьёо ашиглах талаар олон улсын гэрээ, зөвшилцөл байхгүй гэдгийг хүлээн зөвшөөрч, энэхүү тайланд сэргээгдэх эрчим хүчнээс электролиз ашиглан үйлдвэрлэсэн устөрөгчийг "сэргээгдэх устөрөгч" гэж, үйлдвэрлэсэн устөрөгчийг "бага нүүрстөрөгч" гэж тус тус нэрлэсэн болно.

Эх сурвалж: (Cammeraat et al., 2022; International Energy Agency, 2023a, 2023b, 2021; OECD, 2022) судалгаанаас эш татав.

Сэргээгдэх устөрөгчийн хөгжлийн стратеги нь Монгол улсын цэвэр эрчим хүчний шилжилтийг дэмжихээс гадна дотоодын аж үйлдвэрийн нүүрстөрөгчийг ангижруулах боломжтой.

Цэвэр устөрөгчийн хөрөнгө оруулалтыг хурдасгах бодлогын талаарх ном бүтээлд тус салбарын эрсдэл өндөр байгааг онцлон тэмдэглэсэн байдаг. Цэвэр устөрөгчийн төслүүд нь үйлдвэр, тээвэр, агуулахын дэд бүтцэд их хэмжээний хөрөнгө оруулалт шаарддаг. Мөн энэ салбар шинээр бий болж байгаа бөгөөд өөр хоорондоо харилцан үйлчилдэг байршил, эрэлт нийлүүлэлтийн хүртээмж, дэд бүтцийн хүртээмж, борлуулалтын үнэ, зохицуулалт зэрэг олон салбарт системийн эрсдэл, өндөр тодорхойгүй байдалтай тулгарч байна. Иймд сэргээгдэх устөрөгчийн хэрэглээ, үйлдвэрийг сонирхож буй улс орнуудад бодлого боловсруулагчид тодорхой хэмжээний баталгаа гаргаж, эрсдэлийн талаарх ойлголтыг бууруулах боломжтой бүх хувилбаруудыг судалж байна. Сүүлийн хэдэн жилийн хугацаанд олон Засгийн газрууд иим зорилгоор сэргээгдэх устөрөгчийн үндэсний стратеги баталсан. Жишээлбэл, Европын холбоо, Япон, БНСУ-ын импортын зорилтууд нийлээд 2030 он гэхэд 16 сая тоннд хүрнэ. Экспортлогчдын хувьд ирээдүйн цэвэр устөрөгчийн зах зээлд ингэж харагдаж байна.

Бүх Засгийн газрууд эрсдэлийн түвшний хувьд ижил төстэй сорилтуудтай тулгардаг ч хөгжиж буй эдийн засагтай орнууд ерөнхийдөө сэргээгдэх устөрөгч болон бага нүүрстөрөгчтэй технологийг хөгжүүлэхэд зарим нэмэлт, тодорхой саад бэрхшээлтэй тулгардаг. Хөгжингүй болон хөгжиж буй эдийн засагтай орнууд цэвэр “0” зорилтод хүрэхэд шаардлагатай тогтолцооны өөрчлөлтөд хэрхэн хүрэх сорилтуудтай учирдаг. Хөгжиж буй эдийн засагтай улсуудын бага нүүрстөрөгчтэй өсөлтийг бүрдүүлэхэд тулгарч буй бэрхшээл нь өндөр хөгжилтэй эдийн засагтай орнуудтай харьцуулахад их байж болно.

- **Төрийн санхүү:** Олон хөгжиж буй эдийн засагтай орнуудын Засгийн газрууд ЭЗХАХБ-ын гишүүн улсуудаас хамаагүй хүнд төсөв санхүүгийн хязгаарлалттай тулгардаг. Төрийн авах зээлийн өртөг өндөр байж болох бөгөөд энэ нь олон хөгжингүй эдийн засагтай орнуудын нүүрстөрөгчийн хийн ялгаруулалтад шилжих хандлагыг тодорхойлдог төрийн дэмжлэгтэй дэд бүтэц, технологийн том хөтөлбөрүүдийг санхүүжүүлэхэд илүү төвөгтэй болгодог. ОУЭА-ийн сүүлийн үеийн судалгаагаар шинээр гарч ирж буй зах зээлд Нарнаас гаргаж авсан устөрөгчийн “LCOH” төсөл боловсруулагчдын хувьд хөрөнгийн жигнэсэн дундаж өртгийг (WACC) 6%-иас 15%-иар нэмэгдүүлэх нь зээлийн хүү 70%-иар өснө гэдгийг харуулж байна (IEA, 2023[44]). Энэ нь хөгжиж буй эдийн засагтай орнуудын Засгийн газраас бага зардлаар ихийг хийх, эсвэл ОУВС, Дэлхийн банк зэрэг олон улсын санхүүгийн байгууллагуудад хандаж, зөрүүг нөхөж, шаардлагатай дэд бүтцийн хөрөнгө оруулалтыг эрсдэлээс гаргахыг шаарддаг гэсэн үг юм. Улсын төсөв, санхүүгийн хязгаарлагдмал нөхцөлд технологи, дэд бүтцийн шийдлээ оновчтой сонгох нь хөгжингүй эдийн засагтай улсуудаас хамаагүй хүнд бөгөөд ач холбогдолтой шийдвэр байдаг. Төр, хувийн хэвшлийн аль аль нь олон стратеги, технологийг хэрэгжүүлэх чадвартай, дараа нь хамгийн ирээдүйтэй хувилбарыг сонгох боломжтой хөгжингүй эдийн засагтай орнуудаас ялгаатай нь хөгжиж буй эдийн засагтай улсад иим тансаг боломж, боломцоо байдаггүй. Тийм учраас бага нүүрстөрөгчтэй хөгжүүлэх технологийн нээлттэй арга барилаас илүү чиглэсэн хандлага руу шилжих шийдвэрийг болзошгүй эрсдэлтэй нягт уялдуулан тооцох ёстой.
- **Олборлох үйлдвэрийн улс төрийн эдийн засаг:** Олборлох үйлдвэрлэлд суурилсан хөгжиж буй олон орны хувьд бага нүүрстөрөгчтэй шилжих нөхцөлд ихээхэн хэмжээний доголдол үүсэх эрсдэлтэй. Төр орлого бүрдүүлэхдээ олборлох салбараас шууд болон шууд бус түрээс авах зайлшгүй шаардлагатай байдаг. Эдгээр салбарууд олон улсад өрсөлдөх чадвартай байхад олборлох үйлдвэрүүдээс олсон орлогыг хэрхэн ашиглаж байгаа нь нүүрстөрөгч бага ялгаруулдаг шилжилтийн хүртээмжтэй байдалд чухал нөлөө үзүүлнэ. Норвег болон “Ойрхи Дорнод ба Хойд Африк” бүс нутгийн газрын тосоор баялаг эдийн засагтай бусад орнуудын Засгийн газрууд газрын тос, байгалийн хий зэрэг чулуужсан

түлшний салбараас олсон орлогыг бага нүүрстөрөгчтэй аж үйлдвэрийн хөгжил, инновацыг дэмжихэд идэвхтэй зарцуулж, олон талт, тогтвортой өсөлтийг бий болгож байна. Олборлох салбарын орлогыг өөрчлөх, бага нүүрстөрөгчтэй хөгжилд бодлогын дэмжлэг үзүүлэх нь улс төрийн эдийн засгийн нэгэн адил санхүүгийн асуудал юм.

- **Хөрөнгө оруулалтыг дайчлах:** дотоодын хөрөнгийн зах зээл хангалттай хөгжөөгүй байгаа үед хөгжиж буй эдийн засаг нь гадаадын шууд хөрөнгө оруулалтыг татахад ихээхэн ач холбогдол өгдөг бөгөөд энэ нь үйлдвэржилтийг идэвхжүүлэх, технологи дамжуулах, ажлын байр үүсгэх өндөр чанартай хөрөнгө оруулалтыг татах боломжийг олгодог. Гэвч хөгжиж буй эдийн засаг нь чанартай хөрөнгө оруулалт татахад бэрхшээлтэй тулгарч байна. Бизнесийн орчны өргөн хүрээний асуудал, зохицуулалтын хэрэгжилттэй холбоотой бэрхшээл, засаглал, ил тод байдлын асуудал нь өндөр хөгжилтэй харьцуулахад хөгжиж буй эдийн засагтай улсуудад эрсдэлийг нэмэгдүүлдэг олон хүчин зүйлийн нэг юм. Дэлхийн санхүүгийн хямралын дараах жилүүдэд зээлийн хүү бага байсан үед хөгжиж буй орны зах зээлийн өндөр эрсдэл нь мөн өндөр өгөөжийг эрэлхийлж буй зарим хөрөнгө оруулагчдад илүү сонирхолтой сонголт өгсөн. Эдүгээ дэлхийн санхүүгийн нөхцөл байдал ихээхэн өөрчлөгдөж, Төрийн бондын өндөр хүү ч их хэмжээний өгөөж өгдөг нөхцөлд хөгжиж буй эдийн засагтай улсууд гадаадын шууд хөрөнгө оруулалтыг татахад хоёр дахин хүндрэл үүсгэж, эрсдэлийг нэмсэн. Хөгжиж буй эдийн засагтай улсын эдийн засгийн олон салбарт хөрөнгө оруулалт хэрэгцээтэй байгаа нүүрстөрөгчийн хий багатай шилжилт хийхэд дэд бүтэц, үйлдвэрлэл, технологийн санхүүжилтэд эрсдэл, тодорхойгүй байдал бий болж, хүндрэл тулгарч байна.
- Инновац ба технологийн чадавх: Хөгжиж буй эдийн засагтай орнуудад технологи, инновац хариуцсан агентлаг байхгүй тул компаниуд нүүрстөрөгч бага ялгарах шилжилтийн үед асуудалтай тулгарч магадгүй. Дэлхийн Оюуны Өмчийн Байгууллагаас гаргадаг Олон улсын инновацын индексийг тэргүүлдэг хамгийн инноватив 35 оронд Хятад улс ба өндөр орлоготой улсууд байдаг (World Intellectual Property Organization, 2023[43]). Ногоон инновац нь мөн ижил төстэй хэв маягтай: өндөр орлоготой орнуудын инновацын орчин нь бага орлоготой улсуудаас илүү сайн байдаг. Баялаг нь тухайн улсын бага нүүрстөрөгчтэй ирээдүйгээ тодорхойлох чадварыг бүрэн илэрхийлдэг (MIT Technology Review, 2023[44]). Энэ нь компаниудаас бага нүүрстөрөгчтэй шинэ технологи, түлш, процессыг нэвтрүүлэхийг шаардах буюу урамшуулж болох тохиолдолд эдгээр өөрчлөлтийг удирдан чиглүүлдэг инновац өөр газраас үүснэ гэсэн үг юм. Тиймээс хөгжиж буй эдийн засагтай орнуудын Засгийн газрууд өөрсдийн компаниуд болон ажиллагсдадаа ийм технологиудыг шинэлэг байдлаар бүтээх чадавх, удирдан чиглүүлэх эрх мэдэлтэй болгох үүрэгтэй. Улмаар дэлхийн буурай эдийн засагтай улсууд нүүрстөрөгчийн шилжилтээс үр шимийг хүртэх боломжийг нэмэгдүүлэх сорилттой тулгардаг.
- Өрсөлдөх чадвар: Богино болон дунд хугацаанд нүүрсхүчлийн хий багатай шилжилт нь хөгжиж буй эдийн засагтай орнуудын өрсөлдөх чадварт сөргөөр нөлөөлж, өндөр хөгжилтэй орнуудынхаас илүү хүнд байх болно. Хөгжиж буй эдийн засагтай орнуудын компаниуд өрсөлдөх чадварын томоохон сорилтуудтай хэдийнээ тулгарсан. Компаниуд хөрөнгө оруулалтын хязгаарлагдмал чадавхтай байдаг ба шинийг санаачлах үйл явц нь бэрхшээлтэй тулгардаг. Инновацын үйл ажиллагаа өндөр өртөгтэй эсвэл санхүүгийн хүртээмж хязгаарлагдмал байгаа нь ялангуяа Евроазийн нөхцөлд кампаниудад хүнд дарамт учруулж болзошгүй юм. Төрийн өмчит аж ахуйн нэгжийн засаглалын асуудал нь компанийн үйл ажиллагааг хүндрүүлж, боломжуудыг нь хязгаарлаж болзошгүй. Эдгээр бүх хүчин зүйлс нь компаниудыг богино хугацаанд илүү өндөр өртөгтэй түлш, технологид шилжүүлэхийг шаардаж болзошгүй. Мөн компаниуд дөнгөж саяхан их хэмжээний санхүүжилт шаарддаг урт хугацааны хөрөнгө оруулалт хийсэн тохиолдолд гацаанд орох эрсдэлтэй.

Монгол Улсын хувьд бусад хөгжиж буй эдийн засагтай орнуудтай нэгэн адил тулгарч буй эдийн засгийн сорилт нь газарзүйн байршил, зах зээлийн бүтцээс шалтгаалж улам хурцдаж байна. Монгол бол далайд гарцгүй өргөн уудам нутагтай орон юм. Тус улсын эдийн засаг дотоод болон гадаад холболтын хатуу шийтгэлтэй тулгардаг: Монголын компани бүтээгдэхүүнээ зах зээлд хүргэх нь илүү хэцүү, урт, үнэтэй байдаг. Монгол Улсын хувийн хэвшлийн өрсөлдөх чадварт урт хугацаанд нэн чухал байж болох ч богино хугацаанд цаашид сөрөг нөлөө үзүүлэх аливаа бодлогыг бага тасалдалтай байлгахын тулд сайтар боловсруулах шаардлагатай. Монгол Улсын эдийн засагт уул уурхайн салбар давамгайлж байгаа нь хувийн хэвшлийн өрсөлдөх чадварыг шууд бусаар бууруулж болзошгүй. Тухайлбал, “Голланд өвчин” гэж нэрлэгдэх, олборлох эдийн засагт суурилсан эдийн засагт арилжаалах боломжтой бусад салбарт өрсөлдөх чадварт валютын ханшийн өсөлт сөргөөр нөлөөлж, төрөлжүүлэхэд бүтцийн саад тотгор үүсдэг.

Үндэсний стратеги нь сэргээгдэх устөрөгчийн үйлдвэрлэлийг хөгжүүлэхэд тулгарч буй сорилтуудыг шийдвэрлэх, шинэ боломжуудыг бүрэн ашиглахад тусална. Тус стратеги нь сэргээгдэх устөрөгчийн үйлдвэрлэлийн хөгжлийг хурдасгахаас гадна аж үйлдвэрийг хөгжүүлэх, нүүрстөрөгчөөс ангижруулах зэрэг төрийн бодлогын бусад зорилтуудыг хэрэгжүүлэх үүрэгтэй. Стратеги нь устөрөгчийн төслүүдийг амжилттай хэрэгжүүлэх, бодлого, зохицуулалт, технологи, нийгмийн саад бэрхшээлийг даван туулахад шаардлагатай төрийн болон хувийн хэвшлийн оролцогч талуудыг уялдуулах тогтолцоог бүрдүүлэхэд Төр дэмжлэг үзүүлэхэд бэлэн гэсэн дохиог хөрөнгө оруулагчдад илгээхэд тусална. Энэ нь ялангуяа технологийн стратеги нь нүүрстөрөгч багасгах, эдийн засгийн тогтвортой өсөлтийг хангахад шаардлагатай илүү өргөн хүрээтэй, системчилсэн шилжилтийн стратегитай зэрэгцүүлэн боловсруулсан тохиолдолд хэрэгтэй.

Сэргээгдэх устөрөгчийн дотоодын үйлдвэрлэлийг дэмжих Монгол Улсын үндэслэл нь олон улсын тогтвортой байдал, аж үйлдвэрт давхар үндэслэдэг. Монгол Улсын Засгийн газраас 2019 онд баталсан “Шинэ сэргэлтийн бодлого” болох Монгол Улсын эдийн засгийг хөгжүүлэх арван жилийн төлөвлөгөөнд Монгол Улсад, тэр дундаа Өмнөговийн бүс нутагт сэргээгдэх устөрөгчийн үйлдвэрлэлийг хөгжүүлэхийг стратегийн зорилт болгон онцолсон. Энэ нь Төр 2050 он хүртэлх Алсын хараа болон ҮХЦ-д тусгагдсан сэргээгдэх эрчим хүчний үйлдвэрлэл, байгаль орчны тогтвортой байдлыг хөгжүүлэх, сэргээгдэх устөрөгчийн үйлдвэрлэлийг үндэсний салбар болгон тодорхойлсон хэрэг юм. Өмнө дурдсанчлан, Монгол Улсын сэргээгдэх эрчим хүчний асар их нөөц боломж нь сэргээгдэх устөрөгчийн хэд хэдэн туршилтын төслийг Монголд татсан.

Сэргээгдэх устөрөгчийн стратегийг боловсруулах нь Монгол Улсад нүүрстөрөгч бага ялгаруулж, эдийн засгийн тогтвортой өсөлтийг хангах үндэсний хөтөлбөрийг урагшлуулах боломжийг ашиглах арга замыг төлөвлөхөд тусална. Үндэсний сонирхогч талууд Монгол Улсыг сэргээгдэх устөрөгчийн үйлдвэрлэл, магадгүй экспортлох хэд хэдэн үндэслэл байна. Нэгдүгээрт, тус улс сэргээгдэх устөрөгчийн үйлдвэрлэлийн том орцуудын нэг болох сэргээгдэх эрчим хүч үйлдвэрлэх боломжоор хангагдсан. Газар ашиглалтын талаар харьцангуй цөөн нэхэмжлэлтэй тулгардаг. Хоёрдугаарт, Монголын сэргээгдэх устөрөгчийн зах зээл харьцангуй бага байж болох ч тус улс ойрын жилүүдэд сэргээгдэх устөрөгчийн эрэлт ихээхэн өсөх магадлалтай БНХАУ, мөн Япон, БНСУ-ын зах зээлд ойр байдаг. Өрсөлдөхүйц өртгөөр устөрөгч үйлдвэрлэх боломжийг ашиглах нь техникийн хувьд боломжтой мэт харагдаж байгаа ч энэ тайланд дурдсан сорилтыг даван туулахын тулд их хэмжээний бодлогын оролцоо, зохицуулалт шаардлагатай байна. Монгол Улсад бага нүүрстөрөгчтэй инновацыг хэрэгжүүлж буй хөрөнгө оруулагчидтай төр, хувийн хэвшлийн яриа хэлэлцээг өрнүүлж, сэргээгдэх устөрөгчийн үндэсний стратегийг боловсруулах нь улс орны нөөц бололцоог тодорхойлох, энэ боломжийг хэрэгжүүлэх оновчтой, бодитой бодлого, төлөвлөгөөг хэрэгжүүлэх гарцыг тодорхойлох сайхан боломж юм.

Ашигласан материал

ADB (2024), *Energy Policy*, ADB, https://www.adb.org/what-we-do/energy-policy. [32]

Amoroso, S. et al. (2021), *World Corporate Top R&D Investors: Paving the way for climate neutrality, A joint JRC and OECD report*, Publications Office of the European Union, Luxembourg, https://web-archive.oecd.org/2021-11-22/617125-world-corporate-top-rd-investors-paving-the-way-for-climate-neutrality.pdf. [58]

BP (2022), *BP Statistical Review of World Energy*, BP, https://www.bp.com/content/dam/bp/business-sites/en/global/corporate/pdfs/energy-economics/statistical-review/bp-stats-review-2022-full-report.pdf. [5]

Brian S. Fisher, T. (2011), *The development of the Oyu Tolgoi copper mine: an assessment of the macroeconomic consequences for Mongolia*, BAEconomics Pty Ltd. [11]

Cammeraat, E., A. Dechezlepretre and G. Lalanne (2022), *Innovation and Industrial Policies for Green Hydrogen*, OECD, Paris, https://www.oecd-ilibrary.org/docserver/f0bb5d8c-en.pdf?expires=1692286715&id=id&accname=guest&checksum=767FA1D7985F43131BCEA25FFAC2755B. [35]

Criscuolo, C. et al. (2022), *An industrial policy framework for OECD countries: old debates, new perspectives*, OECD Science, Technology and Industry Policy Papers, No. No. 127, OECD, Paris, https://www.oecd-ilibrary.org/docserver/0002217c-en.pdf?expires=1692268763&id=id&accname=ocid84004878&checksum=1E15ADDA4BEDB5A445495656933FF0E9. [34]

Dostal, J. and O. Gerel (2023), *Rare Earth Element Deposits in Mongolia*, Minerals, No. 13(1), https://doi.org/10.3390/min13010129. [59]

European Commission (2024), *Carbon Border Adjustment Mechanism*, European Commission, https://taxation-customs.ec.europa.eu/carbon-border-adjustment-mechanism_en. [56]

Government of Mongolia (2023), *New Recovery Policy*, Government of Mongolia, https://www.nrpa.gov.mn/en/new-recovery-policy. [17]

Government of Mongolia (2020), *"Vision 2050" Long-Term Development Policy of Mongolia*, Government of Mongolia, https://cabinet.gov.mn/wp-content/uploads/2050_VISION_LONG-TERM-DEVELOPMENT-POLICY.pdf. [16]

Government of Mongolia (2019), *Mongolia's Nationally Determiend Contribution to the United Nations Framework Convention onf Climate Change*, Government of Mongolia, http://www.en.ccrcc.mn/stat/file/u/NDC_1.pdf. [26]

Government of Mongolia (2019), *Mongolia's Nationally Determined Contribution to the United Nations Framework Convention on Climate Change*, UNFCCC, New York, https://unfccc.int/sites/default/files/NDC/2022-06/First%20Submission%20of%20Mongolia%27s%20NDC.pdf. [39]

Government of Mongolia (2015), *Intended Nationally Determined Contribution of Mongolia*, Government of Mongolia, http://www.ccrcc.mn/stat/file/u/INDC_Full-Document_ENG_2016.pdf. [27]

Greenhouse Gas Protocol/World Resources Institute and World Business Council for Sustainable Development (2004), *The Greenhouse Gas Protocol: A Corporate Accounting and Reporting Standard*, Greenhouse Gas Protocol/World Resources Institute and World Business Council for Sustainable Development, https://ghgprotocol.org/sites/default/files/standards/ghg-protocol-revised.pdf. [55]

Gutschow, J. et al. (2022), *The PRIMAP-hist national historical emissions time series*, Earth Syst. Sci., No. Data, 8, pp. 571-603, https://doi.org/10.5194/essd-8-571-2016. [14]

Hseuh, C. (2023), *The Chinese Steel Industry: Three Pathways to Green Steel*, China Brief, No. Vol. 23 Issue 5, Jamestown Foundation. [37]

IEA (2023), *Coal in Net Zero Transitions: Strategies for rapid, secure and people-centred change*, IEA, Paris, https://iea.blob.core.windows.net/assets/4192696b-6518-4cfc-bb34-acc9312bf4b2/CoalinNetZeroTransitions.pdf. [25]

IEA (2023), *Global Hydrogen Review*, IEA, Paris, https://iea.blob.core.windows.net/assets/8d434960-a85c-4c02-ad96-77794aaa175d/GlobalHydrogenReview2023.pdf. [54]

IEA (2023), *Greenhouse Gas Emissions from Energy (database)*, https://www.iea.org/data-and-statistics/data-product/greenhouse-gas-emissions-from-energy. [50]

IEA (2023), *Mongolia*, Greenhouse Gas Emissions from Energy, IEA, Paris, https://www.iea.org/countries/mongolia. [21]

IEA (2023), *Mongolia*, Energy and Emissions per Value Added Database, IEA, Paris, https://www.iea.org/data-and-statistics/data-product/energy-and-emissions-per-value-added-database. [15]

IEA (2023), *Net Zero Roadmap: A Global Pathway to Keep the 1.5C Goal in Reach - 2023*, IEA, Paris, https://iea.blob.core.windows.net/assets/7c02e774-9d1b-4398-9313-840913e1b4e6/NetZeroRoadmap_AGlobalPathwaytoKeepthe1.5CGoalinReach-2023Update.pdf. [36]

IEA (2022), *World Energy Balances*, https://www.iea.org/countries/mongolia. [13]

IEA (2021), *Net Zero by 2050: A Roadmap for the Global Energy Sector*, IEA, Paris, https://iea.blob.core.windows.net/assets/deebef5d-0c34-4539-9d0c-10b13d840027/NetZeroby2050-ARoadmapfortheGlobalEnergySector_CORR.pdf. [23]

IEA (2021), *Phasing Out Unabated Coal: Current Status and Three Case Studies*, IEA, Paris, https://iea.blob.core.windows.net/assets/861dc94d-a684-4875-80fb-a1faaf914125/PhasingOutUnabatedCoal-CurrentStatusandThreeCaseStudies.pdf. [51]

IEA (2018), *Mongolia Renewable Energy Feed-in Tariff*, IEA, Paris, https://www.iea.org/policies/6469-mongolia-renewable-energy-feed-in-tariff. [57]

IMF (2023), *World Economic Outlook Database, April*, https://www.imf.org/en/Publications/WEO/weo-database/2023/April. [1]

IMF (2022), *Annex 1.SF.1. Coal Dependence: Econometric Analysis and Energy Transition Risks for Coal Producers*, IMF World Economic Outlook, IMF. [6]

IMF (2021), *Energy Subsidy Template*, IMF, DC, https://www.imf.org/-/media/Files/Topics/Environment/energy-subsidies/fuel-subsidies-template-2022.ashx. [45]

IRENA (2022), *Energy Profile: Mongolia*, IRENA, https://www.irena.org/-/media/Files/IRENA/Agency/Statistics/Statistical_Profiles/Asia/Mongolia_Asia_RE_SP.pdf?rev=043f5c4c85054e179be1ae1b397e5972. [41]

IRENA (2020), *Green hydrogen cost reduction*, https://www.irena.org/publications/2020/Dec/Green-hydrogen-cost-reduction. [49]

IRENA (2016), *Renewable Readiness Assessment: Mongolia*, IRENA, https://www.irena.org/-/media/Files/IRENA/Agency/Publication/2016/IRENA_RRA_Mongolia_2016.pdf?rev=b7b8dc32d10745cc9b70b55d31569366. [40]

Ministry of Energy of Mongolia (2022), *Head Supply and Renewable Energy Policy Planning*, Ministry of Energy of Mongolia, Ulaanbaatar, https://www.irena.org/-/media/Files/IRENA/Agency/Events/2022/May/Heat-supply-and-renewable-energy-policy-planning.pdf?la=en&hash=FC805CF764BBD7F6A001D27B9FDE9FF4170A0B48. [42]

Ministry of Energy of Mongolia (2022), *Heat Supply and Renewable Energy Policy Planning*, Ministry of Energy of Mongolia, Ulaanbaatar, https://www.irena.org/-/media/Files/IRENA/Agency/Events/2022/May/Heat-supply-and-renewable-energy-policy-planning.pdf?la=en&hash=FC805CF764BBD7F6A001D27B9FDE9FF4170A0B48. [28]

MIT Technology Review (2023), *The Green Future Index*. [44]

National Statistical Committee of Mongolia (2022), *Contribution of sectors to changes in GDP*, National Statistical Committee of Mongolia. [8]

National Statistics Office of Mongolia (2023), *Foreign Trade*, https://www.1212.mn/en/statistic/statcate/573062/table/573062. [47]

National Statistics Office of Mongolia (2023), *Investment*, https://www.1212.mn/en/statistic/statcate/573075/table/573075. [46]

National Statistics Office of Mongolia (2023), *National Accounts*, https://www.1212.mn/en/statistic/statcate/573052/table-view/DT_NSO_0500_001V1. [9]

Nilsson, A. et al. (2021), *Green Hydrogen Applications in Mongolia: Technology potential and policy options*, New Climate Institute, https://newclimate.org/sites/default/files/2021/10/NewClimate_Green_Hydrogen_Applications_in_Mongolia.pdf. [29]

OEC (2023), *Mongolia*, OEC, https://oec.world/en/profile/country/mng?depthSelector1=HS6Depth&tradeScaleSelector1=tradeScale2. [4]

OECD (2023), *Air pollution exposure*, OECD, Paris, https://www.oecd-ilibrary.org/environment/air-pollution-exposure/indicator/english_8d9dcc33-en. [22]

OECD (2023), *Green Growth Indicators*, OECD Publishing, Paris, https://stats.oecd.org/Index.aspx?DataSetCode=GREEN_GROWTH. [20]

OECD (2023), *Mongolia*, OECD Green Growth Indicators, OECD, Paris, https://stats.oecd.org/Index.aspx?DataSetCode=GREEN_GROWTH. [19]

OECD (2022), *Equitable Framework and Finance for Extractive-based Countries in Transition (EFFECT)*, OECD, Paris, https://www.oecd-ilibrary.org/docserver/7871c0ad-en.pdf?expires=1694092451&id=id&accname=ocid84004878&checksum=CDADE16BB122E467FE2BD3B6036DDB69. [24]

OECD (2022), *Green Hydrogen Opportunities for Emerging and Developing Economies*, OECD, Paris, https://www.oecd-ilibrary.org/docserver/53ad9f22-en.pdf?expires=1696414509&id=id&accname=ocid84004878&checksum=01FB008F220DF39E4DDDC822F7FFEB07. [53]

OECD (2021), *Agreement reached at OECD to end export credit support for unabated coal-fired power plants*, OECD, Paris, https://www.oecd.org/newsroom/agreement-reached-at-oecd-to-end-export-credit-support-for-unabated-coal-fired-power-plants.htm. [31]

OECD (2021), *Trade in Value Added (TiVA) 2021 ed: Principal Indicators*, OECD Publishing, Paris, https://stats.oecd.org/Index.aspx?DataSetCode=TIVA_2021_C1. [12]

OECD and the World Bank (Forthcoming), *Global Cloean Hydrogen Financing Publication*. [52]

U.S. Department of State (2023), *The United States and Mongolia Sign MOU to Collaborate on Critical Minerals*, U.S. Department of State, https://www.state.gov/the-united-states-and-mongolia-sign-mou-to-collaborate-on-critical-minerals/. [48]

UNFCCC (2023), *COP28 Agreement Signals "Beginning of the End" of the Fossil Fuel Era*, UNFCCC, https://unfccc.int/news/cop28-agreement-signals-beginning-of-the-end-of-the-fossil-fuel-era. [30]

UNFCCC (2023), *Mongolia's National Inventory Report 2023*, UNFCCC, https://unfccc.int/sites/default/files/resource/20231112_NIR_MGL.pdf. [18]

World Bank (2023), *Mongolia Economic Update: Partial Recovery and Lingering Risk*, World Bank, DC, https://thedocs.worldbank.org/en/doc/97b959e7c02bfd04f4ab3c1bdd5b9e20-0070012023/original/Mongolia-Economic-Update-April-2023.pdf?fbclid=IwAR1vdhhH9PCW7UbprWMrUnJNg6osVGY5JpU38b61cbAlVwnmXnpYKeRUIQw. [7]

World Bank (2023), *Mongolia Economic Updated April 2023*, World Bank, DC, https://documents1.worldbank.org/curated/en/099413204212338504/pdf/IDU0c9bb5b690643104ccf091520b7f0565236e4.pdf. [10]

World Bank (2023), *Poverty and Inequality Platform*, World Bank, DC, https://pip.worldbank.org/poverty-calculator?src=MNG. [2]

World Bank (2023), *Scaling Up to Phase Down: Financing Energy Transition in Developing Countries*, World Bank, https://www.worldbank.org/en/news/press-release/2023/04/20/scaling-up-to-phase-down-financing-energy-transition-in-developing-countries. [33]

World Bank (2023), *World Development Indicators*, World Bank, DC, https://databank.worldbank.org/source/world-development-indicators. [3]

World Intellectual Property Organization (2023), *Global Innovation Index 2023: Innovation in the face of uncertainty*, https://doi.org/10.34667/tind.48220. [43]

Zhou, T. et al. (2022), *China's green steel plans: Near-term policy challenges and Australia-China links in decarbonisation*, Australian National University, https://iceds.anu.edu.au/files/ANU%20policy%20brief%20-%20China's%20green%20steel%20plans_1.pdf. [38]

2 Монголын шинжлэх ухаан, технологи, инновацийг сэргээгдэх устөрөгчийн хөгжүүлэхэд ашиглах нь

Энэ бүлэгт Монгол Улсын шинжлэх ухаан, технологи, инновац (ШУТИ)-ын хүрээг шинжлэн үзэж, сэргээгдэх устөрөгчийг хөгжүүлэхэд ашиглах боломж, арга замууды тодорхойлов. Технологийн өртөг бууруулах, үйлдвэрлэлийг нэмэгдүүлэхэд сэргээгдэх эрчим хүчийг ашиглах аж үйлдвэрийн ногоон бодлогын талаар дэлхий яриа ярьж хэлэлцэж буй. Үүнтэй зэрэгцээд устөрөгчийн инновац Хятадаас бусад цөөн хэдэн орлого өндөртэй улс оронд төвлөрчээ. Энэ нь олон улсын механизм хэрэглэн технологи дамжуулалтыг үр дүнтэй хийх нөхцөл нь Монгол зэрэг хөгжиж буй орны хувьд түлхүүр үүрэгтэй гэдгийг харуулж байна. Бага нүүрстөрөгчийн технологийг төрийн ногоон худалдан авалт хийх зэрэг замаар дэмжих нь чухал ач холбогдолтой. Монгол Улс байгаа төсвийн хөрөнгөө бага нүүрстөрөгчийн технологи, сэргээгдэх устөрөгчийг хөгжүүлэх инновацид хэрхэн яаж зарцуулах талаараа бодож, ШУТИ-ын хүрээг уур амьсгалын өөрчлөлттэй тэмцэх зорилттой нийцэхгүй байгаа асуудлыг шийдэх хэрэгтэй.

Сэргээгдэх устөрөгч хөгжүүлэх үндэсний стратегид инновац хөгжүүлэх бодлогын гүйцэтгэх үүрэг

Устөрөгчийн үйлдвэрлэлд инновац нэвтрүүлснээр үйлдвэрлэлийн зардал буурч, энэ зууны дунд гэхэд нүүрстөрөгчийг тэглэх зорилтыг хангах технологийг дэвшлийг дэмжих юм. ЭЗХАХБ-аас хийсэн устөрөгч үйлдвэрлэгч гишүүн орнуудын дунд хийсэн судалгаа (Cammeraat, Dechezlepretre and Lalanne, 2022[1]) сэргээгдэх устөрөгчийн үйлдвэрлэлийг хөгжүүлэх ашиглалтыг нэмэгдүүлэхэд голлох үүрэгтэй таван инновац, аж үйлдвэржилтийн бодлогыг тодорхойлжээ. Нэгдүгээрт, технологийн хувьд устөөргчийн үйлдвэрлэл, хэрэглээ бүрэн гүйцэд хөгжөөгүй байгаа нөхцөлд төр засаг судалгаа, хөгжүүлэлт (СХ)-ийн ажилд татварын хөнгөлөлт үзүүлэх зэрэг аль нэг тодорхой технологийг чухалчлаагүй, задгай арга хэмжээ авахаасаа илүүтэй тухайлсан чиглэлд илүү анхаарсан СХ-ийг дэмжих хэрэгтэй. Хоёрдугаарт, сэргээгдэх устөрөгчийн үйлдвэрлэлийг сэргээгдэх үндэсний сүлжээнд холбогдсон эрчим хүчээр хангах улс орны хувьд сэргээгдэх эрчим хүчээр хангалттай хангах, бодлогын хувьд сэргээгдэх эрчим хүч үйлдвэрлэх өртөг зардлыг тогтмол бууруулах бодлогын дэмжлэг үзүүлэх нь гогцоо асуудал мөн. Гуравдугаарт, бусад бага нүүрстөрөгчийн шийдэлтэй адилаар ногоон устөрөгчийн өрсөлдөх чадвар нь нүүрстөрөгчийн тодорхой үнэлэх, уламжлалт түлшинд үзүүлдэг хөнгөлөлт, чөлөөлөлтийг бууруулах зогсоох, улмаар ногоон шийдэлд хөнгөлөлт чөлөөлөлт эдлүүлэхээс ихэнхдээ хамаарна. Дөрөвдүгээрт, шинэ технологи учраас хөрөнгө оруулагчид ногоон устөрөгчтэй холбоотой зохицуулалт хэр ойлгомжтой эсэхэд анхаарах ба олон улсад хүлээн зөвшөөрсөн стандарт баримтлах, баталгаажуулалт хийх нь устөрөгчийн олон улсын зах зээл хөгжихийн хэрээр чухал шалгуур болно. Тавдугаарт, цэнхэр устөрөгчийн ашиглалтыг төр засаг дэмжиж болох ба энэ нь ногоон устөрөгч рүү шилжих шилжилтийн хэсэг бөгөөд цаг хугацаа заасан, богино хугацаанд хэрэгжүүлэх арга механизм байж юм.

Монгол Улсын сэргээгдэх устөрөгчийн зорилго, амбицтай инновац, технологийн бодлоготой хамаатай асуудлууд бий боловч хөгжиж буй улс оронд тулгардаг нийтлэг асуудал энэ сэдэвт хамаатай. Үүнд: байгалийн баялаг ихтэй ч технологи болон санхүүгийн чадавх хязгаарлагдмал эдгээр улс орнууд байх устөрөгчийн зах зээлд анхлан инновацийг нэвтрүүлэгч, ашиглагчид нь болдог байна (OECD, 2022[2]). Улмаар Монгол Улс (хүрэн) устөрөгч үйлдвэрлэгч улс биш, жижиг аж үйлдвэрлэлийн салбар нь дотооддоо устөрөгч ашиглах одоо байгаа боломжуудыг хязгаарлаж байгаа юм. ЭЗХАХБ-ын дээр заасан баримт бичигт хөгжиж буй улс орны хувьд сэргээгдэх устөрөгч хөгжүүлэхэд хязгаарлагдмал чадавхаас улбаатай асуудлыг өртгийн сүлжээг хөгжүүлэх тодорхой үе шатанд илүү тодорхой чиглэсэн арга хэмжээ авч шийдвэрлэж болох ба үндэсний онцлог нь үйлдвэрлэл, хэрэглээнд магадгүй давуу байдал үүсгэх боломжтой (Cordonnier and Saygin, 2023[3]). Технологи шилжилт, дотоод хэрэглээг дэмжсэн бодлого энэ тохиолдолд чухал үүрэгтэй байдаг тул сэргээгдэх устөрөгч үйлдвэрлэгч улс болохоор үндэсний стратегиэ тодорхойлсон улс орны хувьд ингэх нь зайлшгүй.

Энэ бүлэгт Монгол Улс үндэсний стратегидээ тусгаж болох инновац, аж үйлдвэрийн бодлогыг тодорхойлов. Мөн бага нүүрстөрөгч дэмжих сэргээгдэх устөрөгч зэрэг бэлэн технологийн шийдлүүдийг ерөнхийд нь үнэлж үзлээ. Хэдий бага устөрөгчийн үйлдвэрлэлийн технологи дамжуулах, нутагшуулах Хэсэг 2.2-т голчлон тодорхойлсон хэдий ч энэ нь өөр бусад бага устөрөгчийн технологид мөн ашиглаж болдог. Монголд инновац хөгжүүлэхийг дэмжих, чиглүүлэхэд хэрэглээг дэмжих бодлогын гүйцэтгэх үүргийг Хэсэг 2.3 зураглав. Эцэст нь Монголын өнөөгийн шинжлэх ухаан, технологи, инновац (ШУТИ) бодлого, хууль эрх зүйн зохицуулалтыг сэргээгдэх устөрөгч хөгжүүлэх боломжийн өнцгөөс үнэлж, тус улсад өрнөж буй устөрөгчтэй холбоотой хийгдэж буй инновац үйл ажиллагааг Хэсэг 2.4-д тоймлов.

Сэргээгдэх устөрөгчийн инновацийг Монголд нэвтрүүлэх нь: Технологи нутагшуулах нь чухал

Нүүрстөрөгч бага эдийн засаг руу шилжихэд эрчим хүчнээс эхлээд тээвэр, санхүү хүртэл бүх салбарт хувийн хэвшил үйлдвэрлэлээс гарах ялгаруултаа бууруулах, зохион байгуулах загвар хүрээг тодорхойлох, сэдлийг өдөөх бодлогын өөрчлөлт хийх шаардлагатай байдаг. Улс орнууд эдийн нүүрстөрөгчийг халахдаа хэрэглэж буй олон янзын шийдлийн нэг нь сэргээгдэх устөрөгч бөгөөд байгаль орчинд үзүүлэх сөрөг нөлөөллийн муруйн эхэнд ялгарлыг бууруулах боломж боломж бололцоо өндөр юм. Бусад бага нүүрстөрөгчийн технологитой нэгэн адилаар сэргээгдэх устөрөгч хөгжүүлэх, нэвтрүүлэх нь бодлогын хуьд томоохон зохиоцуулалт, тухауйн улсын эдийн засагт үзүүлэх нөлөөг алсын хараатай тодорхойлох шаардлагатай байдаг. Тухайлбал, дотоодын ногоон инновац, сэргээгдэх устөрөгч хөгжүүлэхэд дотоод гадаад инновац нөөцийг үр дүнтэй уялдуулах ажлууд үүнд хамаатай. Эдгээр нөөцийг сайтар уялдуулан зохицуулах асуудал нь үндэсний устөрөгчийн стратегин гол асуудал болон урган гарч ирж байна (Хайрцаг 2.1). Өртгийн сүлжээг бүхэлд нь системтэйгээр харж, цаашдын хөгжлийн чиг хандлагыг тодорхойлох бодлого тодорхойлогчдын ур чадвар, шаардлагатай мэдлэг чухал. Жишээлбэл, сэргээгдэх устөрөгч бордоо боловсруулахад ашигладаг хүрэн устөрөгчийг орлох, уул уурхай, эрдэс баялгийн өртгийн сүлжээнд устөрөгчийг цоо шинээр ашиглан бага нүүрстөрөгчийн бүтээгдэхүүн бий болгох зэрэг хувийн компани дангаараа хийж чадахгүй зүйл байж болно. Ерөнхийдөө үндэсний салбар хөгжүүлэх стратегид энэ сэргээгдэх устөрөгч хөгжүүлэх зэрэг хэтийн зорилго, алсын хараag тусгасан байдаг.

Хөрөнгө оруулалт, инновацийг чиглүүлэх бодлого төвхнөн тогтож буй устөрөгчийн өртгийн сүлжээнд технологийн чадавх суулгахад чухал болно. Энэ нь бусад чиглэлийн (худалдаа, эрчим хүч, хөрөнгө оруулалт, татвар гм.). ШУТИ-ын бодлогоос улбаалан бий болно. Инновацийн бодлогын өнцгөөс харвал тэргүүлэх чиглэлийн технологи, судалгааг ялангуяа хөгжлийн эхний шатанд өрсөлдөөн сул байхад хэд хэдэн арга замаар дэмжих боломжтой. Тодорхой чиглэлд төсвийн мөнгөөр СХ ажил хийх, тухайлсан асуудлаар хувийн хэвшилд нөхцөлт татварын хөнгөлөлт үзүүлэх нь үр дүнтэй байдаг. Энэ төрлийн дэмжлэг нь тодорхой технологи (устөрөгч), эсхүл зорилго, зорилттой уялдсан (тодорхой салбарт ялгарлыг бууруулах зэрэг) байх шаардлагатай юм. Сэргээгдэх устөрөгч зэрэг бага нүүрстөрөгчийн технологи үйлдвэрлэлд нэвтрүүлэх үйл явцыг түргэтгэхийн тулд төр засаг илүү уламжлалт бодлогын дэмжлэг ашиглаж байгаа нь бага нүүрстөрөгчийн үйлдвэрлэл хөгжүүлэх стратегиэ бусад бодлоготой сайтар уялдуулах шаардлагатай байгааг харуулж буй. Үүнд инновац дэлгэрүүлэхэд шаардлагатай санхүү, хөрөнгө оруулалт олох, дэд бүтэц байгуулж, эрсдэлийг багасгах, зорилтот хэрэглээг дэмжих, дүрэм журмаар зохицуулах замаар хэрэглээг нэмэгдүүлэх юм.

Хайрцаг 2.1. Үндэсний сэргээгдэх устөрөгчийн стратегид туссан СХ, инновацийн бодлого

Олонх сэргээгдэх устөрөгчийн стратегид чухал инновац, СХ бодлого, санаачилга хэдий өөр арга замаар боловч туссан байдаг. СХ нь бага нүүрстөрөгч устөрөгчийн технологи нэвтрүүлэхэд чухал бүрэлдэхүүн хэсэг нь мөн. Тухайлсан, зорилтот СХ арга хэрэгсэлтэй болох нь ирээдүйд устөрөгчийн томоохон экспортлогч улс болохоор зорьж буй улсын хувьд зайлшгүй хэрэгтэй. Учир нь салбар дамнасан СХ бодлого илүү хөгжсөн технологид ашигтай тусдаг, иймд дөнгөж эхлэл төдий яваа, зах зээлд гараагүй технологийн хувьд үр нөлөөгүй (Cammeraat, Dechezleprêtre and Lalanne, 2022[4]).

- **Морокко Ногоон H2A судалгааны платформ үндэсний төдийгүй бүс нутгийн хэмжээнд хийгдэж буй СХ, инновацийн жишиг болох зорилготой.** Сэргээгдэх устөрөгч, ногоон азот, синтетик түлшинд ерөнхийдөө төвлөрсөн энэ судалгаа “Пауэр тү Икс” санаачилгын хүрээнд хийгдэж байна. Энэ төвийн зорилго нь бага нүүрстөрөгчийн молекулыг аж үйлдвэрийн салбарт болон бордоо үйлдвэрлэлд ашиглах зорилготой (Government of Morocco, 2021[5]).
- **Намибийн стратеги (*Namibia Green Hydrogen Research Institute-NGHRI*) судалгааны төв байгуулах.** СХ анхаарахаас гадна тус төв их сургууль салбар, төр уулзах цэг болж консорциум үүсгэн сэргээгдэх устөрөгч хөгжүүлэх судалгаа хийх зорилготой. Тус судалгааны институт чадавх бэхжүүлэх чиглэлд ажиллан магистр, докторын сургалт болон дахин мэргэшүүлэх мэргэжлийн сургалтын хөтөлбөр хэрэгжүүлнэ (Government of Namibia, 2022[6]).
- **Чилийн засгийн газар 280 сая хүртэлх ам. долларын санхүүжилтээр Цэвэр технологийн институт байгуулсан.** *“Istituto de Tecnologías Limpias-ITL” бол цэвэр эрчим хүч уул уурхайн технологийн инновацийн платформ юм* (Government of Chile, 2021[7]). Чилийн хэд хэдэн их сургууль, Антофагасийн Аж үйлдвэрийн холбоо зэрэг хувьцаат компаниудыг нэгтгэн консорциум байгуулжээ. Уг институт тогтвортой уул уурхайн асуудал, сэргээгдэх устөрөгчийн өртгийн сүлжээ байгуулах ажилд төвлөрдөг (ASDIT, 2023[8]).
- **Сэргээгдэх устөрөгчийн чиглэлд байгуулсан анхны кластер Морокко**. Кластерийн гол зорилго нь ногоон устөрөгчийн өртгийн сүлжээг үндэсний хэмжээнд босгож ирэх юм. Иймд СХ-ийг урагшлуулах төдийгүй ногоон деривативын чиглэлд төрийн бодлого боловсруулахад дэмжлэг үзүүлж, үйлдвэрлэлийн өртгийн сүлжээг хөгжүүлэх, сургалт, дахин мэргэшүүлэх хөтөлбөрт хамруулан ажлын байр бий болгоход хувь нэмрээ оруулах юм (Government of Morocco, 2021[5]).

ЭЗХАХБ-ийн хувьд сэргээгдэх устөрөгчийн технологийн бодлогыг дэмжиж буй зорилго нь үйлдвэрлэлийн өртгийг бууруулан эргэлтэд оруулан бүтээгдэхүүн болгох явдлыг хурдасгах болно. Зорилго нь “хүрэн” устөрөгчтэй өрсөлдөхүйц сэргээгдэх устөрөгч болон дериватив үйлдвэрлэнэ. Нүүрстөрөгч тэглэх олон янзын хувилбарт устөрөгчийн үйлдвэрлэлийн хүчин чадлыг нэмэх гол хөшүүрэг нь үйлдвэрлэлийн болон хэрэглээний өртөг, зардлыг бууруулах явдал мөн. Зарим талаараа харьцангуй зүйл мөн боловч хэрэглээний устөрөгчийн өрсөлдөх чадвар уламжлалт болон бусад түлшний үнэ өртгөөс томоохон хэсэг нь хамаарна. Монголын төр засаг уламжлалт түлшийг шат дараатай хэрхэн яаж халах талаар бага анхаарч байгаа ба сэргээгдэх устөрөгч хөгжүүлэх амбицаа хэрэгжүүлэхэд энэ чиглэлд гүн гүнзгий анхаарч, арга хэмжээ авах шаардлагатай болно. Ялгаруулалт ихтэй түлшний хэрэглээг бууруулахад хууль эрх зүйн зохицуулалт, нүүрстөрөгчийг үнэлэх зэрэг доор дурдагдах эдийн засгийн хөшүүргийг системтэй хэрэглэх хэрэгтэй. Электролиз төхөөрөмжийн үнийг бууруулахад дорвитой арга хэмжээ авах, шаардлагатай хэмжээнд сэргээгдэх эрчим хүчээр хангах нь үр дүнтэй байдаг (ЗурагЗураг 2.1) нь эдгээр хоёр хүчин зүйл сэргээгдэх эрчим хүчний үнэ өртөгт ихээхэн нөлөөтэй байдгаас улбаатай. Гуравдугаар бүлэгт тодорхойлсончлон Монголын сэргээгдэх эрчим хүчний арвин нөөцийг ашиглахад хөрөнгө оруулалтын саадыг арилгах нь үндэсний устөрөгч хөгжүүлэх стратегид баримтлах гол асуудал мөн болно. Худалдаа, санхүү хөрөнгө оруулалтын бодлогын хүрээнд холбогдох хөрөнгө санхүүтэй холбоотой эрсдэл, өртөг зардлыг бууруулах ажлыг хийсэн байх учиртай.

Зураг 2.1. Ногоон устөрөгчийн үйлдвэрлэлийн өртгийг бууруулах гол хүчин зүйлс

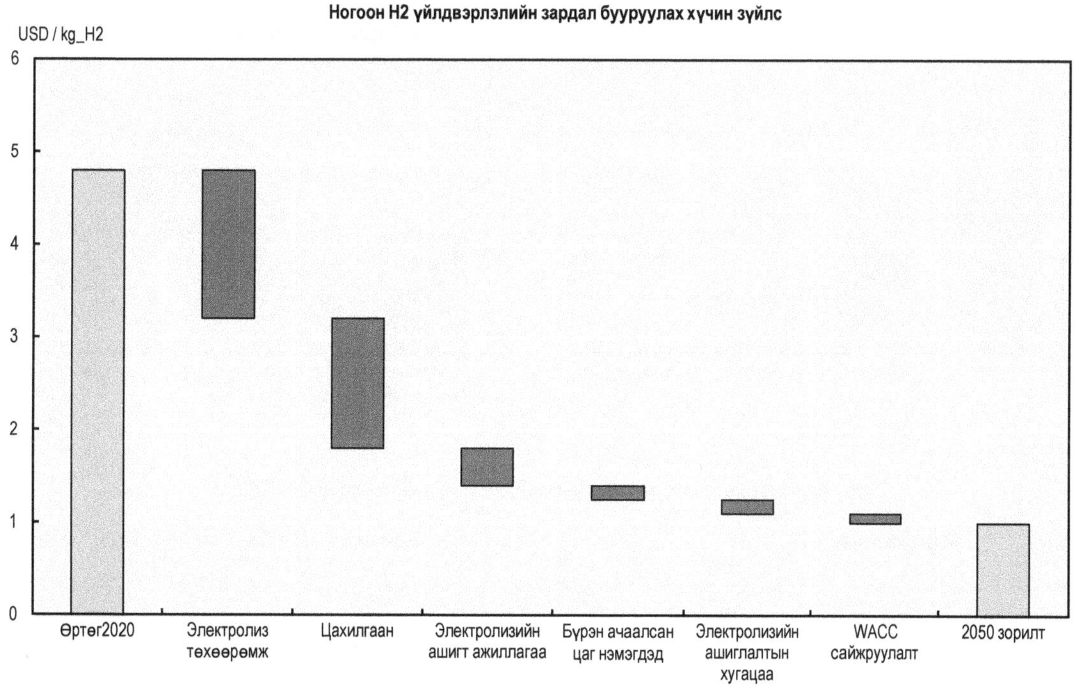

Эх сурвалж: (IRENA, 2020[9]) (OECD, 2022[2])

Монгол зэрэг хөгжиж буй орны хувьд бага нүүрстөрөгчийн технологи инновацийг бодлогоор дэмжихдээ бусад улсын технологи хөгжүүлж буй гол технологид тулгуурлах нь зүйтэй (IEA, 2023[10]). Одоогоор устөрөгчийн инновац (зөвхөн үйлдвэрлэл төдийгүй аж үйлдвэр, тээврийн салбарт хэрэглэж буй жишээ) цөөн хэдэн баян орны технологийн чадал сайтай томоохон хэдхэн компанид төвлөрсөн. Жишээлбэл ЭЗХАХБ, Европын Холбооны Судалгааны хорооны хамтран гаргасан тайланд 2021 оны топ 2000 компанийн бизнес хөгжлийн судалгааны зардал (БХСЗ) нь дэлхий нийт энэ төрлийн зардлын 87% бүрдүүлж, дэлхийн топ СХ-ийн фирмүүд уур амьсгалын өөрчлөлтөд дасан зохицох, бууруулахтай холбоотой технологийн патентын 70%, барааны тэмдгийн 10% эзэмшиж (Хятадыг хасаж тооцвол бүх патентын 63%, барааны тэмдгийн 6%) байна. Бага нүүрстөрөгчтэй холбоотой технологийн инновац бүс нутаг, бизнес арилжааны хувьд илүү төвлөрсөн учраас хөгжиж буй орнуудын хувьд ямар оролцоотой байх нь тодорхойгүй (Amoroso et al., 2021[11]). Устөрөгчийн хувьд технологи хөгжүүлэлт бүр илүү төвлөрчээ. Оюуны өмчийн патентын бүртгэлийн 5 байгууллага буюу IP5-д гаргасан устөрөгчийн технологийн патент эзэмших нийт хүсэлтийн 72.1%-г БХСЗ-ын хэмжээгээр топ 2000-д багтдаг компаниуд гаргажээ (ЗурагЗураг 2.2a). Технологийн нээлт гэхээсээ судалгаа шинжилгээний үр дүнг эдийн засгийн эргэлтэд орсныг илтгэдэг барааны тэмдэг нь сарнисан өмчлөлтэй байгаа боловч дээрх том бизнесүүдийн өмчийн устөрөгчтэй холбоотой барааны тэмдэг нийт дүндээ жин дарж буй (27.8%). Энэ хувь хэмжээ устөрөгчийн хувьд бусад бага нүүрстөрөгчийн технологитой харьцуулахад хамаагүй өндөр байна (Зураг 2.2b).1 Зураг Зураг 2.2c-т харуулж байгаачлан өмчилж буй устөрөгчийн технологийн тоогоороо Япон, Солонгос бүс нутагтаа толгой цохиж байгаа бол ЕХ дэлхийн дундаж үзүүлэлттэй байна.

Зураг 2.2. Зарим бага нүүрстөрөгчийн технологийн төвлөрөл, бүс нутгаар компаниар

Гурван гол технологиор эзэмшиж буй патент (a) барааны тэмдэг (b) дэлхийн топ СХ-д хөрөнгө оруулагчийн жин (2016-18).

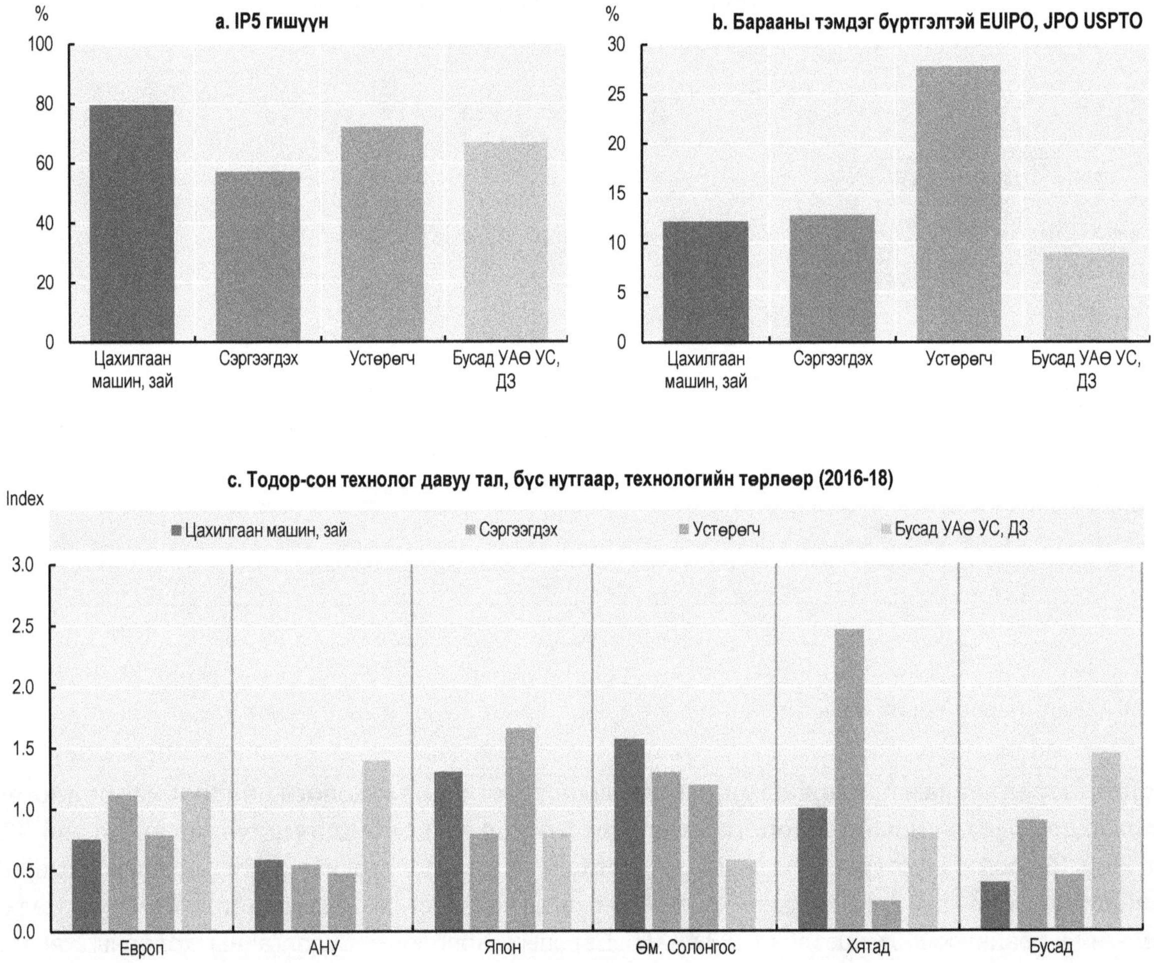

Тэмдэглэгээ: ЗурагЗураг 2.2a болон Зураг 2.2b-ын өгөгдөл патент, барааны тэмдэг СХ-ийн дэлхийн топ 2000 хөрөнгө оруулагчид төвлөрснийг харуулж байна. Эдгээр хөрөнгө оруулагчдын инновацид зарцуулсан зардал нь хувийн хэвшлийн дэлхийн нийт СХ-ийн зардлын 87%, бүх төрлийн технологийн патент авах хүсэлтийн 63% эзэлж байна. ЗурагЗураг 2.2c-т Технологийн давуу талын индекс (RTA)-ийг ижил технологиор бүс нутгийн түвшинд тооцсон өгөгдлийг ашиглав.
Эх сурвалж: JRC-OECD, COR&DIP© data base v.3., 2021 based on (Amoroso et al., 2021[11])

Сэргээгдэх устөрөгчийн салбарыг дэмжих аливаа стратегид олон улсаас технологи нутагшуулах хамгийн үр дүнтэй аргыг тодорхойлох шаардлагатай. Хөгжиж буй орнуудын гадаадаас инновац нэвтрүүлэх, хөгжүүлэх, өрсөлдөх чадвартай болох чадавхаас нь устөрөгч үйлдвэрлэгч, экспортлогч болох эсэх нь хамаарна. Хөгжиж буй улс оронд байгаль орчин, уур амьсгалын өөрчлөлттэй холбоотой үйл ажиллагааг хамруулсан технологи дамжуулалт хийхэд үндэстэн дамнасан корпорац (ҮДК) технологи нэвчилтэд чухал үүрэг гүйцэтгэдэг. Технологи дамжуулалтыг хамгийн үр дүнтэй хийх арга замын талаарх ЭЗХАХБ-д болж буй мэтгэлцээн ихэнхдээ технологи дамжуулалт нь худалдааны бодлогын буюу тухайн бүс нутаг, улс орны бараа бүтээгдэхүүнд тавих шаардлага болон бусад зөвшөөрөл, лиценз авахыг шаардах замаар тодорхой технологи "тулгаж" байгаа талаар санаа зовнисон агуулгаар өрнөж байна (Andrenelli, Gourdon and Moisé, 2019[12]). Мөн дотоодын аж ахуйн нэгжүүд бага нүүрстөрөгчийн технологи үйлдвэрлэлд ашигласнаар үр шимийг нь хүртэх хүрээг бий болгох хэрэгтэй болно. Энэ нь тэдэнд бага өртөгтэй электролиз төхөөрөмж олоход нь туслах, үйл ажиллагаандаа инновац ашиглах боломж бий болгоно гэсэн үг бөлгөө. Нүүрстөрөгчийн хэрэглээг халахад хүндрэлтэй салбарт устөрөгч, түүний деривативыг хэрэглээг нэвтрүүлэхэд эдгээр инновац чухал үүрэгтэй.

Бага нүүрстөрөгчийн амбицаа хэрэгжүүлэхэд технологи дамжуулалт, инновацад тулгарч буй саадыг Монголын шинжлэх ухаан, технологи инновацийн салбарынхан ерөнхийдөө хүлээн зөвшөөрдөг. Монгол Улсын Цаг уур, орчны шинжилгээний газар, НҮБ УАӨСК-ийн хүрээнд тус улс байгаль орчин, уур амьсгалын зорилгоо хангахад инновац ашиглахад учирч буй дотоод, гадаад саадыг тодорхойлж, байр сууриа илэрхийлсэн билээ. Бодлогын түвшинд авах хэд хэдэн арга хэмжээг нь тодорхойлсон нь ЭЗХАХБ-ын судалгааны дүн, оролцогч талуудын гаргасан саналтай нийцэж байна. Үүнд: тухайлсан салбарт технологи нутагшуулах хэрэгцээ, технологи хөгжүүлэхэд учирч буй саад, технологи дамжуулалт болон нэвчилт, технологи нутагшуулахад хоёр болон олон талт хамтын ажиллагааны механизмыг ашиглах, хувийн хэвшлийн оролцоог дотоодын технологи нутагшуулах хэрэгцээг хангахад оролцох оролцоог сайжруулах юм (Dagvadorj, n.d.[13]). ЭЗХАХБ-аас Улаанбаатар хотноо зохион байгуулсан оролцогч талуудын зөвлөлдөх уулзалтын үеэр 2020 онд баталсан Оюуны өмчийн тухай хууль (ОӨтХ)-ийн бараг хэрэглэдэггүй заалт болох оюуны өмчийг эдийн засгийн эргэлтэд оруулж, технологи шилжүүлэхэд судалгааны байгууллага хувийн хэвшлийн хамтын ажиллагааг дэмжих асуудлыг ашиглах талаар хэлж байлаа. Бага нүүрстөрөгчийн технологийн ашиг тусын талаарх мэдлэг Монголын аж үйлдвэрийн салбарынханд төдийлөн байхгүй болох нь ажиглагдсан болно. ШУТИ салбарт болон бизнесийн салбарт ажилладаг хүмүүс энэ талаар санаа бодлоо илэрхийлж байлаа Бүгд бага нүүрстөрөгчийн үйл ажиллагааг ЖДҮ нэвтрүүлж, өртгийн сүлжээнд байрших нь хэцүү гэдгийг бүгд хүлээнэ зөвшөөрч байв.

Сэргээгдэх устөрөгч хөгжүүлэх ажил Монголд төдийгүй ЭЗХАХБ-ын түвшинд олон улсын хамтын ажиллагаа шаардна. Бага нүүрстөрөгчийн технологи хөгжүүлэх ажил ШУТИ, хөрөнгө оруулалтын асуудлаар дэлхий нийтийн хамтын хүчин чармайлт гүн гүнзгий хэрэгтэй юм. ЭЗХАХБ болон Их 20-ын хүрээнд том хэмжээний технологи хөгжүүлэх инновацийн төсөлд энэ төрлийн хамтын ажиллагааг өргөн хэрэглэдэг ба үүний жишээ нь устөрөгчийн салбарт хэрэгжиж буй Европын нийтлэг сонирхлын төслүүд (ЕНСТ), Эдийн засагт устөрөгч, үүрэн шатахуун дэмжих олон улсын түншлэл (ЭЗУҮШДОУТ) байна (European Commission, 2022; IPHE, 2022). Монгол шиг жижиг эдийн засагтай хөгжиж буй орны хувьд олон улсын хамтын ажиллагаа онцгой чухал. Энэ нь дотооддоо бага нүүрстөрөгчийн устөрөгч хөгжүүлэх, үйлдвэрлэхэд ашиглах шатанд гадаад технологи, санхүүгийн нөөц, техникийн тусламж авна гэсэн хүлээлттэй байдгаас улбаатай. Солонгос Израилийн СХ-ийн Сан зэрэг урт хугацаанд ажиллаж буй механизм нийтлэг судалгааны зорилготой, харилцан бие биенээ нөхсөн чадавх чадалтай улс орнууд хамтран ажиллаж олон улсад технологи дамжуулалтыг хурдасгаж чадаж буйн жишээ мөн (Israel Innovation Authority, 2024[14]). Хөгжингүй болон хөгжиж буй улс орнууд олон улсад инновац, технологийн чиглэлээр амжилттай хамтран ажиллаж буй жишээнүүд төр засгийн хувьд бодлого тодорхойлогчид, техникийн зөвлөхүүд, ШУТИ-ын салбарын мэргэжилтнүүдийг олон улсын түвшний яриа хэлэлцүүлэгт хэрхэн яаж үр дүнтэй оролцуулах вэ гэдгийг судлан үзэх үндэслэл бийг харуулдаг.

Устөрөгчийн салбарт тэргүүлэгч улс орны хувьд бүрэлдэн тогтож буй өртгийн сүлжээнд технологио суулгах нь эдгээр улс орнуудын хувьд бага нүүрстөрөгчийн шилжилтийн нэн тэргүүний асуудал мөн. Иймэрхүү механизмын нэг жишээ бол Японы кредит хамтран тооцох механизм юм. Монголд эхлэлийн шатандаа яваа хэд хэдэн устөрөгчийн төсөл энэ чиглэлд судалгаа шинжилгээ хийсэн байдаг. Энэ механизмын хүрээнд ялгарлыг бууруулдаг Япон технологийн тоног төхөөрөмж худалдан авч 30% хөнгөлөлт (дээд тааз бий) эдлэх юм (Government of Japan, 2024[15]). Өргөн утгаараа сэргээгдэх устөрөгчийн далайцтай хөгжүүлэхэд хамтын ажиллагааг дэмжих, технологи нь уур амьсгалын болон тогтвортой өсөлтийн зорилтоо хангахад бүх улсад туслах ёстой талаар яриа хэлэлцүүлэг дэлхий даяар өрнөж байна. Хүлээн авагч орнуудын урт хугацааны эдийн засгийн өсөлтийг хангахын тулд зөвхөн сэргээгдэх устөрөгчийн үйлдвэрлэлийн байршлыг тодорхойлоод зогсохгүй энэхүү бага нүүрстөрөгчийн технологи ашиглан нэмүү өртөг үйлдвэрлэх чадавх хөгжүүлэх дотоод боломж бололцоог анхаарах нь зүйтэй юм. Иймэрхүү хамтын ажиллагааны хүрээнд хүлээн авагч улсын төр засаг, олон улсын түнш хоёулаа дотооддоо ур чадвар хөгжүүлэх асуудалд анхаарах ёстой. Бага нүүрстөрөгчийн технологи шингээх олон улсын санаачлагын үр шимийг хүртэх, өрсөлдөх чадвар хамгийн сайтай дотооддоо тохирсон инновац авч хэрэглэх чадвар нь Монголын төр засаг бүх түвшинд бодлогын өөр өөр талбарт хоёр болон олон талт албан ёсны яриа хэлэлцээ идэвхтэй өрнүүлж байж сайжирна.

Одоо байгаа дотоодын технологи дамжуулах сувгууд сэргээгдэх эрчим хүчний амбицаа хэрэгжүүлэхэд дэмжлэг болно. Олон улсын хамтын ажиллагаа бага нүүрстөрөгчийн технологи нэвчилтэд дэлхий даяар чухал хэдий ч (Хайрцаг 2.2), мэдлэг, технологи дамжуулах дотоодын сувгууд мөн чухал, ялангуяа дотоодын компаниудын хэрэгцээ шаардлагад тохирсон мэдлэг, технологи илүү сайн дамжуулдаг. Монголд хэд хэдэн технологи дамжуулах тогтолцоо байгаагийн дотор ШУА багтна. ЭЗХАХБ-тай зөвлөлдөн энэ тайланг боловсруулах явцад ШУА судалгааны үр дүнг үйлдвэрлэлд нэвтрүүлэх зорилготой хөтөлбөр хэрэгжүүлж байв. Эдгээр санаачилга дотоодын төрийн мэдлийн судалгаа шинжилгээний байгууллагын бүтээсэн мэдлэг, технологийг үйлдвэрлэлд нэвтрүүлэхэд дэмжих үзүүлэх зорилготой юм. Эдгээр платформууд сайн танигдаагүй, өргөн хэрэглэдэггүй хэдий ч үүн дээр суурилан сэргээгдэх устөрөгчийн стратегийн технологи дамжуулалтын үйл ажиллагааг хийх сайн суурь болох боломж байна. Байгаа платформуудыг ашиглахдаа Монголын ШУТИ хариуцсан эрх бүхий байгууллагууд ялангуяа жижиг бизнест технологи дамжуулах үйл ажиллагаанд тооцож үзэх хэд хэдэн зүйл байна. Төрөөс технологи дамжуулалтын талаар мэдлэг мэдээллийг түгээснээр бизнесийн байгууллагууд одоо хэрэгжиж буй хөтөлбөрт хамрагдах сэдэл өгч, оролцоо нь сайжрах ба ялгарал ихтэй үйлдвэрлэлийн гарцыг бууруулахад бэлэн, арай хямд технологи авч хэрэглэх ажлыг өдөөнө. Мөн технологи дамжуулалтыг төрийн өмчийн их дээд сургууль, судалгааны байгууллагуудын үйл ажиллагааны зорилт болгож салбарын болон судалгааны байгууллагуудын түншлэл, хамтын ажиллагааг дэмжих (жишээлбэл, томоохон үйлдвэр болон эрдэм шинжилгээний хүрээлэн хамтрах усны нөөцийн үр ашигтай менежмент зэрэг дотоод асуудлыг шийдэх), эсхүл ахисан түвшний оюутнууд, судлаачдыг үйлдвэрлэл дээр ажиллуулах боломжийг судлан үзэх хэрэгтэй. Энэ аргаар устөрөгч болон бусад бага нүүрстөрөгчийн технологийг үйлдвэрлэлийн дамжлагад хэрэглэх боломжийг тодорхойлох зорилготой

Хайрцаг 2.2. Японы кредит хамтран тооцох механизм: Гадаад санхүүжилтээр технологи дамжуулах, нутагшуулах жишээ

Япончуудын санаачилсан хамтарсан кредит олгох механизм (ХКОМ) нүүрстөрөгчийг халах дэвшилтэт технологи, бараа бүтээгдэхүүн, систем, дэд бүтцийн түгэлтийг хурдасгахаар бий болгосон. Үндсэн зорилго нь түнш орнуудынхаа тогтвортой хөгжлийг дэмжингээ Япон технологи ашиглан хүлэмжийн хий (ХХ)-г бууруулах, үгүй болгох юм. ХКОМ ашиглан бууруулсан ялгарлыг Японы Үндэсний хэмжээнд тодорхойлсон хувь нэмэр (ҮХТХХ)-т заасан ХХ-г бууруулах зорилгод оруулан тооцно. Энэ механизм хүрээнд хамрагдсан улс орнуудад хэрэгжиж буй төсөлдөө буцалтгүй тусламж авч Японы хүлэмжийн хийг халах технологи нутагшуулахтай холбоотой хөрөнгө оруулалтын зардлаа бууруулна.

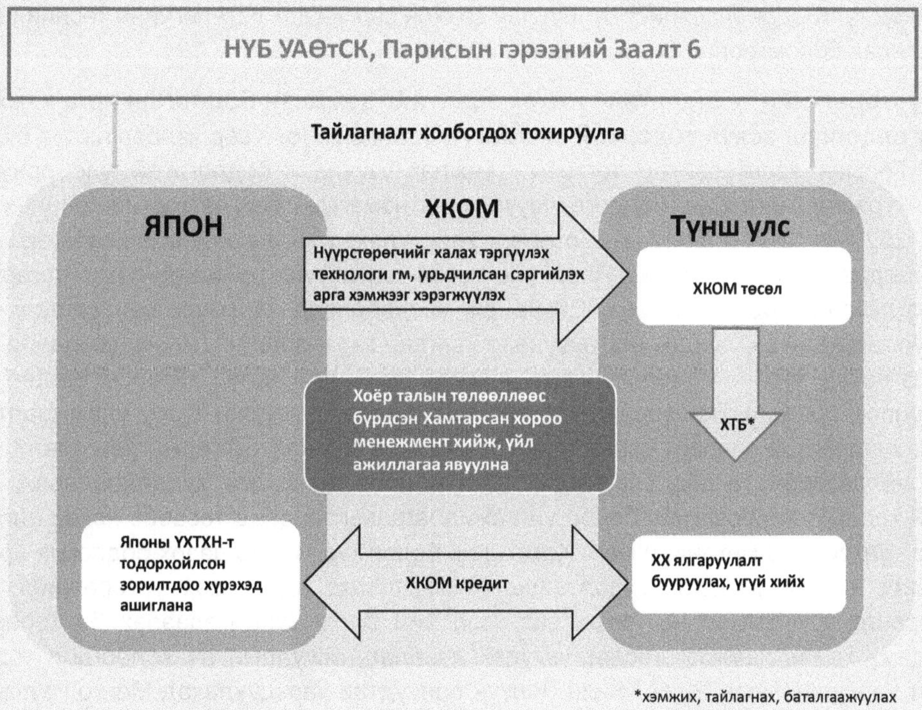

Эх сурвалж: (Government of Japan, 2024[16])

Инновац нэвтрүүлэх үйл ажиллагаа болон тархалтыг хэрэглээг дэмжсэн бодлогоор тэтгэх нь

Дотооддоо бага нүүрстөрөгчийн технологи хөгжүүлэх, нэвтрүүлэх ажил төрийн бодлого, зохицуулалт, дэмжих талаар нийтэд хүргэж буй мэдээллээс хамаарна. Шууд хийх боломжтой нэг ажил нь нүүрстөрөгчид үнэ тогтоох бодлого гаргаж, ялгарлыг үнэтэй болгох, уламжлалт түлшинд өгдөг татаасыг шат дараатай татгалзах явдал мөн. Монголын эрх баригчид зэрэгцэн өрсөлдөж буй технологи хөгжүүлэх үнэ өртөгт анхааран уур амьсгалтай холбоотой СХ-ийг санхүүжүүлэх шинэ боломж боломцоог гаргах боломжтой (Cervantes et al., 2023[17]). Ийм бодлого оролцогч талуудыг бохирдлоо дотооддоо шийдвэрлэхийг шахаж, инновац хөгжүүлэх, байгаль орчинд илүү ээлтэй технологи нэвтрүүлэхэд хүргэдэг. Ялгарал худалдалах схем бага нүүрстөрөгчийн инноваци нэвтрүүлэхэд хурдан хугацаанд, өндөр хэмжээнд нөлөөлж байгаг ЕХ-ны туршлагаас харж болно (Calel and Dechezleprêtre, 2016).

Сэргээгдэх устөрөгчийн хөгжлийн өөр өөр үе шатанд эрэлтийг дэмжсэн арга хэмжээ авах нь чухал. Сэргээгдэх устөрөгчийн хэрэглээнд инновац хийж, үйлдвэрлэлд ашиглах боломжтой компаниудын хувьд эрэлтийг дэмжсэн бодлого гарц бага байлаа ч технологи, инновацийн СХ-ээбага нүүрстөрөгчид чиглүүлэх сэдэл өгдөг. Мөэ бага нүүрстөрөгчийн технологи өргөн хүрээнд нэвтрүүлэх чадалтай компаниудад эрсдэл өндөр ч тогтвортой технологи хөгжүүлэх чиглэлд хөрөнгө оруулах шийдвэр гаргахад нөлөөлдөг, ингэснээр үйлдвэрлэлийн өртөг зардал нийт дүндээ буурах үйл явцыг түргэсгэнэ. Уг бодлогыг инжлэх ухаан инновацийн асуудал хариуцсан эсхүл аж үйлдвэржилт хариуцсан яам тамгын газар хариуцаж байгаагаас үл хамааран зорилго нь нэг буюу аж ахуйн нэгж, компаниуд зах зээлийн зарчмаар бага нүүрстөрөгчийн шийдэл нэвтрүүлж, инновац хийснээс үүсдэг эрсдэлийг бууруулах явдал мөн. Ийм учраас зөв бодлого хэрэгжүүлснээр ногоон шилжилт хийхэд тулгардаг эрсдэлийг бууруулан зөвхөн сэргээгдэх устөрөгчийн төслийн санхүүгийн өртөгтөө анхаарах боломж олгоно (World Bank, 2023[18]).

Сэргээгдэх устөрөгчийн технологийг тэтгэх эрэлтийг дэмжсэн бодлогын арга хэмжээ нь нэг технологийг онцолсон эсхүл тодорхой заагаагүй байж болно. Хоёр хэлбэр нь тус бүрдээ давуу сул талтай, Герман зэрэг сайтар тогтсон дэмжлэг үзүүлдэг бодлоготой улс орнууд ногоон шилжилтийн хүрээнд "чиглэсэн" бодлого явуулах нь нэмэгдэж байгаа гэдгийг онцлох нь зүйтэй (Arnold et al., 2023[19]) (OECD, 2022[20]). Устөрөгч хөгжүүлэхэд чиглэсэн үйл ажиллагаа олон янзын хэлбэрээр явагддаг. 2030 он гэхэд Япон улс үүрэн шатахуунт цахилгаан (тэг ялгаруулалттай) машины хэрэглээг 800 000-д хүргэнэ, ЕХ-ны аж үйлдвэрлэлд хэрэглэж буй устөрөгчийн 42%-г биологийн бус гаралтай сэргээгдэх шатахуунаар хангана зэрэг зорилт шиг үйлдвэрлэлд сэргээгдэх устөрөгч хэрэглэхэд төрөөс тодорхой квот, хэмжээ зааж өгч болно (France Strategie, 2018[21]) (European Council, 2023[22]). Бас эцсийн хэрэглээнд хөнгөлөлт үзүүлэх буюу уламжлалт түлшнээс татгалазахад хүндрэлтэй салбарт сэргээгдэх устөрөгч хэрэглэхэд татварын хөнгөлөлт, чөлөөлөлт үзүүлэх, аж үйлдвэрийн төсөлд сэргээгдэх устөрөгчийн технологи худалдан авах, дэд бүтэц байгуулахтай холбоотой хөрөнгийн болон үйл ажиллагааны зардалд төсвөөс нөхөн олговор олгох нь дэмжих үр дүнтэй арга механизм мөн. Хамтад нь болон тус тусдаа дээрх бодлогын арга хэмжээг авснаар бизнес аж ахуйн нэгж, судалгааны байгууллагад сэргээгдэх устөрөгчийн инновацид оруулсан хөрөнгө оруулалтыг нь нөхөх зах зээл бий болж буйг мэдээлэх ба төрөөс үзүүлэх санхүүгийн дэмжлэгийн хэмжээг төсөвт үзүүлэх ачаалал, асуудлын ач холбогдол тодорхойлно. Хайрцаг 2.3-т харуулсанчлан ЭЗХАХБ-ын гишүүн орнуудтай харьцуулахад Монгол Улсын төсвийн орон зай харьцангуй хумигдмал учраас хэрэглээг дэмжсэн аливаа бодлогын арга хэмжээг тэнцвэртэй байдлаар хэрэгжүүлэх хэрэгтэй. Энэ тэнцвэр Монголын устөрөгчийн салбар хөгжүүлэх стратегийн сонирхол (тухайлбал туршилтын төсөл дэмжих, үйлдвэрлэлд сэргээгдэх устөрөгчийг хэрэглэх асуудлыг зохицуулах)-оо технологийн сонголтыг хязгаарлалгүйгээр тов тодорхой, асуудал бүрт тохирсон (тухайлбал уул уурхайн салбарын ялгарлыг бууруулах) арга хэрэгслээр дамжуулан хэрэгжүүлснээр хангагдна.

Хайрцаг 2.3. Сэргээгдэх устөрөгчийн инновац, технологи нэвтрүүлэх хэрэгцээг өдөөх нь

Хэрэглээг дэмжих бодлого сэргээгдэх устөрөгчийн инновац, холбогдох дэд бүтцэд хийх хөрөнгө оруулалтын эрсдэлийг бууруулахад чухал

Төр засгийн хувьд ялангуяа төсөв санхүү хязгаартай хөгжиж буй орны хувьд хувийн хэвшилд бага нүүрстөрөгчийн технологи эдийн засгаа хөгжүүлэх бодлогын салшгүй бүрэлдэхүүн хэсэг гэх дохио өгөх болон хувийн хэвшлийн сонголтыг хязгаарлахгүй байх хоёрын тэнцвэрийг сайтар хангах сорилт учирдаг. Засгийн газар стратегийн ач холбогдолтой тухайлсан технологи онцлон үзэж байлаа ч хувийн хэвшил олон янзын боломжуудаас өрсөлдөх чадвар, хэрэглэх боломжоосоо хамаарч сонгоно. Үүний тулд бодлогын арга хэмжээ эрсдэлийг хааж "чиглүүлсэн" (нэгж болон багц технологи хэрэглэх) болон технологийн хувьд төвийг сахьсан (аль нэг технологийг онцлоогүй, тухайн салбарын ялгарал бууруулахад чиглэсэн) шинжтэй байна.

ЭЗХАХБ болон ОУЭХА-ийн туршлагаас харахад тухайлсан технологийн эсхүл дэд бүтцийг дэмжсэн аль ч хөрөнгө оруулалтыг эрсдэлийг бууруулан эрэлтийг дэмжсэн бодлого нь сэргээгдэх устөрөгч хөгжүүлэх стратегийн түлхүүр бүрэлдэхүүн хэсэг болж буй. Ийм төрлийн бодлогын арга хэмжээг дор тоймлов.

Засгийн газар Нүүрстөрөгчийн үнийн зөрүү тооцох гэрээ (CCfD) нэвтрүүлж CO2 ялгаруулалт бууруулсан хэмжээгээр нь үнийн зөрүүг дааснаар устөрөгчийн хэрэглээг нэмэх боломжтой. Жишээ нь Их Британийн офшор салхин станцад CCfD нэвтрүүлж хөрөнгө оруулалт, инновацийг тэтгэн өртөг зардал бууруулсан сайн туршлага бий. Монгол Улс энэ загварыг хуулбарлан авч хэрэгжүүлж тогтмол үнийг санал болгосноор томоохон хөрөнгө оруулалт татаж, уламжлалт түлштэй үнийн хувьд устөрөгч өрсөлдөх боломжийг нэмэгдүүлнэ.

Төрийн худалдан авалт: Төр засаг худалдан авалт хийхдээ бага ялгаруулалттай материалд түлхүү анхаарснаар сэргээгдэх устөрөгчийн хэрэгцээг нэмэх боломжтой. Барилга, тээвэр зэрэг салбарт хэрэглэж болох үр дүнтэй арга гэдгийг АНУ-ын Холбооны ЗГ-ын Цэвэр худалдан авалт санаачилга харуулсан. Монгол Улс ийм тогтвортой хөгжилд чиглэсэн арга ажиллагааг нэвтрүүлснээр сэргээгдэх устөрөгчийн хэрэгцээг материаллаг үйлдвэрлэлд нэвтрүүлэхэд хүчтэй хөшүүрэг болно.

Квот тогтоох, зорилт тавих: Засгийн газар бага ялгаруулалттай устөрөгчийн квот хэрэглээнд нэвтрүүлж зах зээлийн тэлэлтийг өдөөж болно. Румын улс 2030 онд аж үйлдвэрийн хэрэглэгчдэд бага ялгаруулалттай устөрөгчийн хэрэглээгээ 50%-д хүргэх зорилт тавьсан нь сэргээгдэх устөрөгчийн дэд бүтцэд хийх хөрөнгө оруулалтыг огцом нэмэгдүүлжээ. Энэ туршлагыг Монголд нэвтрүүлж инновац хөгжүүлэх, нүүрстөрөгч тэглэх бодлогодоо тусгах боломжтой.

Эцсийн хэрэглээ CAPEX/OPEX татаас: Төрөөс өгөх татаас нь сэргээгдэх устөрөгчийн зах зээлийг тэлэхэд нөлөөтэй. Жишээлбэл АНУ-ын хэд хэдэн мужид кг H2-д 1ам.$ татварын хөнгөлөлт үзүүлсэн нь эцсийн хэрэглэгчдэд эерэг нөлөө үзүүлжээ. Монголд сэргээгдэх устөрөгчийн технологи хөгжүүлэхэд иймэрхүү татаас үзүүлж болох юм. Инновацийг дэмжих сангаар дамжуулан дэмжих хөтөлбөр нэвтрүүлэх нь уул уурхай, аж үйлдвэрлэлийн салбарт зах зээл хөгжүүлэхэд улам их түлхэц өгдөг байна..

Нүүрстөрөгчийн татвар: Чили, Португалийн туршлагаас харахад хүлэмжийн хийн татвар ногдуулах нь ялгарлаа бууруулах, сэргээгдэх устөрөгчийн технологи нэвтрүүлэх сэдэл болдог байна. Чилийн туршлагаас суралцан тодорхой салбарт дулааны эрчим хүчинд тогтоосон хязгаар давсан тохиолдолд татвар ногдуулж, сэргээгдэх устөрөгч зэрэг ашиглах цэвэр эрчим хүчний шилжилтийг дэмжих боломжтой.

Хүлэмжийн хий худалдаалах тогтолцоо (ETS): ХХХТ нь CO_2 ялгарлыг үр дүнтэй зохицуулах, сэргээгдэх устөрөгчийн технологи нэвтрүүлэх ажлыг урагшлуулах боломжтой. Хятад, ЕХ, АНУ-ын Калифорни муж, Канадын Квебек муж зэргийг оруулаад дэлхий даяр байгаа 30 гаруй ХХХТ-ноос харахад Монголд ийм тогтолцоо нэвтрүүлж хүлэмжийн хийн зөвшөөрөгдөх хэмжээг тогтоон салбар бүрийн ялгарлыг бууруулахад нөлөөлөх боломжтой. ХХХТ-д устөрөгчийн үйлдвэрлэлийг оруулснаар Монгол Улс сэргээгдэх устөрөгчийн технологи дамжуулалтыг дэмжих юмо.

Эх сурвалж: Adapted from (IEA, 2023[23])

Энэ төрлийн дэмжлэг нь бусад технологийн боломж, нүүрстөрөгч халах шийдлийг хязгаарлахгүй байх нь чухал. "Чиглүүлсэн" болон "төвийг сахисан" технологийн сонголтыг хэрхэн яаж тэнцвэртэй авч үзэх нь нүүрстөрөгчийг халах инновац, аж үйлдвэрлэлийн бодлогын мэтгэлцээний гол сэдэв болж, бага нүүрстөрөгчийн технологийн инновац нэвтрүүлэх хугацааг багасгах, хөрөнгө оруулалтыг илүү их амжилт үзүүлэх магадлалтай шийдлийг дэлгэрүүлэхэд чиглүүлэх асуудлыг хэлэлцэж буй (OECD, 2023). Тухайлсан бус технологи дэмжих бодлого мөн өөр өөр байгаа нь гарах үр дүнд илүү анхаарч буйтай холбоотой. Жишээлбэл, Үнийн зөрүү тооцох гэрээ (CCfD)-нд CO_2 бууруулсан зардал болон сэргээгдэх эрчим хүчний төслийн эрсдэл хуваах зорилгоор худалдан авах бөөний үнийн зөрүүг төр худалдан авах зохицуулалт юм. Их Британид ҮЗТГ-г хуулийн хүрээнд устөрөгчийн төсөлд хэрэглэж эхэлжээ (IEA, 2019[24]). Мөнхүү ялгарал худалдаалах, эсхүл ялгарлын хэмжээнд стандарт тогтоох зэрэг бусад зохицуулалтын арга механизм ашиглан нүүрстөрөгчийг үнэлснээр алив нэг технологийн шийдлийг онцгойлон үзэлгүйгээр уламжлалт түлш, нүүрстөрөгчийн хэрэглээ өндөр технологийн өрсөлдөх чадварыг бууруулах боломжтой. Үүнээс гадна төрийн худалдан авалтад байгаль орчин уур амьсгалын асуудлаар тодорхой шалгуур нөхцөл тавьж болно (IEA, 2023[23]).

Бага нүүрстөрөгчийн технологи, төрийн худалдан авах ажиллагааг ногооруулах зэрэг хэрэглээ талыг дэмжсэн бодлого гаргах, зах зээлд дохио өгөх хэрэгцээ Монголд их байна. Бусад улс оронд ид явагдаж буй бага нүүрстөрөгчийн хөрөнгө оруулалтын нөхцөл, хүлэмжийн хийг үнэлэх, харилцан тооцох, ногоон квот тогтоох зэргээр зах зээл бүрдүүлэх хөшүүргүүд Монголд хараахан бий болоогүй. Төрийн худалдан авалтыг ногоон болгох ажлыг бага нүүрстөрөгчийн технологийн хэрэгцээг өдөөхөд хөшүүрэг болгон ашиглах нь Монголд амжилтад хүрэх магадлалтай. Ялгаруулалт өндөр, байгаль орчинд сөрөг нөлөөтэй уул уурхай зэрэг олон салбарт төр давамгайлдаг. Стратегийн ач холбогдолтой олборлох салбарт төр 50 хүртэл хувийг эзэмшин тус улсын томоохон орд газруудын ашиглалтыг шууд хянадаг. Иймд аж үйлдвэр, дэд бүтцийн томоохон хөрөнгө оруулагчдын шийдвэрт төр шууд нөлөөлж, илүү байгаль орчны тогтвортой байдал, бага нүүрстөрөгч ялгаруулахад хөрөнгө оруулахад залах боломжтой. Одоогоор энэ чиглэлд тодорхой бодлого зохицуулалт байхгүй байгаа нь засгийн газрын уур амьсгалын өөрчлөлттэй тэмцэх зорилт ба ТӨК-ийн явуулж буй үйл ажиллагаа хоорондоо нийцэхгүй байдалд хүргэж буй (De Kleine Feige, 2021[25]). Байгаль орчны асуудалтай холбоотой лиценз, зөвшөөрлийн шаардлагаас давж, төрийн худалдан авалтад байгаль орчны тогтвортой байдлыг хангах, нүүрстөрөгчийн хэрэглээг багасгах тодорхой нөхцөлийг төрийн худалдан ажиллагаанд тусгаж болно. Хэд хэдэн сэргээгдэх устөрөгчийн төсөл хөгжүүлэгчид туршилтын төсөл хэрэгжүүлэхээр уул уурхайн салбарыг онилж буй. Сэргээгдэх устөрөгч болон уул уурхайг холбох нь хэд хэдэн давуу талтайг Бүлэг 1 болон энэ тайлангийн бусад хэсэгт тодорхойлсон билээ. Сэргээгдэх устөрөгчийн стратегийн хүрээнд ийм холбоо үүсгэхэд олон нийтийн дэмжлэг чухал.

Уул уурхай, тээврийн салбарт инновац, сэргээгдэх устөрөгчийн технологи нутагшуулахын үүднээс хэрэглээг дэмжсэн бодлогоо хязгаарлах боломжтой. Энэхүү тайланг боловсруулах явцад хийсэн төсөл хөгжүүлэгчид, санхүүгийн байгууллагуудтай хийсэн уулзалт, хэлэлцүүлгийн үеэр дотоодын оффтэйк боломж байхгүй байгаа явдал сэргээгдэх устөрөгчийн төслийн хувьд том эрсдэл гэж үзэж буй нь тодорхой байв. Монголын устөрөгчийн дотоод зах зээл харьцангуй бага (663

МВт хүчин чадалтай ДЦС-IV гм дулааны станцын хөргүүрт ашигладаг), уул уурхай, тээврийн салбарт сэргээгдэх устөрөгч ашиглах хамгийн боломжтой (Хүснэгт 2.1). Ингэснээр устөрөгчийн үйлдвэрлэлийн хэрэгцээг өдөөх, ҮХТХН-т заасан нүүрстөрөгчийг халах зорилгоо биелүүлэхэд нэмэрлэх давхар ашигтай юм. Оффтэйк нөхцөлтэй байгуулсан хувийн хэвшлийн хэрэгжүүлж байгаа анхны туршилтын төсөл уул уурхайн салбарт энэ загвараар ажиллаж байгаа бол Эрчим хүчний яам дотоодын устөрөгчийн хэрэглээг нэмэгдүүлэхэд ихэд анхаарч байгаа үед ялангуяа хотын тээвэрт үүнийг нэвтрүүлэх бүрэн боломжтой. ТӨХК-ийн нүүрстөрөгчийн ул мөр их, иймд бага нүүрстөрөгчийн технологи бэлэн болох хүртэл хувийн хэвшил хязгаарлагдмал түвшинд туршилтын төсөл хэрэгжүүлэх боломжийг төр засаг судлан үзэх хэрэгтэй.

Хүснэгт 2.1. Устөрөгчийн технологийн үйлдвэрлэлд нэвтрэхэд бэлэн болсон байдал (TRL) аж үйлдвэрлэл, тээврийн салбарын хэрэглээ

Аж үйлдвэр		Тээвэр	
Технологи	TRL 2023	Технологи	TRL 2023
Устөрөгч (бага хэмд халаах аргаар)	9	Стандарт нэвтрэлтийн хурд (60-120 гр/сек)	9
Электролит H2-с гаргаж авсан төрөл бүрийн сэргээгдэх нэгдэл (аммиак)	8	Хөнгөн тэрэгний H2 түлшний үүр	9
Метаны пиролиз (аммиак)	8	Зорчигч тээврийн машины H2 түлш	9
Уураар задлах ердийн аргаар гаргасан синтетик H2 суурьтай түлш (өндөр үнэ цэнтэй химийн бодис)	7	Полимер электролитийн мембран H2 түлшний үүр	9
Электролит H2 суурьтай төрөл бүрийн сэргээгдэх нэгдлээс гаргаж авсан CO2 (метанол)	7	Нийтийн тээврийн автобусны H2 түлшний үүр	9
H2 (өндөр хэмд халаах аргаар)	7	Метанол түлшээр ажилладаг усан онгоцны мотор	9
Нүүрсний шаталтыг орлох электролит H2 (шатаах зуух)	7	Цахилгаан машины H2 түлшний үүр	8
Байгалийн хийд суурилсан өндөр электролит H2 хольц (DRI)	7	Протон солилцогч мембран	8
Аммиак (өндөр хэмд халаах аргаар)	5-6	H2 ажилладаг ачааны машин	7
100% электролит H2-д суурилсан (DRI)	6	Хайлмал карбонат	7
H2 хэсэгчилсэн хэрэглээ	5	Хатуу оксид	7
Дахивар болгон ашиглах боломжтой зай	5	H2 ажилладаг хөнгөн тэрэг	6
Химийн бодисын шингээлт – H2 баяжуулж, CO2 зайлуулан H2 ашиглах, хадгалах (шатаах зуух)	5	H2 ажилладаг зогчигч тээврийн машин	6
Гангийн үйлдвэрт өндөр хэм үүсгэхэд ашиглах H2	5	H2 ажилладаг нийтийн тээврийн автобус	6
Үйлдвэрлэлийн процесст Өндөр хэм үүсгэхэд ашиглах H2	4	Өндөр хэмд протон солилцогч мембран	6
Байэрийн процесст ашиглах H2	4	Метанол түлшээр ажилладаг цахилгаан усан онгоц	6
Ууршилт бууруулах H2 плазма	4	Өндөр хурдны нэвтрэлт (120 гр/сек)	4
Аммиак (бага хэмийн халаах аргаар)	3		
Using ammonia as reductant (DRI)	2		

Тэмдэглэгээ: (IEA, 2019[26]) (IEA, 2023[27]) ашиглав. TRL үзүүлэлтийн утга: (1) Анхны санаа: үндсэн зарчим тогтсон; (2) Хэрэглэх арга тодорхой: зарчим, хэрэглэх шийдлийг тодорхойлсон; (3) Зарчим баталгаажуулах шаардлагатай: шийдлийг эхний хэлбэрээр тодорхойлж, туршсан; (4) Эхний хэлбэр: туршилтаар нотлогдсон; (5) Ахисан хэлбэр: бодит нөхцөлд туршсан; (6) Эцсийн хэлбэр: бодит нөхцөлд өргөнөөр туршиж, нотолсон; (7) Худалдаанд гарахын өмнөх танилцуулга: тодорхой нөхцөлд шийдэл үр дүнтэй; (8) Бүтээгдэхүүний зах зээлд гарсан анхны хувилбар: зах зээлд танилцуулсан, бүрэн хэмжээнд ашиглах боломжтой; (9) Бодит амьдралд ашиглаж буй: шийдэл зах зээлд борлуулагдаж байгаа, өрсөлдөх чадвараа дээшлүүлэхийн тулд сайжруулах шаардлагатай; (10) Далайцтай хэрэглээ: Далайцтай хэрэглэх бизнес шийдэл хэрэгтэй; (11) Тогтвортой, чанар нь нотлогдсон, цаашид өсөн нэмэгднэ.
Эх сурвалж: (IEA, 2023[27])

Уул уурхай, эрдэс баялгийн өртгийн сүлжээний сүүл үеийн шатанд нүүрстөрөгчийг халахад нөлөө үзүүлэх боломж сэргээгдэх устөрөгчид бий. Нью Клаймэт Институтын 2021 оны тайланд дурдсанаар Монголын уул уурхайн салбар сэргээгдэх устөрөгчийн хэрэглээг өдөөх нэг арга зам бол үүрэн шатахуун хөдөлгүүртэй хүнд даацын тэрэг олборлолт, уртын тээвэрт машин ашиглах боломжтой (Nilsson et al., 2021[28]). Зарим тодорхой уурхайд цахилгаанжуулалт (том оврын машин уурхайд ашиглах гм)-аар нүүрстөрөгч халах бэрхшээлтэй байдаг тул устөрөгч гм. өөр технологи ашиглах шаардлагатай байдаг. Нью Клаймэт Институтын тодорхойлсон технологийн өрсөлдөх чадвар нь нүүрстөрөгчид өндөр үнэ тогтоосон (100ам.$/тн$CO_2$) тохиолдолд эдийн засгийн үр ашигтай байна гэж тооцжээ. Хүлэмжийн хийд үнэ тогтоох ажил Монголд одоогоор хийгдээгүй, энэ нь төр засгаас сэргээгдэх устөрөгчийн үйлдвэрлэл, хэрэглээг хөгжүүлэх стратеги нь нүүрстөрөгчийг халах өргөн хүрээний ажлаас салангид бус, нэг бүрэлдэхүүн хэсэг нь гэж харах шаардлагатайг харуулж буй.

Мөн устөрөгчийн технологийг төрөөс уул уурхайн ашиглалт, боловсруулалтын сүүлийн үе шатанд үйлдвэрлэлийг хөгжүүлэх төлөвлөгөөндөө суулгах боломжтой. Монголд (Оюутолгойн гүний уурхай ашиглалд орсноор улам нэмэгдэх) зэс ихээр олборлож буй боловч хайлуулах үйлдвэр (эрчим хүчний хэрэглээ өндөр, нэмүү өртөг ихээр бий болгодог) нь Хятадад байна. Засгийн газар боловсруулах үйлдвэр барих ажлыг чухалчлан үзэж байгаа тул шинээр дэд бүтэц барьж байгуулах шаардлага үүсэж байна. Жишээлбэл Германы зэс хайлуулах үйлдвэр Аурубис компани 40 сая еврогийн хөрөнгө оруулалт хийж уламжлалт түлшээр ажилладаг анодын зуухаа устөрөгчийн тэжээгддэг болгон өөрчлөх төсөл хэрэгжүүлж буй. Уг төсөл хэрэгжүүлэхэд ЕХ-ны нүүрстөрөгчийн харьцангуй өндөр үнэ, ирээдүйн хөгжлийн чиг хандлага нөлөөлсөн боловч Монголын бодлого тодорхойлогчид энэ туршлагыг судалж үзэхдээ дараах хэд хэдэн зүйлийг анхаарах хэрэгтэй. Нэгдүгээрт, энэ шийдвэр эрдэс баялгийн салбарын өртгийн сүлжээнд бүхэлд нь нүүрстөрөгч халах бодлого явж буйг төдийгүй энэ нь уур амьсгалын өөрчлөлттэй тэмцэх болон өрсөлдөх чадварт нөлөөлж байгааг харуулж байна. Хоёрдугаарт, бага нүүрстөрөгчийн устөрөгч ашиглах зорилготой уг төсөл, эхэн үедээ байгалийн хий, эсхүл устөрөгчийг орц болгон ашиглах гэсэн уян хатан сонголттой. Хөгжиж буй улс орнуудын хувьд дэд бүтцээ шинээр барьж байгуулах учраас орцын шатахуун, эрчим хүчний хувьд хэдий өндөр өртөгтэй ч сонголт хийх уян хатан боломж нөхцөл олгоно.

Бага нүүрстөрөгчийн технологи, шатахууны зах зээлийг дэмжих бодлого боловсруулах нь энэ чиглэлийн инновац, үйлдвэрлэлийг дэмжихэд түлхэц болно. ЭЗХАХБ-ын бага нүүрстөрөгчийн технологи, инновац хөгжүүлэхэд хөрөнгө оруулалт татах талаар хийж буй ажлын нэг гол чиглэл эрсдэл хуваах, хөрөнгө оруулалт татахад хэрэглээ талыг дэмжсэн бодлогын арга хэмжээг онцолж буй (Saygin and Lee, 2023[29]) (OECD, 2022[2]) (Cervantes et al., 2023[17]). Нар салхины эрчим хүчний үнийг системд нийлүүлэх үнэ тарифын өөрчлөлтийг амжилттай хийсэн Германы жишээнээс эхлээд үйлдвэрлэлийн орцын үнийг буулгаж бага нүүрстөрөгчийн шийдлийг төрийн худалдан авалтад тусгах зэргээр уг бодлогыг олон арга замаар хэрэгжүүлж болно. Өмнө дурдсан нүүрстөрөгчийн үнийн зөрүү тооцох CCfD арга нэвтрүүлэх, төслийн эхэн үед оффтэйк гэрээ байгуулах зэргээр бодлого тодорхолйогчид дэмжих механизмыг нэвтрүүлж болно. Монголын хувьд нүүрстөрөгчийг халах чиглэлд хөрөнгө оруулах сонирхолтой, бодлогоо тодорхой болгохыг шаардаж буй үйлдвэрлэгчид эдгээр аргыг механизмыг хамгийн их дэмжиж буй. Төр засаг хэрэглээг дэмжих бодлогын арга хэмжээ, зохицуулалтыг утга учиртай тодорхойлж, нэвтрүүлбэл хөрөнгө оруулагчдын итгэлийг нэмэгдүүлэх болно. Төрөөс явуулах хэрэглээ талыг дэмжсэн аливаа бодлогын арга хэмжээ нь санхүүгийн хувьд тогтвортой, урт хугацаандаа бага нүүрстөрөгчийн технологи татаасгүйгээр оршин тогтнох, өрсөлдөх чадвартай байх гэдэг ямар чухал болохыг сүлжээнд нийлүүлэх сэргээгдэх эрчим хүчний үнэ тарифыг тогтоох, үнэ өртөг, уян хатан байдлын талаар хойшид аливаа маргаан гарахаас сэргийлнэ гэдэг нь туршлагаас харагдаж байна. Нүүрстөрөгчийн үнийг багаар тогтоох зэрэг орлого бүрдүүлэх механизм нэвтрүүлэх, хоорондын уялдаа холбоог хангаж устөрөгч зэрэг бага нүүрстөрөгчийн технологи үйлдвэрлэл, бусад салбарт хэрэглэхийг дэмжих боломжтой.

Төрийн болон хувийн хэвшлийн хөрөнгө оруулалтыг бага нүүрстөрөгчийн гарцад чиглүүлэхэд бодлогын олон арга хэмжээг ашиглахад тогтолцоонд шинэ хандлага чадавх шаардна. Бага нүүрстөрөгчийн чиглэлээр хийж буй инновац, аж үйлдвэржилтийн бодлого амжилтад хүрсэх эсэх нь салбар дундын зохицуулалтын шинэ хэлбэрээс шалтгаалж буйг ЭЗХАХБ-ын саяхны хийсэн судалгаа тогтоожээ. Салбар дундын бодлого зохицуулалт боловсруулах, хэрэгжүүлэх шатанд ямагт эерэг нөлөөтэй, нэн ялангуяа нүүрстөрөгчийг халахад зайлшгүй шаардлагатай ажээ (Arnold et al., 2023[19]). Бодит амьдрал дээр мөнгөний бодлого, хөрөнгө оруулалтын чиглэл, байгаль орчны хяналт, аж үйлдвэрт өгөх татаас, ур чадвар, боловсрол, дэд бүтцийн хөрөнгө оруулалт гээд бодлогын арга хэрэгслүүдийг тэнцвэртэй ашиглах хэрэгтэй. Устөрөгчийн амбицаа хэрэгжүүлэхэд технологи, дэд бүтэц, эдийн засагт үзүүлэх нөлөөний талаарх төрийн албан хаагчид, шийдвэр гаргагчдынхаа мэдлэгийг дээшлүүлэн хүнд үйлдвэр, эрчим хүчний салбараас төсвийн бодлого, ШУТИ хүртэлх бүх салбарыг хамарсан салбар дундын зохицуулалт сайн хийж байж Монголын устөрөгчийн салбар дэлгэрэн хөгжих, амжилтад хүрэх магадлалтай. Энэ нь Монгол шиг хөгжиж буй бүхий л улс орны өмнө төдийгүй ЭЗХАХБ-ийн гишүүн орнуудын өмнө ч тулгарч буй бэрхшээл төдийгүй тухайлсан салбар хариуцсан хороо, яам агентлагууд бодлогын хүрээгээ тэлж, бусад зэрэгцээ хэрэгжих бодлоготой нийцүүлэх шаардлагатай болж магадгүй.

Монгол Улсын инновац, аж үйлдвэржилтийн бодлогыг бага нүүрстөрөгчийн зорилготой нийцүүлэх нь

Инновацийн бодлого, зохицуулалтын хүрээ

Инновацийн чиглэлээрх амбиц үүний дотор бага нүүрстөрөгчийн чиглэлд хөгжих хэд хэдэн зорилтыг Засгийн газар стратегийн баримт бичигтээ тодорхой тусгасан байна. Монгол Улс бага нүүрстөрөгчид шилжихэд төрийн бодлоготой холбоотой хоёр баримт бичигт гарсан. "Алсын хараа-2050 Монгол Улсын урт хугацааны хөгжлийн бодлогын баримт бичиг"-т ШУТИ-ыг хөгжүүлэх тодорхой зорилт дэвшүүлж, эдийн засгийн тогтвортой хөгжлийг хангахадад ШУТИ хөгжлийг ашиглахаар тусгажээ. Эдгээр зорилтыг гурван үе шаттай хэрэгжүүлэх ба эхний шатанд (2021-2030 он) төрөөс санхүүжилтэй судалгаа шинжилгээний ажлыг хувийн хэвшилтэй холбох, санхүүжилтийн олон эх үүсвэр нэвтрүүлэх, ШУТИ дэд бүтцийг тэлэх, эрдэмтэн судлаачдын урамшууллын системийг өөрчлөх, олон улсын хамтарсан судалгааны ажлын тоог нэмэгдүүлнэ. Хоёр дахь үе шатанд (2031-2040 он) хиймэл оюун ухаан, үйлдвэрлэлийг автоматжуулах технологи зэрэг тэргүүлэх технологид зарцуулах хөрөнгө, санхүүжилтийг нэмэх, олон улсын стандартыг эдгээр чиглэлд нэвтрүүлж, үндэсний дэд бүтцийн чанарыг ахиулах зорилго тавьсан.

"Шинэ сэргэлтийн бодлого 2021" (ШСБ)-д дээрх амбицтай зорилтуудыг дахин тусгажээ. КОВИД-19 цар тахлын дараах нийгэм-эдийн засгийн хөгжлийг дэмжих зорилгоор уг баримт бичгийг боловсруулсан билээ (Government of Mongolia, 2023[30]). ШСБ-ын бүрэлдэхүүн хэсэг болгон технологи, инновац хөгжүүлж, аж үйлдвэрийн сэргэлтийн гол тулгуур болгон хөгжүүлж, хөдөө аж ахуйн салбарт нэмүү өртөг бий болгох зорилготой нийцүүлжээ. ШСБ-ын аж үйлдвэржилтийн шалгуур үзүүлэлт, тэргүүлэх чиглэлд шинжлэх ухаан, мэдлэгт тулгуурласан зорилтыг тусгажээ. Монгол Улсын эрчим хүчний систем дэх нүүрсний хэрэглээг бууруулах, тэсвэрлэх чадаврыг сайжруулах ажлын хүрээнд өмнийн говьд хэрэгжиж буй сэргээгдэх устөрөгчийн туршилтын төсөл хэрэгжүүлэх талаар уг баримт бичигт тусгайлан заасан байдаг. Энэ төсөл устөрөгч хөгжүүлэх олон талын ашиг тусыг тодотгож байгаа чухал баримт төдийгүй аж үйлдвэрийн салбарт нүүрстөрөгчийг халахдаа сэргээгдэх эрчим хүчийг олон төрлөөр (жишээлбэл цахилгаан машин цэнэглэх станцыг олон төрлийн сэргээгдэх эрчим хүчээр хангах) ашиглах боломжтой. Мөн Шинэ сэргэлтийн бодлогын хурдасгуур төв байгуулсан нь уг бодлогыг хэрэгжүүлэхэд дэмжлэг үзүүлэх үүрэгтэй. Одоогийн байдлаар хэрэгжүүлж буй бага нүүрстөрөгчийн төсөл байхгүй, Улаабаатарт хийсэн оролцогч талуудын зөвлөгөөний үеэр энэ төв туршилтын болон жишиг сэргээгдэх устөрөгчийн төсөл хэрэгжүүлэхэд дэмжих үүрэгтэй ажиллах боломжтой.

Дээрх үйл явдал Монголын бодлого тодорхойлогчид ШУТИ-ын үр шимээр нийгэм-эдийн засгаа хөгжүүлэхэд ихэд анхаарах болсныг илтгэж буй. ШУТИ-ын бодлого, зохицуулалтыг сайжруулж, үр шимийг нь эдийн засгийн өсөлтөд ашиглах зорилгоор АХБ-ны техник туслалцааны төсөл хэрэгжиж байна. 2016-2020 онд Засгийн газрын мөрийн хөтөлбөрт заасан инновац, инновацийн санхүүжилт, судалгааны ажлыг сайжруулах,, өгөгдөл мэдээллийн сан байгуулах үйл ажиллагааг хэрэгжүүлнэ. “2020-2025 онд инновац хөгжүүлэх тэргүүлэх чиглэл” хөтөлбөрт дээрх үйл ажиллагааг дахин зааж, инновац, мэдлэгт суурилсан хөгжлийг эрхэмлэхээ баталгаажуулжээ.

Төрөөс сэргээгдэх эрчим хүчний чадавхаа нэмэгдүүлэх хэрэгцээ болон хөрөнгө оруулалт инновацийн бодлогын уялдаа холбоог хангах чиглэлээ томьёолов. Дээр дурдсан 2020-2025 онд хэрэгжих “Инновац хөгжүүлэх тэргүүлэх чиглэл” үндэсний хөтөлбөрт хөрөнгө оруулалт татах, инновац бүтээх чадавхаа сайжруулснаар сэргээгдэх эрчим хүчний үйлдвэрлэл төдийгүй дулаан алдагдлыг бууруулах эрчим хүч хэмнэх технологи дэлгэрүүлэх ажлыг дэмжих юм. Мөн сэргээгдэх эрчим хүч хадгалах хураагуур станц барьж эрчим хүчний системийн найдвартай ажиллагааг дээшлүүлэхээр заасан. АХБ-ны дэмжлэгээр хэрэгжих хураагуур станцын төслийг оролцогч талын төлөөлөгч олон хүн Монгол Улсын эрчим хүчний системд олон эх үүсвэр нэвтрүүлэх чиглэлд хийж буй чухал алхам гэж үзэж байгаагаа ярилцлагын үеэр илэрхийлж байлаа (Government of Mongolia, n.d.[31]).

Монголд шинжлэх ухаан, инновац зохицуулсан нэлээд сайн эрх зүйн тогтолцоотой. Төрөөс оюуны өмчийн эрх зүйн зохицуулалтыг шинэчлэх ажил хийж байна. 2006 оны Шинжлэх ухаан, технологийн тухай болон 2012 оны Инновац хөгжүүлэх тухай хуулиудад нэмэлт өөрчлөлт хийхээр ажиллаж байна. Шинжлэх ухаан, технологийн тухай хууль зургаан бүлэгтэй, санхүүжилт, технологийн асуудлаас эхлээд судлаачийн нийгмийн асуудлыг хамарсан зохицуулалттай, Боловсролын яамны дэргэдэх Шинжлэх ухаан, технологийн зөвлөлийн үүргийг тодорхой зааж өгсөн. Хуульд заасны дагуу уг зөвлөл шинжлэх ухаан технологи хөгжүүлэх тэргүүлэх чиглэлийг тодорхойлох, судалгааг бодит үйлдвэрлэлтэй холбох арга хэмжээг хэрэгжүүлэх, их дээд сургууль, эрдэм шинжилгээний байгууллагуудтай хамтран ажиллах зэрэг үүрэгтэй.

2020 онд Оюуны өмчийн (ОӨ) тухай хуулийг шинээр баталж, 2006 оны хуулийг хүчингүй болгосон амжилттай. АХБ-ны 2017 тайланд дурдсанчлан ОӨ-тэй холбоотой ноу-хау, технологи дамжуулах томоохон асуудалтай тулгарсны дотор ОӨ-ийг үнэлэх арга зүй, ОӨ-ийн чанарын хяналт ихээхэн учир дутагдалтай байсан юм. Төсвөөс санхжүүжүүлж буй судалгааны төсөл хөтөлбөр Монголын инновац системд томоохон үүрэгтэй учраад дээрх сул тал ОӨ-ийн эрхийн асуудал, судалгааны ажлыг үйлдвэрлэлд нэвтрүүлэх, хамтарсан компани байгуулж, эдийн засгийн эргэлтэд оруулахад хүндрэл бэрхшээл учруулж байсан юм. Энэ талаар доор өгүүлэх болно. Өмнөх хуулийн цоорхойг нөхөхөд чиглэсэн учраас 2020 онд баталсан ОӨ-ийн шинэ хууль бага нүүрстөрөгчийн технологи Монголд хөгжихөд чухал зохицуулалт, технологи дамжуулалтад түлхэц болно. (Government of Mongolia, 2020[32]).

Инновацийн инстүүц тогтолцоо тархай бутархай байна. Боловсрол, шинжлэх ухааны яам (БШУЯ) ШУТИ-ын бодлогын ерөнхий загвар, хэрэгжилтийг хариуцан 59 шинжлэх ухааны байгууллага, 21 судалгааны их сургуулийг шууд удирдлагаар хангадаг. Монголын төрийн болон хувийн судалгааны байгууллагуудын гуравны нэг (20)-ийг салбарын яамд хариуцдаг. Үүн дээр Шинжлэх ухааны академийн харьяа 10 хүрээлэн ажилладаг, БШУЯ-нд хамаарна. Инновац системд иймэрхүү төвөгтэй тогтолцоо байдаг хэдий ч судалгаа, инновацийн нөөцийг системийн төвөгтэй асуудалд чиглүүлэх бодлого боловсруулахад төвөгтэй болгодог. Ялангуяа Монгол шиг СХ-д зарцуулах нөөцөө хоорондоо уялдаа холбоогүй олон төрлийн байгууллагад тараан хуваарилдаг тогтолцоотой бол уг нөөц аж үйлдвэрлэл хөгжүүлэх хэрэгцээг төрийн бодлоготой уялдуулах боломжгүй нөхцөлд хүргэнэ.

Монголын судалгааны суурь баазын аж үйлдвэрийн хэрэгцээтэй уялдсан байдал

Монголын инновацийн тогтолцоо харьцангуй болон бүрэн утгаараа багашаархан учраас бага нүүрстөрөгчийн технологи дотоод нөөцөөрөө хөгжүүлэх, нэвтрүүлэх боломжгүй. Судалгааны бааз буюу төр хувийн хэвшлийн судалгааны байгууллага, судлаачдын чадавх, чансаа нь аливаа инновац бүрэлдүүлэгч хэсэг мөн. Судалгаа хийх мэдлэг, чадвар, мэдээлэл түгээх, асуудлыг ойлгуулах, инновац хөгжүүлэхэд компаниудтай хамтрах нь өөрийн СХ хийх боломж муу ЖДҮ-ийн хувьд онцгой ач холбогдолтой. Аж үйлдвэрлэлийн салбарт нүүрстөрөгчийг халах нь үйлдвэрлэгчдээс шинэ төрлийн мэдлэг, салбар дамнасан хамтын ажиллагаа улам их шаардах учраас (ө.х. цементийн үйлдвэрт бага нүүрстөрөгчийн шатахуун, нүүрстөрөгч ялган барих шинэ байгууламж уламжлалт аргаар үйлдвэрлэл явуулахад шаардлагатай), ЖДҮ-д судалгааны бааз суурийг ашиглахад хялбар байх цаашдаа улам чухал болно. “Алсын хараа 2050” бодлогын баримт бичигт заасанчлан төрөөс хувийн хэвшлийг төрийн захиалгат судалгаатай холбох амбицтай, гэхдээ одоогоор тодорхой байдлаар хэрэгжээгүй, төр хувийн хэвшил хамтран санхүүжүүлэх, үйлдвэр аж ахуйн нэгжид судлаачдыг байршуулах, дотоодын судалгааны байгууллагын хийж буй СХ-ийг ТӨХК-д гэрээлэх зэрэг ажил хийгдээгүй байна.

Төр засгаас инновацид зарцуулах хөрөнгийг нэмсэн ч СХ-ийн түвшин доогуур, улам суларсаар байгаа юм. Аж ахуйн нэгжийн СХ-д зарцуулсан зардлын хязгаарлагдмал тоо баримт, нэгтгээгүй задгай дүн мэдээ байгаа боловч нийт дүнгээр нь авч үзвэл СХ-д зарцуулдаг зардлын (СХЗ) түвшин өндөр, ТХЗ 9.5.1-ийн хүрээнд уг дүнг гаргажээ. Хамгийн сүүлийн оны тоо баримтаас харахад СХЗ нь ДНБ-ний 0.1%-тай тэнцэж буй нь Казакстан (0.12%), Узбекистан (0.13%) төстэй. Гэхдээ ЭЗХАХБ-ын дундаж үзүүлэлт ДНБ-ний 2.57%-ээс хамаагүй доогуур (Зураг 2.3). Өнгөрсөн хорь гаруй жилд ДНБ-д эзлэх СХЗ хэмжээ буурсан явдал анхаарал татаж байна (2000 онд ДНБ-ний 0.19%). ЭЗХАХБ-ын гишүүн орнуудын дунд ДНБ-нд эзлэх СХ-ийн зардал өссөн ерөнхий чиг хандлагатай байна.

Зураг 2.3. (ТХЗ 9.5.1) Нийт СХ-ийн зардал (ДНБ %), 2000 болон 2022

ЭЗХАХБ гишүүд, АТДБХ Төв Азийн орнууд (Казакстан, Монгол, Узбекистан)

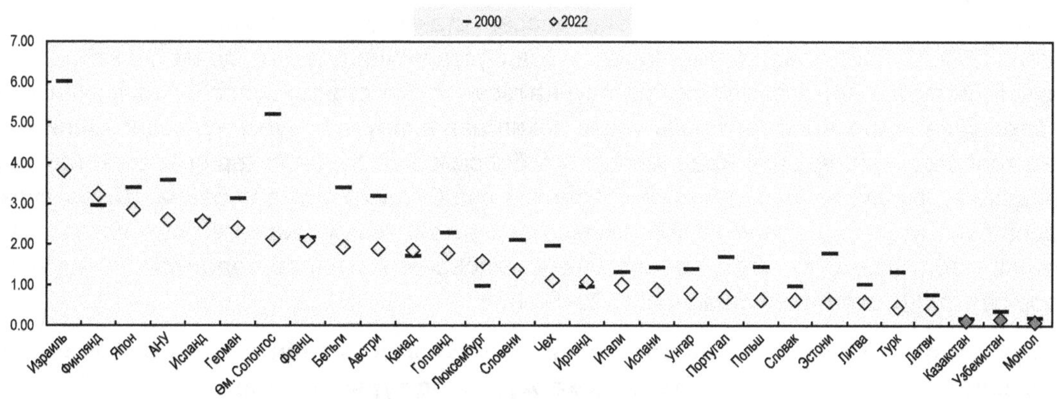

Тэмдэглэгээ: 2022 оны мэдээ байхгүй ЭЗХАХБ гишүүн орнуудыг хасав.
Эх сурвалж: (OECD, 2024[33]) (World Bank, 2023[34])

Инновацийг эдийн засаг, бага нүүрстөрөгчийн хөгжилд ашиглан хөгжүүлэхэд саад болох гол зүйл нь Монголын судалгаа хийх чадавх мөн. Бүтэн цагаар ажилладаг судлаачдын тоо (аль ч орны судалгааны чанар биш гэхэд тоо хэмжээг илэрхийлдэг үзүүлэлт) олон улсын түвшин, Казакстан, Узбекистантай харьцуулахад бага (1 сая хүнд эдгээр улсад 626, 525 эрдэм шинжилгээний ажилтан ногддог бол Монголд энэ үзүүлэлт 332 байна) төдийгүй ЭЗХАХБ-ын дундаж үзүүлэлт 4079, уул уурхайд түшиглэсэн эдийн засагтай Канад (4594), Австрали (5076) зэрэг оронтой харьцуулахад хамаагүй доогуур үзүүлэлт юм (World Bank, 2023[34]). Нийт дүнгээрээ 2015 онд төр хувийн хэвшилд 2512 эрдэм шинжилгээний ажилтан бүтэн цагаар ажиллаж байсан нь 1995 онд бүртгэгдсэн 3102-с буурсан дүн юм. Үйлдвэрлэл-шинжлэх ухааны уялдаа холбоос, судлаачид үйлдвэрлэлд ажиллах (үйлдвэрт ажиллах, голлох салбарт хийгдэж буй докторын судалгааны ажлыг хамтран удирдах гм.) тоо баримт байхгүй.

Бага нүүрстөрөгчийн төслийн орчин нөхцөл

Сэргээгдэх устөрөгчийн төсөл хэрэгжүүлж буй аж ахуйн нэгжийн үйл ажиллагаа явуулах орчин нөхцөл буюу мөрдөн ажиллах дүрэм журам, лиценз, зөвшөөрөл олон янзын хууль тогтоомжоор зохицуулсан байдаг. Газрын тухай хууль (1994 баталсан, 2002 онд хамгийн сүүлд нэмэлт өөрчлөлт хийсэн)-иар газар ашиглалт, зөвшөөрөл олгохтой холбоотой асуудлыг зохицуулсан байдаг ба Монголын ихэнх газар нутаг төрийн мэдлийнх, устөрөгчийн төсөл хөгжүүлэхэд газрын эрх үндсэн гол асуудал мөн (Government of Mongolia, 1994[35]). Устөрөгчийн томоохон үйлдвэрлэгч болохоор зорьж буй бусад хөгжиж буй орнуудын туршлагаас харахад газрын ашиглахтай холбоотой асуудлыг хялбарчлах нь төрөөс устөрөгчийн төслийн эрсдэл хувааж буй нэг том ажил юм (IEA, 2023[36]). Одоогоор хуульд устөрөгчийн төсөл дэмжсэн тодорхой заалт байхгүй. Ийм ийм төрлийн төслүүд газрын тухай ерөнхий хууль, журмаар зохицуулагдна. Газрын зөвшөөрөл авсны дараа Газрын төлбөрийн тухай хууль (Goverment of Mongolia, 1994[37])-д заасан газрын төлбөр төлөх ёстой. Ашигт малтмал, газрын тосны тухай хуулиар лицензтэй этгээд, талууд газрын гадаргууг эзэмших эрхтэй, уг эрхийнхээ хүрээнд сэргээгдэх устөрөгчийн төсөл хэрэгжүүлэх боломжтой. Гэхдээ Ашигт малтмалын болон Сэргээгдэх эрчим хүчний тухай хуулийн заалтууд хоорондоо зөрчилдөх, тухайлбал газрын зөвшөөрлөө шаардлагатай лиценз, зөвшөөрөл авах хүсэлт гаргахаасаа өмнө авсан байх шаардлагатай (Government of Mongolia, 2006[38]) (Government of Mongolia, 2014[39]).

Сэргээгдэх эрчим хүчний тухай хуулиар сэргээгдэх эрчим хүчийг шугам сүлжээнд холбогдсон, холбогдоогүй гэж хоёр хуваадаг. Энэ нь лиценз болон гэрээнд нөлөөтэй. Шугам сүлжээнд холбогдсон станц Эрчим хүч худалдан авах гэрээ (ЭХХАГ)-г Цахилгаан шугам сүлжээ эрхлэх газартай заавал байгуулах бол бие даасан станц хэрэглэгчдийг цахилгаанаар хангах тохиолдолд ЭХХАГ байгуулна. Хүчин чадал сайтай устөрөгчийн станц шугам сүлжээнд илүүдэл эрчим хүчээ нийлүүлэх бол заавал гэрээ байгуулна гэсэн үг. Бүх станца Бүлэг III-т бичсэнчлэн Эрчим хүчний зохицуулах хорооноос тогтоосон үнээр цахилгаан нийлүүлэх үүрэг хүлээдэг хэдий ч шугам сүлжээнд холбогдолгүйгээр цахилгаан экспортлох боломж бий. Хуулиар төр өмчлөх ёстой өөрсдөө барьсан дамжуулах шугам, дэд станцтай холбоотой дэд бүтцийн асуудал байна. Шугам сүлжээнд холбогдсон бүх шугам, дэд станц төрийн өмчид байх ёстой, хувийн хөрөнгө оруулалтаар барьсан дэд бүтцийг төрд шилжүүлж өгөх, төрөөс нөхөн төлбөр өгөх талаар тодорхой зохицуулалтаар одоогоор байхгүй (Government of Mongolia, 2015[40]).

Байгаа хууль эрх зүйн зохицуулалттай төсөл хөгжүүлэгчид санал нэгдэж буй ч сэргээгдэх устөрөгч зэрэг шинэлэг технологи дэмжин хөгжүүлэхэд туршилт хийх, шуурхай байх заавал шаардлагатай. Монгол Улс устөрөгчийн үйлдвэрлэлд анхдагч болохын тулд төр засаг нь үйлдвэрлэлийн аюулгүй байдлыг хангасан хүчтэй зохицуулалт болон устөрөгчийн хэрэглээ, бодит эрсдэл, нотолгоонд суурилан шуурхай зохицуулалт хийх тэнцвэр сайтар барьж байж энэ чиглэлийн инновацийг дэмжнэ. Энэ нь бодлого тодорхойлогчид, инстүүцүүд бага нүүрстөрөгчийн технологийн чиглэлээр хууль эрх зүйн хүрээг тодорхойлох чадавх, чансаатай, шинэ технологи бий болж, төсөл хөгжүүлэхийн хэрээр хууль эрх зүйн орчноо тохируулах зорилго чиглэлтэй байх ёстой гэсэн үг мөн (OECD, 2023[41]).

Инновац ололтын үр шимийг хүртэх шуурхай зохицуулалтын талаарх ЭЗХАХБ-ын зөвлөмжийн баримт бичиг Монголын бодлого боловсруулагчдад гарын авлага болох боломжтой. Нүүрстөрөгчийн бага хэрэглээнд шилжихэд тухайн инновац технологийн өөрчлөлттэй холбоотой эрх зүйн орчны өөрчлөлт Монгол Улсад тохирох эсэх талаар уг зөвлөмжид бичжээ. Ялангуяа өмнө өөр өөр хуулиар зохицуулж ирсэн технологи, үйлдвэрлэлийн асуудал, арга шийдлийг (жишээ нь устөрөгчийг байгаа аж үйлдвэрлэлд ашиглах уу, эсхүл ялгарлыг бууруулахын тулд ашиглах уу гэдэг нь өөр өөр шийдэл шаардна) тогтооход энэ маш чухал (OECD, 2021[42]). Зөвлөмжид бичсэнчлэн, зохицуулалтыг хэрэгжүүлэх менежментийн арга хэрэгсэлдээ тохиргоо хийж, ирээдүйн шаардлагад нийцүүлэх хэрэгцээ буйг ЭЗХАХБ-ын гишүүн орнууд хүлээн зөвшөөрчээ. Үүнд олон давтамжтай илүү уян хатан хяналтын үе шат тогтоох, салбар хариуцсан зохицуулах агентлагуудын хамтын ажиллагааг сайжруулах зэрэг багтна. Ногоон цахим технологи инновацийн хэрэглээг хурдасгахад суурилсан үндсэн зорилго Монгол зэрэг ЭЗХАХБ-ын гишүүн бус төдийгүй уг байгууллагын гишүүн хөгжингүй орнуудад ч хамаатай юм.

Устөрөгч болон бусад химийн бодис, шатахуунтай холбоотой зохицуулалт, лицензийг Эрчим хүчний яамны харья Эрчим хүчний үндэсний төв (ЭХҮТ) хариуцдаг. ЭХҮТ шатахуунтай холбоотой эрх зүйн зохицуулалт, хяналтын чиглэлд нэлээд туршлагатай, гэхдээ сэргээгдэх устөрөгчийн хэрэглээг улс даяар нэвтрүүлэх ажлыг дэмжихэд энэ чиглэлээр чадавхаа сайжруулах шаардлагатай. Хортой аюултай химийн бодисын тухай хуулиар устөрөгчтэй холбоотой төсөл аюултай химийн бодист ангилалд хамаарах устөрөгчийн үйлдвэрлэл, агуулах, худалдаа, хэрэглээ тусгай зөвшөөрөл шаарддаг (Government of Mongolia, 2006[43]). ЭЗХАХБ-ын гишүүдийн нэгэн адилаар Монгол Улс энэхүү хуулийн заалтаа шинэчлэн өөрчилж устөрөгчийг аж үйлдвэрлэлд түлш болгон үйлдвэрлэх, ашиглахдаа байгалийн баялгын зөв зохистой хэрэглээг дэмжин бохирдолд тодорхой хязгаарлалт тавьж, байгаль орчинд үзүүлэх сөрөг нөлөөллийг илүү өргөн хүрээнд бууруулах утгаар баяжуулах шаардлагатай.

Байгаль орчны эрх зүйн зохицуулалт аливаа устөрөгчийн төсөлд чухал. Байгаль орчинд нөлөөлөх байдлын үнэлгээ (БОНБҮ) хортой, аюултай бодис (устөрөгч үүнд хамаарч буй), нар салхины станцтай холбоотой төсөлд заавал хийлгэх шаардлагатай. Одоогоор төслийн үр нөлөөг илүү өргөн хүрээнд, системийн түвшинд үнэлдэг Байгаль орчний стратегийн үнэлгээ (БОСҮ) хийлгэх хуулийн шаардлага байхгүй. Газар, ус, эрчим хүчний асуудал устөрөгчийн төсөл хэрэгжиж буй газрын хил хязгаарыг давж (Хэрлэн голоос ус татах нь усны урсац, сав газарт) нөлөөлдөг ба устөрөгчийн том үйлдвэр гүний усанд хэрхэн нөлөөлөх нь тодорхойгүй байгаа тул төрөөс БОСҮ-г нэвтрүүлж, бодлого, стратегийн түвшинд суулгахыг зөвлөж байна. Бүлэг IV-т бичсэнчлэн үйлдвэрлэлд ус хэрэглэх асуудал Монголын нийгмийн эмзэг сэдэв, устөрөгчийн салбарт томоохон хөрөнгө оруулалт хийхэд улс төрийн эрсдэл хуваахад энэ нь тустай.

Бага нүүрстөрөгчийн технологи хөгжүүлэхтэй холбоотой Монголд өрнөж буй үйл явдал

Салангид инстүүц тогтолцоо, СХ-т оруулах хөрөнгө оруулалт хязгаартай, бага нүүрстөрөгчийн технологи инновацтай холбоотой бодлого таниулах ажил сул зэрэг олон асуудал Монголд байгаа хэдий ч устөрөгчтэй холбоотой ШУТИ хөгжүүлэх хэд хэдэн ажил хийгдэж байна. ШУА-д төвлөрөн устөрөгч болон бусад бага нүүрстөрөгчийн технологийн санаачилгуудыг төрийн санхүүжилттэйгээр судалж, үүрэн түлшний технологи, цахилгаан автомашины зайг тойрог эдийн засагт оруулах шийдэл хайж байна. Тухайлсан технологи хөгжүүлэх лабораторид түшиглэн эрдэм шинжилгээний ажилтнууд, судлаач оюутнууд эдгээр ажлыг салбар, үйлдвэрлэлтэй нэвтрүүлэх туршлагатай инстүүцүүдтэй хамтран хийж байгаа ба Устөрөгчийн зөвлөлтэй хамтран устөрөгч хөгжүүлэх ажлыг нэгдсэн байдлаар уялдаа холбоотой явуулахыг чармайж буй. Устөрөгчтэй холбоотой ажил анхлан 2010 онд засгийн газраас хүсэлт тавьснаар эхэлсэн ба хамрах хүрээ нь үүнээс хойш төдийлөн өөрчлөгдсөнгүй. Шинжлэх ухааны байгууллагууд засгийн газарт устөрөгчийн бодлогын асуудлаар зөвлөгөө өгдөг. Гэвч ШУА-д хийж буй ажлууд эдийн засгийн эргэлтэд оруулах, устөрөгчийн төсөл хэрэгжүүлэхэд салбарыг татан оролцуулах боломж нөхцөл хязгаарлагдмал.

Олон улсын компани, томоохон үйлдвэрлэгчид өртгийн сүлжээнд нүүрстөрөгч халах ажлыг дэмжин судалгаа, инновац хийж байна. Үйлдвэрлэгчидтэй зөвлөлдөхөд хэд хэдэн зүйл ажиглагдсан нь сэргээгдэх устөрөгчийн үйлдвэрлэл хөгжүүлэхэд хэрхэн яаж дэмжих чиглэлд Монголын бодлого тодорхойлогчдод тустай мэдээлэл байж болно. Гадаад, дотоодын уул уурхайн том компаниуд ялгарал бууруулах олон улсын зохицуулалт чангарч байгаатай холбоотойгоор үйлдвэрлэлийн тогтвортой байдлаа хангахын тулд СХ, дэд бүтцэд томоохон хөрөнгө оруулалт хийж байна. Үүний дотор устөрөгчийн технологийн чиглэлд туршилтын төсөл хэрэгжүүлж, үр дүнг нь харуулахаар Харилцан ойлголцлын санамж бичиг (ХОСБ) зурсан (Хайрцаг 2.4). Зах зээлийн тодорхой нөхцөлд сэргээгдэх устөрөгч ашиглах боломж өндөртэй уул уурхайн салбарын компаниуд хүнд машин механизм, үйлдвэрлэлийн процессоо цахилгаанжуулах ажлыг идэвхтэй судалж байна. Хэт их чиглүүлсэн инновац, технологийн бодлого эрсдэл өндөртэйг гадаад дотоод өмчлөгчтэйгээс үл хамааран энэ чиглэлд бүх компани идэвхтэй ажиллаж байгаагаас харж болох ба хувийн хэвшил нүүрстөрөгч халах ажлаа өөр аргаар хийх боломжтойг илэрхийлнэ. Цаашилбал, үйлдвэрлэгчид нүүрстөрөгчийг үнэлэх, сүлжээнээс нүүрстөрөгч халах чиглэлд төрөөс бодлогын сигнал тодорхой өгөх ёстой гэж үзэж буй. Ийм сигнал бага нүүрстөрөгчийн технологид шилжих, сэргээгдэх устөрөгч зэргээр түлшээ солиход шаардлагатай илүү том хөрөнгө оруулалт хийх үндэслэл болно. Монголд нүүрстөрөгч халах чиглэлд тодорхой бодлогын сигнал байхгүй байгаагаас үл хамаарч зарим гадаад, дотоодын компаниуд гадаад хууль эрх зүйн зохицуулалтын өөрчлөлийн өрсөлдөөнд үзүүлэх нөлөөг урьдчилан тооцон хөрөнгө оруулалтаа бага нүүрстөрөгчид чиглүүлж байгаа юм.

Хайрцаг 2.4. Сэргээгдэх устөрөгчийн туршилтын төслийн жишээ Говь H2

Петро Матад Лтд болон түншүүдтэй хамтарсан компани Санстеп Сэргээгдэх Эрчим хүч (‘ССЭХ’), Өмнөговь аймагт устөрөгчийн туршилтын төсөл эхлүүлсэн. Төслийн хөрөнгө оруулалтын санхүүжилт 2024 онд хаагдаж, барилгын ажил 2025 хавар эхлэн 2026 оны I улиралд ашиглалтад өгөхөөр төлөвлөсөн. Нүүрс зэсний гол уурхайтай ойр байрлалтай, дэлхийн хамгийн том зэс, алтны нөөцтэй Оюу толгойн уурхайд ногоон устөрөгч нийлүүлнэ.

Төсөл хэрэгжүүлэх уурхайг ногоон устөрөгчийн дулаанаар хангах зорилгоор Оюу толгой болон Японы Байгаль орчны гадаад хамтын ажиллагааны төв (БОГХАТ)-тэй ХОСБ зурсан. БОГХАТ-тай хийж буй энэ түншлэлийн хүрээнд Японы засгийн газраас буцалтгүй тусламж авсан ба нэмэлт санхүүжилт цаашид авах боломжтой. Энэ санхүүжилт төслийн хөрөнгийн зардлын 40% хааж байгаа нь санхүүгийн тогтвортой байдлыг ихээхэн сайжруулжээ.

Төслийн санхүүжилт зээл, хувь нийлүүлэх бүтэцтэй, эцэслэх ажил сүүлийн шатандаа орсон. Волфсон Энерги тэргүүлэн Петро Матад компанитай хамтран хувь оруулсан ба цаашид гуравдагч этгээд оролцох боломжтой. Өрийн санхүүжилтийн асуудлыг зээлдэгчид, технологи эзэмшигчидтэй хэлэлцэж буй. Энэхүү хамтын ажиллагаа төр, хувийн хэвшил Монгол Улсад сэргээгдэх устөрөгчийн эрчим хүч хөгжүүлэх чин хүсэлтэй байгааг илэрхийлэл юм.

Эх сурвалж: Санстепп/Петро Матад Лтд кэйс судалгаа (Хавсралт А)

2023 онд байгуулагдсан Аж үйлдвэрийн бодлогын зөвлөл аж үйлдвэр хөгжүүлэх, эдийн засгаа солонгоруулах зорилгын хүрээнд устөрөгчийн судалгааны чиглэлийг тодорхойлдог. Тогтолцоо хэрхэн устөрөгчийн инновацид нөлөөлсний тод жишээ бол зөвлөлийн дэргэд байгуулагдсан ажлын хэсгүүдийн үйл ажиллагаа юм. Ажлын хэсгийн дэд дарга нь салбарын гол төлөөлөгч уул уурхай, үйлдвэрлэлийн салбарт бизнес эрхлэгч МАК группын гүйцэтгэх захирал юм.

Тус групп устөрөгчийн томоохон төсөл Монгол Улсад хэрэгжүүлж байгаа болно (Хавсралт А). Устөрөгч хөгжүүлэх чиглэлд бодлого тодорхойлогчид хэд хэдэн зүйл анхаарч үзэх шаардлагатайг уг төсөл харуулж буй. Үүнд, нэгдүгээрт хэдий цөөхөн хэдэн компанид хамаатай ч хувийн хэвшлийн инновацийн чадавх сайн байна. Хоёрдугаарт хэрэгцээ үүсгэх, зах зээл төлөвшүүлэхтэй хамаатай асуудлуудаар компаниуд өөрийн дотоод худалдан авах чадвараа ашиглан СХ-ийн үр дүнгээ ашиглах жижиг зах зээл бий болгож байна. Гуравдугаарт нүүрснээс шат дараатай татгалзах талаар тодорхой бус, сарнисан бодлогын сигнал өгч буй нь олон улсын сайн туршлага, стандарт, бага нүүрстөрөгчийн технологийн чиглэлээс өөр инновац нэвтрүүлэхэд хүргэж болзошгүй юм (Бүлэг III, Хүснэгт 3.1 харах).

Сэргээгдэх устөрөгчийн хөгжлийн эхэн үед 'цэнхэр' устөрөгч хатуу хяналттайгаар үйлдвэрлэх нь дотоод зах зээл үүсгэх боломжтой хувилбар байж болно. Жишээ нь хэрэв МАК группын төслөөр устөрөгчийн үйлдвэрлэл эдийн засаг, технологийн хувьд боломжтой нь нотлогдох аваас Монгол Улсын хувьд бага нүүрстөрөгчийн эдийн засагт шилжихэд цаг хугацаа хэмнэсэн чухал алхам байж болно. ЭЗХАХБ-ын тайланд нүүрстөрөгчийн хийг барих, уламжлалт түлшээр устөрөгч үйлдвэрлэх нь хөгжиж буй улсын устөрөгчийн чадавхыг шат дараатайгаар хөгжүүлэх хувилбар байж болох талаар дурдсан нь бий. Цэнхэр устөрөгчийн төслийг бодлогоор дэмжих нь нүүрснээс үе шаттайгаар татгалзах, хүрэн нүүрснээс илүүтэй бага нүүрстөрөгчийн технологийг дэмжих хөрөнгө оруулалтын орчныг бүрдүүлэх чиглэлд хийж буй засгийн газрын үйл ажиллагааны талаар тодорхойгүй, сарнисан бодлогын сигнал өгөхөд хүргэнэ (OECD, 2022[2]). ЭЗХАХБ-ын зохион байгуулсан хэлэлцүүлгийн үеэр яригдаж байсанчлан олон компани байгаа жаахан хэрэгцээг цэнхэр төслөөр хангах боломжтой бол сэргээгдэх устөрөгчийн төсөл хэрэгжүүлэх шаардлагатай эсэх талаар эргэлзэж магадгүй. Иймд цэнхэр устөрөгчийг дундын шийдэл, алхам болгон авч үзэх эрсдэлтэй, бодлого тодорхойлогчид энэ чиглэлд дэмжлэг үзүүлэхдээ уг эрсдэлийг бодох хэрэгтэй. Монголд хэрэгжүүлж буй устөрөгчийн төслийн гадаад зах зээлд өрсөлдөх чадвар мөн эрсдэлтэй. Жишээлбэл, устөрөгчийн дэлхийн худалдаанд тавьдаг стандарт шаардлагаас хамаарч цэнхэр устөрөгчид оруулсан хөрөнгө оруулалт нь нүүрстэй холбоотой дэд бүтэцтэй нэгэн адилаар үхмэл хөрөнгө болж хувирах эрсдэлтэй. Иймд нүүрсний дэд бүтцийг устөрөгчийн үйлдвэрлэлд ашиглана гэж үзэн бодлогын шийдэл гаргавал бусад бага нүүрстөрөгчийн дэд бүтэц барих, технологи нутагшуулахад зарцуулах боломжтой хөрөнгө санхүүгээ үрэхэд хүргэж болзошгүй. Үндсэндээ Монголын бодлого тодорхойлогчид, үйлдвэрлэгчид байгаа хөрөнгө, чадавх нөөцөө ашиглан дотоодын аж үйлдвэрээ хөгжүүлэх хэрэгцээ шаардлагаа гадаад зах зээлд өрсөлдөх бараа бүтээгдэхүүн үйлдвэрлэхэд зайлшгүй хангах шаардлагатай стандарт, баталгаажуулалтын шаардлагыг хангах хэрэгцээтэй тэнцвэртэй авч үзэх ёстой.

Ашигласан материал

Amoroso, S. et al. (2021), *World Corporate Top R&D Investors: Paving the way for climate neutrality, A joint JRC and OECD report*, Publications Office of the European Union, Luxembourg, https://web-archive.oecd.org/2021-11-22/617125-world-corporate-top-rd-investors-paving-the-way-for-climate-neutrality.pdf. [11]

Andrenelli, A., J. Gourdon and E. Moisé (2019), *International Technology Transfer Policies*, OECD Trade Policy Papers, OECD, Paris, https://www.oecd-ilibrary.org/docserver/7103eabf-en.pdf?expires=1705592690&id=id&accname=ocid84004878&checksum=B33304F31E9A25F160247B1F57800ADD. [12]

Arnold, E. et al. (2023), *Navigating green and digital transitions: Five imperatives for effective STI policy*, OECD Science, Technology and Industry Policy Papers, OECD, Paris, https://www.oecd-ilibrary.org/science-and-technology/navigating-green-and-digital-transitions_dffb0747-en. [19]

ASDIT (2023), *ASDIT*, https://www.asdit.cl/en/inicio-english/. [8]

Cammeraat, E., A. Dechezlepretre and G. Lalanne (2022), *Innovation and Industrial Policies for Green Hydrogen*, OECD Science, Technology and Industry Policy Papers, OECD, Paris, https://www.oecd-ilibrary.org/docserver/f0bb5d8c-en.pdf?expires=1692286715&id=id&accname=guest&checksum=767FA1D7985F43131BCEA25FFAC2755B. [1]

Cammeraat, E., A. Dechezleprêtre and G. Lalanne (2022), "Innovation and industrial policies for green hydrogen", *OECD Science, Technology and Industry Policy Papers*, No. 125, OECD Publishing, Paris, https://doi.org/10.1787/f0bb5d8c-en. [4]

Cervantes, M. et al. (2023), *Driving low-carbon innovations for climate neutrality*, OECD Science, Technology and Industry Policy Papers, No. No. 143, OECD, Paris, https://www.oecd-ilibrary.org/docserver/8e6ae16b-en.pdf?expires=1705506379&id=id&accname=ocid84004878&checksum=C36BE1F776B1CEF2C7CE1B1EB595E625. [17]

Climate Fund Managers (2022), *Launch Of The New 'SDG Namibia One Fund' At Cop27 Targets The Development Of A Green Hydrogen Economy In Namibia*, https://climatefundmanagers.com/2022/11/09/launch-of-the-new-sdg-namibia-one-fund-at-cop27-targets-the-development-of-a-green-hydrogen-economy-in-namibia/. [69]

CMS (2021), *HYDROGEN LAW, REGULATIONS & STRATEGY IN CHILE*, https://cms.law/en/int/expert-guides/cms-expert-guide-to-hydrogen/chile. [45]

Cordonnier, J. and D. Saygin (2023), *Financing solutions to foster industrial decarbonisation in emerging and developing economies*, OECD Environmnt Working Papers, OECD, Paris, https://www.oecd-ilibrary.org/docserver/24a155ab-en.pdf?expires=1705514321&id=id&accname=ocid84004878&checksum=8B304BE24018556EA4E6F4666DCA9A93. [3]

Criscuolo, C. et al. (2023), *Quanitfying industrial strategies across nine OECD countries*, OECD Science, Technology and Industry Policy Papers, No. No. 150, OECD, Paris, https://www.oecd-ilibrary.org/science-and-technology/quantifying-industrial-strategies-across-nine-oecd-countries_5f2dcc8e-en. [77]

Dagvadorj, D. (n.d.), *Technology Transfer Needs and Barriers in Mongolia*, National Agency for Meteorology, Hydrology and Environment Monitoring of Mongolia, Ulaanbaatar, https://unfccc.int/sites/default/files/moncp.pdf. [13]

De Kleine Feige, A. (2021), *State-Owned Enterprises and Climate Action*, World Bank Group, DC, https://documents1.worldbank.org/curated/en/886671636136930215/pdf/State-Owned-Enterprises-and-Climate-Action.pdf. [25]

Diario Fianciero (2023), *Los detalles de la readjudicacion del Instituto de Tecnologias Limpias de Corfo al consorcio Asdit*, https://www.df.cl/df-lab/innovacion-y-startups/los-detalles-de-la-readjudicacion-del-instituto-de-tecnologias-limpias. [53]

Environmental Investment Fund (2023), *THE GOVERNMENT OF NAMIBIA AND DUTCH PARTNERS INK MEMORANDUM OF UNDERSTANDING*, https://www.eif.org.na/post/sdg-namibia-one-press-release-20-june-2023. [70]

European Commission (2023), *Delegated regulation for a minimum threshold for GHG savings of recycled carbon fuels and annex*, European Commission, https://energy.ec.europa.eu/publications/delegated-regulation-minimum-threshold-ghg-savings-recycled-carbon-fuels-and-annex_en. [49]

European Commission (2023), *Delegated regulation on Union methodology for RFNBOs*, European Commission, https://energy.ec.europa.eu/publications/delegated-regulation-union-methodology-rfnbos_en. [48]

European Council (2023), *Renewable energy: Council adopts new rules*, European Parliament, https://www.consilium.europa.eu/en/press/press-releases/2023/10/09/renewable-energy-council-adopts-new-rules/. [22]

European Parliament (2023), *EU rules for renewable hydrogen*, European Parliament, https://www.europarl.europa.eu/RegData/etudes/BRIE/2023/747085/EPRS_BRI(2023)747085_EN.pdf. [50]

France Strategie (2018), *Overview of government policies to promote ultra-low emission vehicles*, France Strategie, https://www.strategie.gouv.fr/sites/strategie.gouv.fr/files/atoms/files/note_de_synthese_-_vehicules_electriques_-_gb_0.pdf. [21]

Goverment of Mongolia (2007), *Renewable Energy Law*, Goverment of Mongolia. [61]

Goverment of Mongolia (1994), *Land Law*, Government of Mongolia. [37]

Government of Canada (2022), *Minister Wilkinson Announces up to $800 Million in Project Funding to Advance Canada's Clean Fuels Sector*, https://www.canada.ca/en/natural-resources-canada/news/2022/11/minister-wilkinson-announces-up-to-800-million-in-project-funding-to-advance-canadas-clean-fuels-sector.html. [73]

Government of Canada (2020), *Canada Hydrogen Strategy*, Government of Canada, https://natural-resources.canada.ca/climate-change-adapting-impacts-and-reducing-emissions/canadas-green-future/the-hydrogen-strategy/23080. [44]

Government of Canada (n.d.), *Clean Fuels Fund*, https://natural-resources.canada.ca/climate-change/canadas-green-future/clean-fuels-fund/23734. [72]

Government of Chile (2023), *Gobierno presenta Fondo por US$ 1.000 millones para el desarrollo del Hidrógeno Verde en Chile*, Government of Chile, https://energia.gob.cl/noticias/nacional/gobierno-presenta-fondo-por-us-1000-millones-para-el-desarrollo-del-hidrogeno-verde-en-chile. [63]

Government of Chile (2023), *Government presents Strategic Committee for Green Hydrogen Action Plan and measures to promote the development of this industry*, https://www.hacienda.cl/noticias-y-eventos/noticias/gobierno-presenta-comite-estrategico-para-plan-de-accion-de-hidrogeno-verde-y. [74]

Government of Chile (2022), *Government launches website for citizens to participate in the development of the green hydrogen industry*, Government of Chile, https://www.gob.cl/en/news/government-launches-website-citizens-participate-development-green-hydrogen-industry/. [57]

Government of Chile (2021), *Chile's Green Hydrogen Strategy and investment opportunities*, https://energia.gob.cl/sites/default/files/documentos/green_h2_strategy_chile.pdf. [7]

Government of Chile (2020), *Chil Green Hydrogen National Strategy*, Government of Chile, https://energia.gob.cl/sites/default/files/national_green_hydrogen_strategy_-_chile.pdf. [47]

Government of Japan (2024), *Basic Concept of the Joint Crediting Mechanism*, Government of Japan, Tokyo, https://www.jcm.go.jp/about. [15]

Government of Japan (2024), *Joint Crediting Mechanism*, Government of Japan, https://www.jcm.go.jp/about. [16]

Government of Mongolia (2023), *New Recovery Policy*, Government of Mongolia, https://www.nrpa.gov.mn/en/new-recovery-policy. [30]

Government of Mongolia (2020), *Law on Intellectual Property*, Government of Mongolia. [32]

Government of Mongolia (2015), *Energy Law*, Government of Mongolia. [40]

Government of Mongolia (2015), *The Law on Energy Saving*, Government of Mongolia. [66]

Government of Mongolia (2014), *Law of Mongolia on Petroleum*, Goverment of Mongolia. [39]

Government of Mongolia (2013), *Investment Law*, Government of Mongolia. [67]

Government of Mongolia (2012), *Exemption from Customs and Value Added Tax*, Government of Mongolia. [64]

Government of Mongolia (2008), *On Customs Tariffs and Customs Taxes*, Government of Mongolia. [65]

Government of Mongolia (2006), *LAW ON SCIENCE AND TECHNOLOGY*, Goverment of Mongolia. [60]

Government of Mongolia (2006), *Minerals Law*, Govermnet of Mongolia. [38]

Government of Mongolia (2006), *Toxic and Hazardous Chemicals Law*, Government of Mongolia. [43]

Government of Mongolia (1994), *Land Law*, Government of Mongolia, https://faolex.fao.org/docs/pdf/mon4919E.pdf. [35]

Government of Mongolia (n.d.), *Priority Areas for Innovation (2020-2025)*, Government of Mongolia. [31]

Government of Monoglia (2001), *Environmental Impact Assestment*, Government of Monoglia. [62]

Government of Morocco (2021), *FEUILLE DE ROUTE HYDROGÈNE VERT*, https://www.mem.gov.ma/Lists/Lst_rapports/Attachments/36/Feuille%20de%20route%20de%20hydrog%C3%A8ne%20vert.pdf. [5]

Government of Namibia (2022), *Namibia Hydrogen Strategy*, Governmen of Namibia, https://www.ensafrica.com/uploads/newsarticles/0_namibia-gh2-strategy-rev2.pdf. [6]

Green Hydrogen Organisation (n.d.), *Country Portal - Chile*, https://gh2.org/countries/chile#:~:text=Six%20projects%20by%202025,subsidies%20totalling%20US%2450%20million. [71]

Green Hydrogen Organization (n.d.), *Chile's green hydrogen vision*, https://gh2.org/countries/chile. [46]

Green Hydrogen Organization (n.d.), *The Africa Green Hydrogen Alliance (AGHA)*, https://gh2.org/africa-green-hydrogen-alliance-agha. [51]

Hydrogen Europe (2023), *Namibian govt prepares for green H2 legislation*, https://hydrogeneurope.eu/namibian-govt-prepares-for-green-h2-legislation/. [81]

IEA (2024), *Renewables 2023*, IEA, Paris, https://www.iea.org/reports/renewables-2023. [55]

IEA (2023), *ETP Clean Energy Technology Guide*, IEA, Paris, https://www.iea.org/data-and-statistics/data-tools/etp-clean-energy-technology-guide. [27]

IEA (2023), *Global Hydrogen Review 2023*, IEA, Paris, https://www.iea.org/reports/global-hydrogen-review-2023. [23]

IEA (2023), *Hydrogen patents for a clean energy future: A global trend analysis of innovation along hydrogen value chains*, IEA, https://iea.blob.core.windows.net/assets/1b7ab289-ecbc-4ec2-a238-f7d4f022d60f/Hydrogenpatentsforacleanenergyfuture.pdf. [10]

IEA (2023), *Renewable Hydrogen from Oman*, IEA, https://www.iea.org/reports/renewable-hydrogen-from-oman. [36]

IEA (2023), *Towards hydrogen definitions based on their emissions intensity*, IEA, https://www.iea.org/reports/towards-hydrogen-definitions-based-on-their-emissions-intensity. [59]

IEA (2019), *Contract for Difference (CfD)*, IEA, Paris, https://www.iea.org/policies/5731-contract-for-difference-cfd. [24]

IEA (2019), *Innovation Gaps*, IEA, Paris, https://www.iea.org/reports/innovation-gaps. [26]

IRENA (2020), *Green hydrogen cost reduction*, https://www.irena.org/publications/2020/Dec/Green-hydrogen-cost-reduction. [9]

Israel Innovation Authority (2024), *The Korea- Israel Industrial R&D Foundation (KORIL-RDF)*, Israel Innovation Authority, https://innovationisrael.org.il/en/foundation/koril-israel-korea/. [14]

Nilsson, A. et al. (2021), *Green Hydrogen Applications in Mongolia: Technology potential and policy options*, New Climate Institute, https://newclimate.org/sites/default/files/2021/10/NewClimate_Green_Hydrogen_Applications_in_Mongolia.pdf. [28]

OECD (2024), *OECD STIP Compass: GERD as a percentage of GDP*, OECD, https://stip.oecd.org/stats/SB-StatTrends.html?i=G_XGDP&v=3&t=1998,2021&s=CHN,EU27_2021,JPN,KOR,OECD,USA,GBR. [33]

OECD (2023), *FDI Regulatory Restrictiveness Index*, OECD Publishing, Paris, https://stats.oecd.org/Index.aspx?DataSetCode=FDIINDEX. [68]

OECD (2023), *Policy Toolkit for Strengthening FDI and SME Linkages*, OECD Publishing, Paris, https://doi.org/10.1787/688bde9a-en. [79]

OECD (2023), *Risk-based Regulatory Design for the Safe Use of Hydrogen*, OECD Publishing, Paris, https://doi.org/10.1787/46d2da5e-en. [41]

OECD (2022), *Green Hydrogen Opportunities for Emerging and Developing Economies*, OECD, Paris, https://www.oecd-ilibrary.org/docserver/53ad9f22-en.pdf?expires=1696414509&id=id&accname=ocid84004878&checksum=01FB008F220DF39E4DDDC822F7FFEB07. [2]

OECD (2022), *OECD Reviews of Innovation Policy: Germany 2022: Building Agility for Successful Transitions*, OECD Reviews of Innovation Policy, OECD Publishing, Paris, https://doi.org/10.1787/50b32331-en. [20]

OECD (2021), *Recommendation of the Council for Agile Regulatory Governance to Harness Innovation*, OECD, Paris, https://www.oecd.org/mcm/Recommendation-for-Agile-Regulatory-Governance-to-Harness-Innovation.pdf. [42]

OECD/The World Bank/UN Environment (2018), *Financing Climate Futures: Rethinking Infrastructure*, OECD Publishing, Paris, https://doi.org/10.1787/9789264308114-en. [80]

Rodrik, D. (2014), *Green industrial policy*, Oxford Review of Economic Policy, No. Volume 30, Number 3, pp. 469-491, Oxford University Press, https://drodrik.scholar.harvard.edu/files/dani-rodrik/files/green_industrial_policy.pdf. [76]

Saygin, D. and M. Lee (2023), *Financing cost impacts on cost competitiveness of green hydrogen in emergin and developing economies*, OECD Environment Working Papers, No. No. 227, OECD, Paris, https://www.oecd-ilibrary.org/fr/environment/financing-cost-impacts-on-cost-competitiveness-of-green-hydrogen-in-emerging-and-developing-economies_15b16fc3-en. [29]

Tagliapietra, S. and R. Veugelers (2020), *A Green Industrial Policy For Europe*, Bruegel, https://www.bruegel.org/sites/default/files/wp_attachments/Bruegel_Blueprint_31_Complete_151220.pdf. [75]

Times of Oman (2021), *Oman's hydrogen alliance to drive national hydrogen economy*, Times of Oman, https://timesofoman.com/article/105391-omans-hydrogen-alliance-to-drive-national-hydrogen-economy. [58]

U.S. Department of State (2023), *2023 Investment Climate Statements: Mongolia*, Investment Climate Statements, U.S. Department of State, D.C., https://www.state.gov/reports/2023-investment-climate-statements/mongolia/#:~:text=Upon%2C%20Foreign%20Investment-,Policies%20Towards%20Foreign%20Direct%20Investment,investors%20face%20no%20investment%20minimums. [54]

UNDP (2023), *Mongolia SDG Investor Map: Report on Investment Opportunity Areas*, UNDP, Ulaanbaatar, https://investmongolia.gov.mn/download/sdginvestormap.pdf. [78]

World Bank (2023), *Advisory Report on the Development of a Green Hydrogen Certification Scheme in Chile*, World Bank, https://documents1.worldbank.org/curated/en/099062523123027598/pdf/P17631002007000f5080680467b6cdd230a.pdf. [52]

World Bank (2023), *Global Clean Hydrogen Financing Flagship Publication*, World Bank Group, DC. [18]

World Bank (2023), *Mongolia's Third Energy Sector Project: Project Information Document*, World Bank, DC, https://documents1.worldbank.org/curated/en/099062123053511517/pdf/P1781900f268cc010b6590592148fee6a1.pdf. [56]

World Bank (2023), *World Bank Development Indicators*, World Bank, DC, https://databank.worldbank.org/source/world-development-indicators. [34]

Тодруулга

[1] IP5 патент гэдэг нь дэлхий дээрх дор хаяж 2 байгууллагад хүсэлт гаргасан, үүний нэг нь дэлхийн таван том оюуны өмчийн байгууллага: Европын патентын байгууллага (EPO), Японы патентын байгууллага (JPO), Солонгосын Оюуны өмчийн байгууллага (KIPO), АНУ-ын Патент, барааны тэмдгийн байгууллага (USPTO), Хятадын Үндэсний Оюуны Өмчийн газар (CNIPA)-ын аль нэг нь байна.

3 Бүлэг гурав: Хөрөнгө оруулалтын бодлогыг устөрөгчийн амбицтай уялдуулах нь: Сэргээгдэх эрчим хүч, бага нүүрстөрөгчийн технологи, холбогдох дэд бүтэц

Энэ бүлэгт сэргээгдэх устөрөгч хөгжүүлэх хөрөнгө оруулалтын бодлогын хүрээг авч үзлээ. Сэргээгдэх устөрөгч хөгжүүлэх үндэсний стратегитэй улс орны туршлагаас харахад устөрөгчийн болон ерөнхий хөрөнгө оруулалтын орчныг сайжруулах, бодлогын дэмжлэг үзүүлэх чиглэлд дутуу ажилласан нь харагддаг. Монгол Улс үндэсний устөрөгчийн стратегитэй болохоор ажиллаж буй энэ үед цэвэр эрчим хүч, бага нүүрстөрөгчийн технологид хөрөнгө оруулалт татахад үүсэж буй саад бэрхшээлийг арилгах боломжтой юм. Гол асуудал нь бусад түлштэй харцуулахад сэргээгдэх эрчим хүчний салбарт хөрөнгө оруулалт татах нөхцлийг сайжруулах, салбарыг хөгжүүлэхэд зайлшгүй шаардлагатай хатуу болон зөөлөн дэд бүтцийг барьж байгуулах ажлыг эхлүүлэх, үйлдвэрлэлд сэргээгдэх устөрөгчийг хэрэглээг дэмжих юм.

Танилцуулга

Монголын сэргээгдэх эрчим хүчний салбарт хөрөнгө оруулалт татах хоёр арга зам бий. Нэгд, бодлого, эрх зүйн зохицуулалтаар үүсэж болзошгүй аливаа саад тотгорын олж тогтоон арилгаж хэрэгжиж буй төсөлд төр тодорхой үр дүнд хүргэх хүрээ тогтоохыг хязгаарлах арга юм. Хоёрт, чиглүүлэх арга буюу устөрөгчийн салбарын үндэсний хэмжээнд цар хүрээтэй хөгжүүлэхэд нийтийн хөрөнгийг дайчлан салбарын хөгжлийг дэмжих юм. Энэхүү стратегиэр хөрөнгө оруулалт, аж үйлдвэрийн "ногоон" бодлогыг хослуулан хэрэгжүүлнэ. Сэргээгдэх устөрөгчийн үйлдвэрлэл хөгжүүлэх үндэсний стратегитэй олон орон устөрөгч импортлох, дотооддоо үйлдвэрлэх эсэхээс үл хамааран төрөөс зохицуулах арга замыг сонгож байна. Учир нь бага нүүрстөрөгчийн үйлдвэрлэл өртөг зардлын хувьд өрсөлдөх чадвартай байх буюу "саарал" устөрөгчтэй үнийн хувьд ижил байж байж эдийн засгийн далайцаа хурдан хугацаанд хүрнэ. Хөрөнгө ихээхэн шаарддаг энэ салбарт өртгийн хугарлын цэг өндөр, ихэнх бага нүүрстөрөгчийн төсөл хөрөнгө оруулалтын эцсийн шийдвэр гаргах шатандаа хүрээгүй яваа юм (IEA, 2023[1]).

Хувийн хөрөнгө оруулалт, ялангуяа гадаадын шууд хөрөнгө оруулалт (ГШХО)-ад шууд нөлөөтэй учраас өрөнгө оруулалтын ерөнхий хүрээ бүтцийн хувьд ач холбогдолтой. Шинэ тутам технологи дэлхийн өртгийн сүлжээнд нэвтрэх, шинэ мэдлэг, технологийн чадавхтай болоход ГХО-ын гүйцэтгэх үүргийн талаар сайтар судлагдсан сэдэв мөн. Тухайлсан, тодорхой зорилготой сэргээгдэх эрчим хүчний хөрөнгө оруулалтын бодлого, арга хэрэгсэлд салбарын хөгжлийн дэмжих санхүүгийн татаас, хөнгөлөлт, уг чиглэлд хөрөнгө оруулалтыг дэмжих үйл ажиллагаа юм. Монгол Улс устөрөгчийн салбараа өргөн хүрээнд хөгжүүлэхэд гадаад санхүүгийн эх үүсвэр ашиглах магадлалтай нөхцөл байдлаас харахад энэ бүлэгт ГХО-д чухалчлан үзлээ. Хөрөнгө оруулалт татах, дэмжих бодлогыг ерөнхийгөөс тухайлсан гурван чиглэлээр тодорхойлов. Үүнд хувийн хөрөнгө оруулалтыг дэмжих, ногоон болон бага нүүрстөрөгчид хийх хөрөнгө оруулалт татах, сэргээгдэх устөрөгч хөгжүүлэхэд чиглэсэн бодлогууд юм.

Устөрөгчид хөрөнгө оруулалт татахдаа Монгол Улс чиглүүлсэн арга хэрэглэх эсэх нь устөрөгч үйлдвэрлэлд "анхдагч" болох шийдвэрээс хамаарна. Монголын эрх баригчид нэн шинэлэг технологи ашиглан үйлдвэрлэл эрхлэгч анхдагч улс болох, эсхүл дэлхийн зах зээлд энэ технологи, дагасан дэд бүтэц хөгжиж дэлгэрсэн хойно чиглүүлсэн арга хэмжээ авч уг салбарыг хөгжүүлэх шийдвэр гаргахаас цаг хугацаа болон санхүүгийн нөөцөд нөлөөлнө. Хэрэв анхдагч болохоор шийдэх юм бол энэ бүлэгт өгүүлсэнчлэн хөрөнгө оруулалтын сайтар уялдаатай, томоохон бодлого хэрэгтэй болно. Энэ нь зөвхөн устөрөгчид технологи, дэд бүтэц, зах зээлд хамаарах хөрөнгө оруулалтын эрсдэлийг бууруулахад шууд нөлөөтэй.

Монгол Улс мөн устөрөгчийн хөрөнгө оруулалтад шууд бусаар чиглүүлсэн арга хэмжээ авах шаардлагатай ба энэ нь бага нүүрстөрөгчийн технологийг ерөнхийд нь хөгжүүлэхэд үүсэж буй саад бэрхшээлд төвлөрсөн, хөрөнгө оруулалтын орчныг сайжруулахад төвлөрнө. Энэ чиглэл гурван үндсэн чиглэлд бодлогын зохицуулалт хийнэ. Нэгд, хувийн хэвшлийн хэрэгжүүлж буй устөрөгчийн туршилтын төслийг амжилттай хэрэгжүүлэхэд чиглэнэ. Хоёр дахь нь бага нүүртөрөгч болон байгаль орчны тогтвортой байдлыг хангах зорилтыг уялдуулан хөрөнгө оруулалтын хүрээнд тусгана. Үүний үр дүнд төр засаг ганцхан технологид уягдалгүйгээр устөрөгчийн салбарыг хөгжүүлэх боломжтой. Энэ нь Бүлэг II-т томьёолсон аж үйлдвэр инновацийн бодлоготой ижил учир шалтгаантай. Хэрэв "ногоон" хөрөнгө оруулалтын эдийн засаг, нийгмийн үр ашгийг төр, хувийн хэвшлийн хөрөнгө оруулагчид бүрэн дүүрэн ойлгоогүй, энэ нь байгаль орчны үнэ цэнийг бүрэн гүйцэд тодорхойлж чадаагүйгээс улбаатай бол уламжлалт түлшинд суурилсан технологийн давуу байдал хэвээр байна. Сайтар төлөвлөсөн, тодорхой зорилгод хүргэх хөрөнгө оруулалтын бодлогын арга хэмжээ энэхүү тэнцвэргүй байдлыг арилгахад тустай. Энэ бүлэгд тодорхойлсон арга хэрэгслийг хослуулан хэрэглэснээр Монгол Улс эдийн засгийн нөхцөл байдал, засгийн газрын зорилтод нийцсэн устөрөгчийн салбарт хөрөнгө оруулалт татах, дэмжих аргачлал бий болгож чадна.

Гуравт, Монголын устөрөгчийн салбарт хийх хөрөнгө оруулалтад анхаарах онц чухал нэг асуудал бол төр засгаас авах бодлогын арга хэмжээ ямар байхаас үл хамааран сэргээгдэх эрчим хүчний салбарт маш их хөрөнгө оруулалт шаардлагатай. Тогтвортой, бага өртөгтэй сэргээгдэх эрчим хүчээр хангаж байж өрсөлдөх чадвартай сэргээгдэх устөрөгч үйлдвэрлэнэ. Монголын сэргээгдэх эрчим хүчний нөөц боломж тус улс устөрөгчийн үйлдвэрлэгч болоход гол давуу тал нь юм. Устөрөгч "ногоон" эсхүл "сэргээгдэх" гэж тооцогдохын тулд электролиз ажиллуулах эрчим хүч нь сэргээгдэх үүсвэрээс хангагдсан байх шаардлагатай. Одоогийн байдлаар үйлдвэрлэлийн технологиос хамаарч электролиз төхөөрөмж 1 кг устөрөгч үйлдвэрлэхэд 45-83 кВт.ц (шүлтлэг электролиз 50-78кВт.ц, хатуу оксид электролиз илүү үр ашигтай буюу 45-55кВт.ц) цахилгаан хэрэглэдэг (OECD, 2022[2]). Ихэнх сэргээгдэх устөрөгчид хийсэн судалгааны дүнгээс харахад өрсөлдөх чадвартай устөрөгч үйлдвэрлэх төсөл нар салхины эрчим хүчний нэг кВт.ц тутамд ойролцоогоор хоёр америк центээр тооцсон тэгшитгэсэн үнэ тариф ашиглах шаардлагатай болдог. 2021 оны байдлаар шинээр гарсан өргөн хэрэглээний нарны хавтангийн хувьд арай өндөр буюу дунджаар ам $0.048 /кВт.ц, салхиных ам. $0.033/кВт.цаг байжээ (IRENA, 2022[3]). Өргөн хэрэглээнд ашиглах устөрөгчийн салбартай болохын тулд Монгол улс сэргээгдэх эрчим хүч үйлдвэрлэх чадвараа огцом нэмэх шаардлагатай. Зөвхөн нэг туршилтын төсөлд нэмэлт 600 мегаватт (мВт) нар, салхины эрчим хүч хэрэгтэй байгаа нь 2024 оны байдлаар суурилагдсан байгаа 283мВт чадлаас хоёр дахин их төдийгүй сэргээгдэх эрчим хүч үйлдвэрлэх зардал бага байж гэмээ нь өрсөлдөх чадвартай болно. Иймд Монголын сэргээгдэх эрчим хүчний салбарт хөрөнгө оруулалт татах нөхцөл сэргээгдэх устөрөгчийн үйлдвэрлэл хөгжих, цаашид өсөн нэмэгдэхэд хүчтэй нөлөөлөх учраас энэхүү бүлэгт хөрөнгө оруулалтын орчинг онцгойлон авч үзлээ.

Энэ бүлэгт Монгол Улсад сэргээгдэх устөрөгч хөгжүүлэхэд хөрөнгө оруулалтын ач холбогдлыг судлан үзэж, авч хэрэгжүүлэх шаардлагатай арга хэмжээ, үндэсний стратегидээ тусгах арга хэрэгслийг тодорхойлов. Бүлэг III бүтэц нь устөрөгчийн салбар хөгжүүлэх үндэсний стратегийн хүрээнд хөрөнгө оруулалтын төлөвлөгөө, бодлого боловсруулж буй олон улсын туршлага Хэсэг 3.2-т танилцуулж, дараагийн хэсэгт нь Монголын сэргээгдэх эрчим хүчний салбарын дотоодын үйлдвэрлэлийн өрсөлдөх чадварт нөлөөлөх боломжийг үнэлэв. Хэсэг 3.4-т Монголын хөрөнгө оруулалтын бодлогын хүрээ, сэргээгдэх устөрөгч хөгжүүлэх орчныг үнэллээ. Зөөлөн болон хатуу дэд бүтэц урт хугацааны салбарын хөгжилд хөрөнгө оруулалт татах бүрэлдүүлэгч хүчин зүйл болох талаар томьёолов.

Устөрөгчийн хөгжилд хөрөнгө оруулалтын стратеги хэрхэн нөлөөлдөг вэ: Олон улсын туршлага

Сэргээгдэх устөрөгчийн талаарх бодлогын тухай яриа хэлэлцээ ихэнхдээ үйлдвэрлэлийг хурдан хугацаанд тэлж, үнээ "хүрэн" эсхүл "саарал" хувилбартай нь өрсөлдөхүйц хэмжээнд хүргэж, энэ зууны дунд үе гэхэд нүүрстөрөгч тэглэх зорилгодоо хүрэх шийдлийн талаар ярьдаг. Үүний өнгө болон дотоодын хэрэглээ өснө гэсэн таамаглал, үр хөврөлдөө байгаа технологийн эдийн засаг, бага нүүрстөрөгчийн ашиг тусыг олж харсан их олон улс орон сэргээгдэх устөрөгчийн үндэсний стратеги боловсруулахдаа хөрөнгө оруулалтыг чухалчлан үзсэн төдийгүй зарим талаараа илүү өргөн түвшинд стратегиэ харж, өөр бусад үйлдвэрлэлийн аргыг (ө.х., уламжлалт шатахуунд суурилсан С-БХХ). Эдгээр стратегийн нийтлэг шинж нь үйлдвэрлэл, бүтээгдэхүүн, дериватив дайвар, салбарын зах зээл, үйлдвэрлэлийн өртөг зардлыг тодорхой түвшинд хүргэхийг зорьсон байдаг. Бага нүүрстөрөгчийн устөрөгчийн чиглэлд хийсэн эдийн засгийн тооцоо судалгаанаас харахад устөрөгчийн үйлдвэрлэлийн зардал кг нь 1-3 ам.доллар байж "саарал" устөрөгчтэй өрсөлдөх боломжтой бол сайн төслийн хувьд кг нь 3 ам.доллар, байршил, нөхцөл муутай төслийн 10 гаруй ам. долларт хүрэхээр байна (OECD/The World Bank, 2024[4]). Улс орнууд мөн улс орны алсын хараатай холбоотойгоор хөрөнгө оруулалтын хэмжээг тодорхойлдог. Жишээ болгон Хүснэгт 3.1-д нийт хөрөнгө оруулалтын хэмжээ 77-330 тэрбум ам. долларт хэлбэлзэж байгаа ба ихэнх нь хувийн хэвшлийн хөрөнгө оруулалт байх юм.

Хүснэгт 3.1. Сэргээгдэх устөрөгч экспортлогч "анхдагч" улс орны хөрөнгө оруулалтын стратеги: Үйлдвэрлэл, хөрөнгө оруулалтын тооцоо

	Канад	Чили	Морокко	Намиби	Оман
Үйлдвэрлэл (2030)	4 Мтн	25 гВт электролиз чадал	Экспорт: 10.3 тВт.ц Аж үйлдвэр: 3.1 тВт.ц	1-2 Мтн	1-1.25 Мтн
Үйлдвэрлэл targets (2050)	20 Мтн	-	Экспорт: 114.7 тВт.ц Аж үйлдвэр: 20.7 тВт.ц	10-12 Мтн	7.5 - 8.5 Мтн
Цэвэр устөрөгч бүтээгдэхүүн	Бага C H2	Ногоон H2, ногоон аммиак, е-метанол, е-газолин, ногоон ган	Ногоон H2, ногоон аммиак, ногоон метанол	E-керосин, ногоон аммиак, ногоон H2, брикет төмөр, метанол	Ногоон H2, ногоон аммиак
Хэрэглээ	Газрын тос, байгалийн хий, тээвэр, халаалт, экспорт	Эрчим хүч, уул уурхай, экспорт	Бордоо, тээвэр, эрчим хүч, экспорт	Экспорт, эрчим	Нэрэх үйлдвэр, экспорт
Үйлдвэрлэлийн өртөг зардал (2030)	Ам. $1.50-3.50/кг	Ам. $0.95-1.05/кг	-	Ам.$1.20-1.30 /кг	Ам.$1.60 /кг
Нийт хөрөнгө оруулалтын тооцоо	-	330 тбм* ам.$	77 тбм.ам.$	2040 он гэхэд 190тбм. ам.$	2050 он гэхэд 140тбм.ам.$

Тэмдэглэгээ: (*) 2050 он гэхэд хувийн хэвшлийн хөрөнгө оруулалтын нийт дүн
Эх сурвалж: Өөрийн судалгаа.

Улс орнуудын устөрөгчийн үндэсний стратегийг гурван бүлэгт хувааж үзэж болно. Үүнд: импортлогч, экспортлогч, өөрийгөө хангахад чиглэгдсэн. Герман, Япон, Солонгос, ЕХ сэргээгдэх устөрөгч импортлогчийн байр сууринаас стратегиэ боловсруулж нүүрстөрөгч халах хэрэгцээгээ хангана гэж үзсэн бол Хятадын дотоод зах зээлийн хэрэгцээ өндөр тул сэргээгдэх устөрөгчийн үйлдвэрлэлийн өсөлтөө бусад салбартаа шингээж, өөрөө өөрийгөө хангах стратеги баримтална. Бусад улсууд экспортод гаргах стратеги баримталж байгаа юм. Дотоод зах зээл нь жижиг учраас Монголын хувьд амбицтай зорилтоо хангахад илүү тохиромжтой загвар байж болохыг Бүлэг I-д тодорхойлсон билээ. Канад, Чили, Морокко, Намиби, Оман улсууд экспортлогч стратегитэй. Эдгээр улсууд сэргээгдэх устөрөгчийн дэлхийн зах зээлд хүчтэй өрсөлдөгч болох амбицтай байгаа ба тэдний туршлагаас нь суралцах боломжтой.

Салбарын үйлдвэрлэлийг нэмэгдүүлэхэд хэрэгтэй хөрөнгө оруулалтын хэмжээ эрсдэл хувааж хөрөнгө санхүү босгоход олон улсын санхүүгийн байгууллагууд бодлогын яриа хэлэлцээг хувийн салбартай өрнүүлэхэд хөгжиж буй улс орнуудад туслахад чухал үүрэгтэй. Хөгжиж буй орнуудын санхүүгийн нөөц хязгаарлагдмал учраас төсвөөс санхүүжүүлж эрсдэл хуваан үйлдвэрлэл нэмэгдүүлэх боломжгүй. Иймд олон улсын түнш байгууллагууд байгалийн өгөгдөл, нөхцөл сайтай улс орнуудад эх үүсвэрийг цэвэр устөрөгч дотооддоо хөгжүүлж, үйлдвэрлэлээ нэмэгдүүлэхэд чиглүүлэхэд нь туслалцаа үзүүлэх хэрэгтэй. Дэлхийн Банкны ЭЗХАХБ-тай хамтран боловсруулсан тайланд дунд, том хэмжээний "зам заагч" (100 мВт-с 1гВт хүртэл) 10 гВт нийт чадалтай том төслийг дэмжих дэлхийн санаачилга гаргах талаар дурджээ. Энэ санаачилгын зорилго нь сэргээгдэх устөрөгчийн төсөл хэрэгжүүлэх нь хөгжиж буй орны хувьд хэрэг зэрэг үр дүнтэй болохыг харуулах юм. Уг санаачилгын зорилтыг тайланд дэлгэрэнгүй тодорхойлжээ (Хайрцаг 3.1) (OECD/The World Bank, 2024[4]). Европын Сэргээн Босголт Хөгжлийн Банк (ЕСБХБ) ногоон хөрөнгө оруулалтын хүрээнд сайтар боловсруулсан сэргээгдэх устөрөгчийн төсөл санхүүжүүлэх боломжтой. Хөгжиж буй орнуудын хувьд сэргээгдэх эрчим хүчний томоохон тоглогч болоход олон улсын санхүүгийн байгууллага (ОУСБ), олон талт хөгжлийн банк (ОТХБ)-уудын санхүүжилт авахад тавьдаг шаардлагыг ойлгох нь чухал ач холбогдолтой.

Хайрцаг 3.1. Дэлхийн банкны зам заагч төслийн тухай

- Цэвэр устөрөгчийн төсөл хөгжүүлэхдээ өртгийн сүлжээний дагуу тооцож үзэх ёстой хүчин зүйлийн жагсаалт, заавар гаргах;
- Хэрэгжиж буй төслүүдэд үндэслэн төсөл эрэмбэлэх, үнэлэх арга хэрэгслийг бий болгох;
- Саад болох гол цэгийг тогтоож, арилгах;
- Төслийн чанарыг сайжруулж, хөрөнгө босгох чадварыг нэмэгдүүлэх;
- Төсөлд санхүүгийн дэмжлэг авах (ОТХБ зэрэг донор, сантай) хамтарсан механизм бий;
- Дэлхийн Банкны группын Олон Улсын Санхүүгийн Корпорац (ОУСК)-ын зарчмыг мөрдөж, тогтвортой, нийгэм эдийн засгийн тэгш эрхийг хангасан төсөлд тустай үйл ажиллагааг тодорхойлох.

Эх сурвалж: (OECD/The World Bank, 2024[4])

Экспортлогчдын хөрөнгө оруулалтын стратеги дотоодын хөрөнгө болон сэргээгдэх устөрөгч үйлдвэрлэх, экспортлох давуу талтаа дулдуйдсан байдаг. "Анхдагч" улс орнуудын хөрөнгө оруулалтын үндэсний стратеги тухайн улсын өрсөлдөх давуу тал дээр суурилсан байна. Жишээлбэл, Хятад улс сэргээгдэх эх үүсвэрээс гаргасан тог цахилгааны үнийг тэнцвэржүүлснээр экспортод өрсөлдөх чадвараар тэргүүлэгч улс болно гэж зорьж буй. Морокко түншүүдийнхээ хамтаар тус улсын нар, салхины эрчим хүчний нөөц болон ЕХ-ны зах зээлд далайгаар дамжин хүрэх гарцыг онцолж буй (NewClimate Institute, 2023[5]). Шугам хоолой, боомт зэрэг устөрөгч тээвэрлэхэд зориулан өөрчлөх, тохируулах боломжтой бэлэн дэд бүтэцтэй байх нь гол давуу тал болно. Австрали, Чилийн далайн боомтууд бусад улсын зах зээлд хүрэх боломж олгож, алс холын ЕХ хүртэл эдгээр улсуудын сэргээгдэх устөрөгч ханган нийлүүлэх боломжтой гэж үзэж буй. Эцэст нь улс орны хөрөнгө оруулалтын стратеги дотоод зах зээлээ хөгжүүлэхийг зорьдог. Жишээлэхэд уул уурхайн томоохон тоглогч Чили эдийн засгийн энэ салбартаа сэргээгдэх устөрөгч хэрэглэхээр төлөвлөж байгаа бол Морокко ногоон аммиакийн бордоо үйлдвэрлэн импортын саарал аммиакийг халах зорилго тавьжээ. ustries. Сэргээгдэх устөрөгчийн үйлдвэрлэлээс гарсан бүтээгдэхүүнийг дотооддоо хэрэглэх нь устөрөгчийн үндэсний стратеги хэрэгжүүлэх эхний шатанд дэмжлэг болно гэж үзлэг. Энэ нь тээвэр, зам харилцааны хувьд экспорттой харьцуулахад дэд бүтэц бага шаарддаг, дотооддоо туршилтын төсөл хэрэгжүүлж үр дүнг нь нягталж үзэх боломж олгодог юм.

Сэргээгдэх устөрөгчийн талбарт "анхдагчид" болохоор зорьж буй хөгжиж буй орнууд том хэмжээний хөрөнгө оруулалтын төсөл гадаад түншүүдтэй хамт эхлүүлсэн байдаг. Сэргээгдэх устөрөгчийн экспортлох стратеги боловсруулж буй хэд хэдэн улс гадаад хувийн хөрөнгө оруулагчид, засгийн газрын хүчтэй дэмжлэгтэйгээр томоохон төсөл, гол дэд бүтцээ хөгжүүлж байна. Намиби улс ЕХ, Бельги, Герман, Япон улсуудтай Харилцан ойлголцлын санамж бичиг зуржээ. *Хайфэн Намибиа* (Hyphen Namibia) нэртэй 10тэрбум долларын хөрөнгийн үнэлгээтэй гега далайцтай сэргээгдэх эрчим хүчний төсөл хэрэгжүүлэхээр тохирчээ. Төслийн жилийн үйлдвэрлэлийн хүчин чадал нь 350 кТн юм

(NewClimate Institute, 2023[5]). Төслийг Германы эрчим хүчний томоохон үйлдвэрлэгч зэрэг хоёр гадаад хувийн хөрөнгө оруулагчид дэмжиж байна. Монголтой ойр хэрэгжиж буй өөр нэг тод жишээ бол Казакстан (тус улс устөрөгчийн стратегиэ 2024 оны тавдугаар сард зарласан)-ы *Свевинд* (Svevind) болон Узбекистаны (энэ тайланг бичиж байхад тус улс үндэсний стратегиэ тодорхойлоогүй байв) *АКВА* (ACWA) төслүүд юм.

Монголын сэргээгдэх эрчим хүчний нөөц, түүний устөрөгчийн салбар хөгжүүлэхэд үзүүлэх нөлөө

Сэргээгдэх устөрөгч үйлдвэрлэгч болоход Монгол Улсын харьцангуй давуу тал нь бүрэн нээж олоогүй байгаа сэргээгдэх эрчим хүч үйлдвэрлэх нөөц бололцоо юм. Тус улс 2.13 тВт салхиар 2600 тВт.ц (тВт.ц) эрчим хүч үйлдвэрлэх хүчин чадалтай гэж тооцоолсон нь 2022 оны Хятадын эрчим хүчний хэрэглээний 25%-тай тэнцэж, дотоодын 7.27 тВт.ц хэрэглээг хамаагүй давсан үзүүлэлт мөн (IRENA, 2016[6]) (IEA, 2023[7]). Дээр дурдсан салхины нөөцөөс нутгийн өмнөд, зүүн өмнөдөд байрлах 400 гВт-г нь үр дүнтэйгээр ашиглах боломжтой (World Bank, 2020[8]). Гэхдээ бодит үйлдвэрлэл хамаагүй их байх төлөвтэй. Монголын салхины эрчим хүчний нөөцийг судалсан хамгийн нэр хүндтэй ажлыг 2001 онд АНУ-ын Үндэсний сэргээгдэх эрчим хүчний лаборатори (СЭХҮЛ)[1] гүйцэтгэсэн. СЭХҮЛ тодорхойлсон нөөц, байршил нь зөв, түүнээс хойш 20 гаруй жилийн хугацаанд салхин сэнсний турбины чадал мэдэгдэхүйц нэмэгдсэн. Тухайн үед 40 метр өндөрт байх салхин сэнсний турбин 500кВт чадалтай байсан бол 2023 онд дундаж өндөр нь 100м болж, чадал нь 3-4мВт-д хүрчээ (IRENA, 2023[9]).

Үйлдвэрлэлийн нөөц хамгийн өндөр бүс нутаг нь өмнийн говьд төвлөрсөн (ЗурагЗураг 3.1**).** Хамгийн том газар нутагтай аймаг болох Өмнөговь салхи хамгийн сайтай, ойролцоогоор 300 000 мВт эрчим хүч гаргах боломжтой (IRENA, 2016[6]). Хөрш Баянхонгор, Дундговь, тус улсын хамгийн том Сайншандын 55 мВт салхин станц байдаг Дорноговь аймгууд салхины нөөц ихтэй. Төвлөрөл хамгийн боломжтой салхиар эрчим хүч үйлдвэрлэх нөөц нутгийн өмнөд хэсгээр байгаа нь томоохон аж үйлдвэр, Улаанбаатар хоттой ойр дөхүү юм. Өмнөд, зүүн өмнөд бүсэд салхины хүчний ашиглалт (СХА) нь 17.5-31.6% байна. Бүх аймгуудын 13 нь 20 000 мВт эрчим хүч үйлдвэрлэх салхины нөөцтэй, наймд нь энэ үзүүлэлт 50 000 мВт давдаг (IRENA, 2016[6]). Эдийн засгийн хувьд бүх аймагт салхин станц барих боломжгүй ч салхины нөөцийн чанар нь сайн учраас алслагдсан бүс нутагт үндэсний эрчим хүчний сүлжээнд холбохгүйгээр салхин станц байгуулах боломж их байгааг харуулж буй.

Зураг 3.1. Салхины нөөц

Монголын салхины нөөц өмнөд, зүүн өмнөд бүсдээ төвлөрдөг

Эх сурвалж: (World Bank/Global Wind Atlas, 2023[10])

2023 онд Монгол Улсад суурилагдсан салхин эрчим хүчний чадал 155 мВт. Суурилагдсан салхин эрчим хүчний чадал нь 2021 оны байдлаар Монголын нийт эрчим хүчний чадал 564 гВт.ц-ийн 10 хувьтай тэнцүү гэж ОУСЭХА мэдээлжээ (ОУЭХА арай багаар буюу 480 гВт.ц гэж мэдээлсэн ба энэ дүн 2020 онд 420 гВт.ц болж буурчээ). Энэ нь 2021 оны нийт сэргээгдэх эрчим хүч үйлдвэрлэлийн 70.4%, нийт эрчим хүчний үйлдвэрлэлийн 7%-тай тэнцүү үзүүлэлт юм (IEA, 2023[7]) (IRENA, 2022[11]) (Ministry of Energy of Mongolia, 2022[12]). Одоо байгаа салхин станцын хүчин чадал бага. "*Төрөөс эрчим хүчний салбарт барих бодлогын баримт бичиг*"*-ийг* 2015 онд баталснаас хойш 10 4мВт салхины эрчим хүчний чадал нэмсэн ч 2018 оноос хойш чадлаа нэмээгүй (New Climate Institute, 2020[13]). Засгийн газар 2030 он гэхэд 252 мВт салхин станц шинээр барина гэж төлөвлөж буй (Government of Mongolia, 2023[14]).

Монгол Улс өмнөд зүүн өмнөд бүсдээ төвлөрсөн нарны эрчим хүчний хангалттай нөөцтэй. Жилд 270-300 цэлмэг өдөр тохиож, 2250-3300 цаг нартай байдаг. Нарны тусгал тогтмол өндөр, 23561 км2 газар нутгийг хамарч, 3.4-5.4 кВт.ц/м2 нарны эрчим хүч үйлдвэрлэх боломжтой. Тооцоогоор жилд 4774 тВт.ц эрчим хүч нарнаас үйлдвэрлэх чадалтай гэж үзвэл 700 гВт чадал суурилуулах боломж байна. Салхитай ижил, нарны эрчим хүчний нөөц Монголын өмнөд, зүүн мөсөд төвлөрсөн. Өмнийн говийн бүс нутаг ялангуяа нарны эрчим хүч үйлдвэрлэх хүчин чадал сайтай, СЭХҮЛ-ийн тооцоогоор Монголд 1092 тВт.ц эрчим хүчийг 5542 км2 газар нутагт үйлдвэрлэх боломжтой (Зураг 3.2).

Зураг 3.2. Монголд нарны хавтан (PV) ашиглан эрчим хүч үйлдвэрлэх боломж

Нарны эрчим хүчний нөөц, өмнөд бүсийн аймгуудад төвлөрсөн

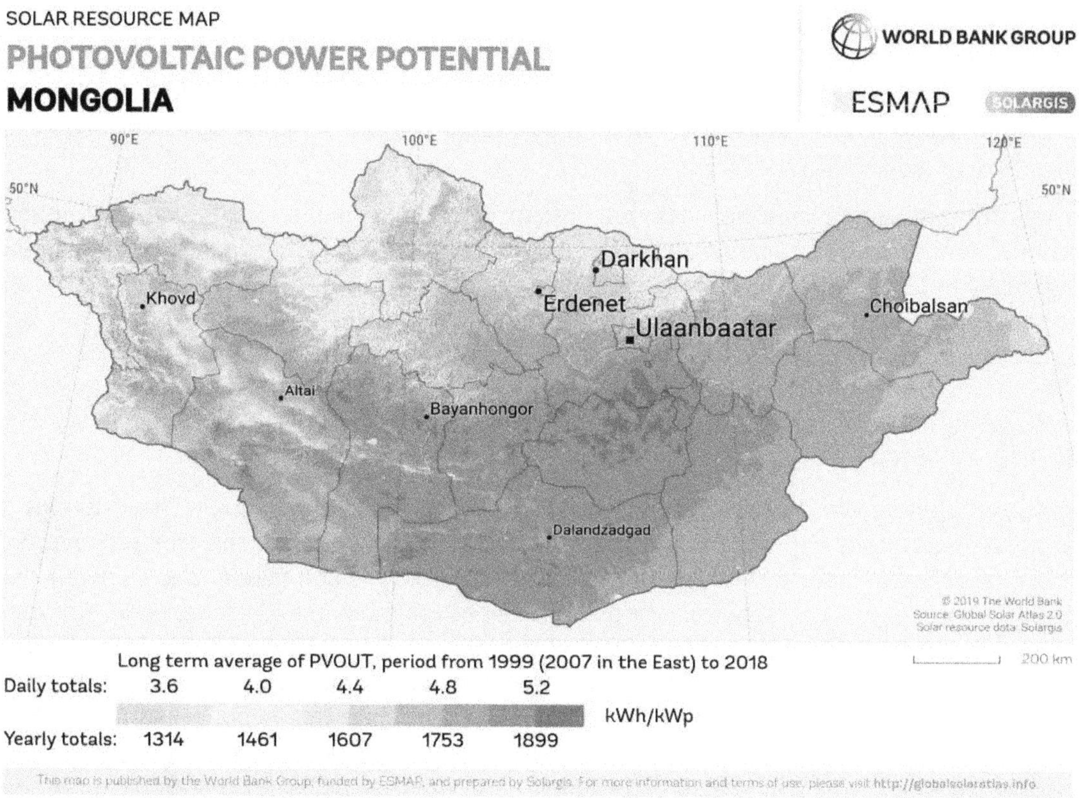

Эх сурвалж: (World Bank/Global Solar Atlas, 2023[15])

Нарны эрчим хүчний нөөц өндөр ч суурилуулсан нарны станцын чадал бага хэвээр. Одоогоор нарны станцын суурилуулсан хүчин чадал 90 мВт, нэмэлт Эрчим хүчний яам нэмж 35 мВт чадал суурилуулахаар төлөвлөж буй (Ministry of Energy of Mongolia, 2022[12]). Баруун бүсэд шугам сүлжээний алдагдлыг бууруулах зорилготой хэд хэдэн төсөл хэрэгжиж байгаа юм. Шугам сүлжээнд нүүрстөрөгчийг халах, сэргээгдэх эрчим хүчний хэрэглээг нэмэгдүүлэхэд бага нэмэртэй ч орон нутгийн иргэдийг эрчим хүчээр хангахад шийдвэрлэх үүрэгтэй. 2002 оноос хойш Дэлхийн Банкны туслалцаатайгаар жилд 5000 кВт үйлдвэрлэх чадалтай 100 000 нарны хавтан хөдөөд суурилуулжээ. Үүний үрээр Монголын хүн амын тал, ойролцоогоор нүүдэлчин малчдын 70% -ийг эрчим хүчээр хангаж байна (IRENA, 2016[6]).

Усны хомсдолын асуудалтай ч Монгол Улсын хойд бүсэд усан цахилгаан станц барих боломжтой. Жилийн уур шилт ерөнхийдөө бага, нутгийн хойд, зүүн хойд Оростой хиллэдэг газраас урагш тал хээр, говийн бүс рүү чийг шилждэг. Говь талын бүсд хур тунадас улирлын чанартай ордог, гол мөрөн нуур хөлдсөн өвлийн цагт цас бага. Монголын усны нөөц, бага нүүрстөрөгчийн устөрөгч хөгжүүлэх нөхцлийн талаар Бүлэг II-т дэлгэрэнгүй тодорхойлсон билээ.

Усан цахилгаан станц нэмэлтээр бий болгох сэргээгдэх эрчим хүчинд жин дарна. Уламжлалт бус түлшнээс нэмэлтээр 360 мВт цахилгаан эрчим хүчний системд нийлүүлэхээр ЭХЯ төлөвлөж байгаа ба 315 мВт-ыг Эгийн голын УЦС гаргана (Ministry of Energy of Mongolia, 2022[12]). Эг УЦС-ын барилгын ажил 2016 онд Хятадын 1 тэрбум долларын зээлийн хөрөнгөөр эхэлсэн нь Монгол Улсын хувьд уснаас эрчим хүч гаргах анхны төсөл мөн. Гэвч биологийн олон янз байдал, байгаль орчинд үзүүлэх нөлөөтэй холбоотой асуудал үүссэн нь Монголын хойд нутгийн гол мөрөн цутгадаг Оросын Байгаль нууртай холбоотой (IRENA, 2016[6]). ЮНЕСКО-оор зуучлуулсан яриа хэлэлцээ Орос Монгол хоёр улсын хооронд өрнөсөн нь хил дамнан гарах үр нөлөөний талаар юм. ЮНЕСКО-ийн Дэлхийн Өвийн Төвөөс Эг УЦС-ийн төслийн дамнасан байгаль орчны нөлөөллийн үнэлгээ төдийгүй Шүрэн Орхон УЦС-ын төслүүдийн Бүс нутгийн байгаль орчны үнэлгээтэй холбоотой нэмэлт мэдээлэл ирүүлэхийг хүссэн билээ. 2024 оны зуны байдлаар Монголын талын эрх баригчид мэдээлэл ирүүлээгүй байна (UNESCO, 2023[16]).

Усан цахилгааны нөөц ашиглах асуудал газар зүйн байрлалын хувьд төвөг чирэгдэлтэй. Байршлын үл нийцэл буюу усан цахилгааны нөөц нутгийн хойд хэсэгт байгаа бол аж үйлдвэрлэл Улаанбаатар нийслэл, төв болон өмнөд бүсийн нутагт байгаа нь нар, салхины нөөцөөс өөр нөхцөл байдалтай. Хоорондоо холбоо муутай Монголын эрчим хүчний таван систем шугамын алдагдал өндөртэй дамжуулах сүлжээгээр хэрэгцээт газар нь хүргэнэ гэдэг өнөөгийн дэд бүтцийн хувьд маш үнэтэй, үр ашиг муутай бизнес юм. Үүнээс гадна нутгийн хойд бүсэд УЦС барих асуудлыг дээр дурдсан Байгаль нуурт үзүүлэх нөлөөнөөс хамаарч Орос эсэргүүцэж буй нь асуудлыг хүндрүүлж байна (IRENA, 2016[6]).

Сэргээгдэх эрчим хүч хөгжүүлэхэд учирч буй бэрхшээлийг хэрхэн яаж даван туулах төлөвлөгөө гаргах нь сэргээгдэх устөрөгчид хөрөнгө оруулах таатай нөхцөл бүрдүүлэхэд дэмтэй. Туршилтын төслүүд нэгдсэн шугам сүлжээнд холбогдолгүйгээр хэсэгчилсэн байдлаар сэргээгдэх эх үүсвэрээс тог гаргаж электролиз төхөөрөмжийг хангахаар төлөвлөсөн. Илүүдэл тогоо зарах нь илүү сайн бизнес загвар байж болох тул богино хугацааны хөрөнгө оруулалтыг хүртэл дэмжих нь зөв. Урт хугацаандаа сэргээгдэх устөрөгчийг өргөн хүрээнд хөгжүүлэхэд нүүрстөрөгчийн ялгаралгүй шугам сүлжээнд холбогдож байж тогны хэрэглээг нь хангах боломжтой. Дараах хэсэгт сэргээгдэх эрчим хүч үйлдвэрлэхэд шаардлагатай хөрөнгө оруулалтын бодлогын хүрээг авч үзсэн ба энэ нь цаашдаа сэргээгдэх устөрөгчийн хөрөнгө оруулалтын дүр зургийг тодорхойлох юм.

Монголд сэргээгдэх устөрөгч хөгжүүлэх хөрөнгө оруулалтын бодлого, зохицуулалтыг үнэлэх нь

Хөрөнгө оруулалт татах, сэргээгдэх устөрөгч хөгжлийг дэмжих нь

Төв Азийн бусад улстай ижлээр Монгол харьцангуй нээлттэй хөрөнгө оруулалтын эрх зүйн орчинто юм. Гадаадын хөрөнгө оруулалтад эдийн засгийн салбарууд нь эрх зүйн хувьд хэр зэрэг нээлттэйг харуулдаг ЭЗХАХБ-ын ГШХО-ын зохицуулалтын индексээр үнэлэхэд Монгол нь ЭЗХАХБ-ын дундаж түвшинтэй ижил байна (Хайрцаг 3.3), (Зураг 3.3). Энэ нь төрөөс гадаадын хөрөнгө оруулалтад өргөн хүрээнд нээлттэй хандаж, дэмжсэн бодлого явуулдгийг харуулж буй ба гадаадын улс орнуудын үнэлгээ үүнийг мөн нотолдог (U.S. Department of State, 2023[17]). Гэхдээ Монголын хувьд *de jure* гадаадын хөрөнгө оруулалтад ээлттэй байдал нь *de facto* ижил нөхцөл байдалтай гэсэн үг биш. Дагалдах дүрэм журмаар зохицуулсан саад тотгор хөрөнгө оруулалт татахад их хэвээр, энэ нь цэвэр эрчим хүч, бага нүүрстөрөгчийн боломжийг хумьж байгаа юм. Төв Азийн бусад улстай адилаар хуулийн зохицуулалтыг хэлбэрэлтгүй, ил тод, найдвартай хэрэгжүүлэх асуудал учир дутагдалтай хэвээр. ГШХО ихтэй, улс орны эдийн засгийн хөдөлгөгч болох уул уурхайн салбарын жишээнээс харахад томоохон төсөл хэрэгжүүлж байгаа гадаадын хөрөнгө оруулагчид хууль шүүхийн асуудалтай нүүр тулах боломжтой.

Зураг 3.3. ГШХО зохицуулалтын индекс, Монгол, Төв Ази, ЭЗХАХБ

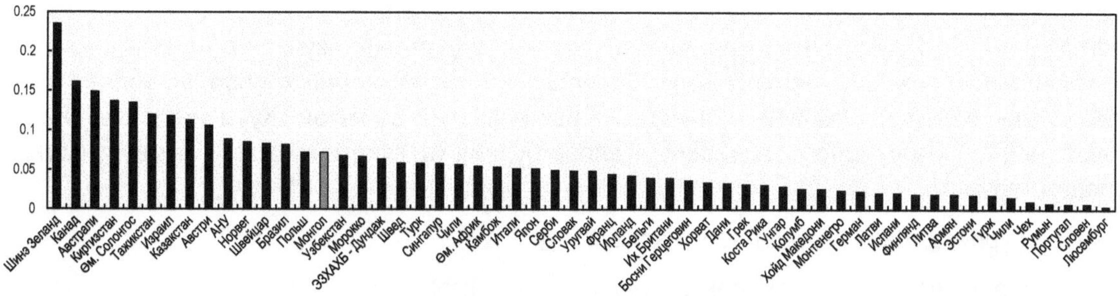

Тэмдэглэгээ: 1 = хатуу хязгаарлалт 0 = нээлттэй.
Эх сурвалж: (OECD, 2023[18])

Нүүрстөрөгчийн хэрэглээг халахад хэцүү үйлдвэрлэлд хэрэгжүүлэх бага нүүрстөрөгчийн төслийг илүү дэмжсэн, эсхүл түүнд чиглэсэн тодорхой зохицуулалт байхгүй боловч засгийн газар сэргээгдэх эрчим хүчний төсөл дэмжсэн, тодорхой дэмжлэг үзүүлэх эрх зүйн хүрээг боловсруулж эхэлжээ. 2013 онд баталсан Хөрөнгө оруулалтын тухай хууль энэ чиглэлд хийсэн томоохон ажил мөн бөгөөд хэдий хамрах хүрээг тодорхойлоогүй ч хуулийн Заалт 12-д инновац шингээсэн төслийг татвараас чөлөөлөхөөр заажээ. Тус хуульд 2024 онд нэмэлт өөрчлөлт хийхээр Засгийн газар хуулийн төсөлд нээлттэй санал авч байна (Government of Mongolia, 2023[19]). Нэмэлт өөрчлөлтөөр лиценз, зөвшөөрөл өгөх зэрэг чухал асуудлаар шууд болон шууд бус дэмжлэгийн арга хэмжээг тусгасан ба урт хугацаатай (60 хүртэл жил) газар эзэмших гэрээ байгуулах, (нэмж 40 хүртэл жилээр) хугацааг сунгах, экспортын чиглэлтэй төсөлд санхүүгийн хөнгөлөлт, чөлөөлөлт, виз ажиллах зөвшөөрөлтэй холбоотой дэмжлэг үзүүлэх, эдийн засгийн тусгай бүс, технологийн паркад нэвтрэх боломж олгох зэрэг юм (Government of Mongolia, 2013[20]). Шинээр байгуулагдсан Хөрөнгө оруулалт, худалдааны газар (ХОХГ)-ын мэдээллийн сайтад бичсэнээр Хөрөнгө оруулалтын тухай хууль нь сэргээгдэх эрчим хүч, инновцын чадавхыг нэмэгдүүлэх чиглэлийн хөрөнгө оруулалтын төсөл тогтвортой байдлын гэрчилгээ авах хүсэлт гаргах боломжтой ба зарим татвар (ААНОАТ, гаалийн татвар, НӨАТ, АМНАТ)-ыг хөрөнгө оруулалтын хэмжээнээс хамаарч хуульд заасан хугацаанд (5-18 жил) тодорхой хувь хэмжээгээр тооцон төлөх боломжтой (PwC, 2023[21]).

Инновац, сэргээгдэх эрчим хүчний дэд бүтцийн тоног төхөөрөмж импортлоход хэд хэдэн хөнгөлөлт, хялбарчилсан горим нэвтрүүлэх эрх хуулийн дагуу эдлэх боломжтой. Гаалийн болон нэмэгдсэн өртгийн албан татварын тухай хуулийн Заалт 1-ийн дагуу инновацийн бараа бүтээгдэхүүнд ашиглах зорилгоор импортолсон тоног төхөөрөмжийг татвараас чөлөөлнө. Одоогоор энэ хөнгөлөлт чөлөөлөлт сэргээгдэх устөрөгч үйлдвэрлэхтэй холбоотой хөрөнгөд үйлчлэхгүй. Тухайлбал импортолсон нарны хавтанг 5.5% гаалийн татвараар чөлөөлдөг. Зарим бараа бүтээгдэхүүн, ялангуяа сэргээгдэх эрчим хүчний чиглэлийн судалгаа, туршилт, үйлдвэрлэлд шаардлагатай тоног төхөөрөмж, дагалдах хэрэгсэл, сэлбэг эд ангийг гаалийн болон НӨАТ-с чөлөөлдөг нь инновац шингээсэн бүтээгдэхүүн үйлдвэрлэх явдлыг дэмжиж буй хэлбэр юм (Government of Mongolia, 2012[22]) (Government of Mongolia, 2008[23]). Эрчим хүчний хэмнэлтийн тухай хуулиар эрчим хүчний хэмнэлттэй барилга барих, машин тоног төхөөрөмж үйлдвэрлэх эсхүл импортлоход санхүүгийн дэмжлэг үзүүлдэг. Аж ахуйн нэгжийн орлогын албан татварын тухай хууль, ялангуяа Зүйл 22.5.3-д байгалийн баялгийг үр ашигтай ашиглан байгаль орчинд үзүүлэх сөрөг нөлөө, хог хаягдлыг бууруулсан бол татварын хөнгөлөлт эдэлнэ. Байгаль орчинд найртай арга техник, тоног төхөөрөмж ашиглан ногоон үйлдвэрлэл эрхлэх явдал уг хөнгөлөлтөд хамаарна (Government of Mongolia, 2015[24]).үл

Хайрцаг 3.2. ЭЗХАХБ-ын ГШХО зохицуулалтын индекс

ЭЗХАХБ-ын ГШХО-ын зохицуулалтын индекс нь хөдөө аж ахуй, уул уурхай, эрчим хүч, үйлдвэрлэл, үндсэн үйлчилгээ (тээвэр, барилга, түгээлт, харилцаа холбоо, үл хөдлөх хөрөнгө, санхүүгийн болон мэргэжлийн үйлчилгээ)-г багтаасан 22 бүлэгтэй. Хуулийн зохицуулалтыг 0 (нээлттэй)-с 1 (хатуу) оноогоор үнэлнэ. Салбар бүрийн үзүүлэлтийг нэгтгэн жигнэсэн дунджийг тооцож гаргана.

Салбар бүрийг дараах үзүүлэлтээр үнэлнэ. Үүнд:

- Зөвшөөрөгдсөн гадаад эзэнтэй хөрөнгийн хэмжээ;
- ГШХО хийх хүсэлтийг хянах, зөвшөөрөл олгох үйл явц;
- Голлох гадаад ажилтны тоонд тавих хязгаарлалт
- Газар өмчлөх, охин компани байгуулах зэрэгт тавих бусад хязгаарлалт.

Индекс тогтооход тооцсон үзүүлэлтүүд нь ГШХО-д хууль эрх зүйгээр тогтоосон хаалтыг авч үздэг. Үүнд Гадаад худалдааны гэрээ (ГХГ)-ний заалт, ЭЗХАХБ-ын гишүүн орнуудын хувьд зөвхөн дотоодын бизнесүүдийн эдэлдэг хөнгөлөлт хамаардаг. ГШХО-ын индекс хуулийн заалтыг хэрэгжүүлж байгаа эсэх, хэрэгжүүлж буй арга замыг үнэлдэггүй. Зөвхөн гадаадын хөрөнгө оруулагчдад хамаарах арга хэмжээ, хуулийн зохицуулалт үнэлгээний гол шалгуур үзүүлэлт юм. Гадаадуудыг ялгаварласан төрийн өмч, төрийн монополийг үнэлэхгүй. Эдийн засгийн тусгай бүс, экспортод чиглэсэн хөрөнгө оруулалт буюу гэрээт гадаад улсыг ГШХО-ны индексэд оруулж тооцохгүй.

Эх сурвалж: (Kalinova, Palerm and Thomsen, 2010[25])

2023 онд Засгийн газар Хөрөнгө оруулалт, худалдааны газар (ХОХГ) шинээр байгуулсан. Эдийн засгийн хөгжлийн яамны харьяа уг агентлаг хэрэглэгчдэд зориулсан вэб хуудсандаа төрөөс гадаадын хөрөнгө оруулалтыг сонирхож буй салбаруудыг жагсаажээ. Үүнд металурги, уул уурхай, тээвэр логистик, сэргээгдэх эрчим хүч, хөдөө аж ахуй багтжээ. Салбар бүрээр нь холбогдох хууль, эрх зүйн зохицуулалтыг тодорхой тоймлон бичсэн байна. Шинэхэн байгуулагдсан учраас ХОХГ хэр үр дүнтэйг үнэлэх нь төвөгтэй. Гэхдээ засаг төрийн сэргээгдэх устөрөгчийн амбиц, ГШХО татах чухал асуудлыг тооцон үзэхэд тус байгууллага устөрөгчийн салбарт хөрөнгө оруулалт татах, хөрөнгө оруулагчид хууль эрх зүйн зохицуулалтын төр худалдан авах боломж, дэмжлэгийг талаар мэдээлэл өгөх, бусад бага нүүрстөрөгчийн боломжийг таниулахад идэвхтэй үүрэг гүйцэтгэх боломжтой. НҮБ ХХ-ийн "Монголын ТХЗ-ын хөрөнгө оруулагчдын зураглал" зэрэг хөгжлийн түншүүдтэй үйл ажиллагааг нийцүүлэх замаар ХОХГ-ын үйл ажиллагаа, төр засгийн хөрөнгө оруулалт татах амбицыг улам бэхжүүлэх боломжтой (UNDP, 2023[26]).

Хүлэмжийн хийн ялгарлыг бууруулах урт хугацааны хөгжлийн стратеги (ХХЯБ-УХХС) боловсруулах хүчин чармайлт амжилтад хүрвэл цэвэр эрчим хүч, бага нүүрстөрөгчийн технологид оруулах хөрөнгө оруулалтыг нэмэх боломжтой. Уг стратегийг чамбай хийж хэрэгжүүлэх зорилт тавих нь оролцогч талуудад Парисын гэрээнд заасан зорилтод хүрэх эдийн засгийн өөрчлөлтөд хүргэх бага нүүрстөрөгчийн төсөлд хөрөнгө оруулах тодорхой дохио болно. ХХЯБ-УХХС болон хэрэгжүүлэх замын зураглалд нийт эдийн засагт нүүрстөрөгчийг халахад салбаруудын оруулах хувь нэмрийг тодорхойлохдоо тодорхой хэмжигдэх боломжтой зорилт тавьж, холбогдох дэмжих арга хэмжээг тодорхойлох хэрэгтэй. Шилжилт хийхэд онц ач холбогдолтой салбарт нүүрстөрөгчийг үнэлэх арга хэрэгсэл, төсвийн хөрөнгө оруулалт хийх зэрэг төрөөс санхүүгийн болон санхүүгийн бус хүчтэй дэмжлэг үзүүлэх нь салбарын хувьд нүүрстөрөгчийг халах зорилтыг хангах төслийн дэд бүтцийг барихад хурдасгагч болох боломжтой (OECD/The World Bank/UN Environment, 2018[27]). Монгол Улс олон улсын түншүүдтэй хамтран ХХЯБ-УХХС боловсруулах ажлыг эхлүүлсэн ба хэдий уг ажил эхлэлийн шатандаа явж байгаа боловч чамбай төлөвлөгөө гаргаж, төр засаг уг төлөвлөгөөг хэрэгжүүлэхийг чин сэтгэлээсээ чармайн ажилласан тохиолдолд төлөвлөгөө тогтвортой хөрөнгө оруулалт татахад чухал ач холбогдолтой.

Үүнтэй нэгэн ижлээр сэргээгдэх устөрөгчийн үндэсний чамбай стратеги боловсруулах нь уг салбарт хөрөнгө оруулалт татахад тустай юм. Салбарын өсөлт хөгжилтийг тодорхойлсон шинэлэг алсын хараа хөгжүүлж, төслийн эхэн үед хэрэгцээг бий болгох зэргээр төсөл хөгжүүлэхийг дэмжих бодлого хэрэгжүүлэх явдлыг тусгасан үндэсний стратегитэй байх нь хөрөнгө оруулагчдын анхаарлыг татна. Сайтар тооцоолсон, эдийн засгийн шинжилгээнд үндэслэсэн стратеги хөрөнгө оруулагчид бизнес төлөвлөгөө боловсруулахад тустай. Сэргээгдэх устөрөгч нэн шинэлэг технологи учраас чамбай төлөвлөгөө, эдийн засгийн шинжилгээ, таамаглал боловсруулах нь сайтар баримтжуулсан зөвлөлдөх үйл явцад тулгуурлаж явагдна. Ийм учраас үндэсний стратеги боловсруулахдаа улс орнууд салбар бүрийн төлөөллийг оролцуулсан зөвлөлдөх платформ бий болгож, стратеги төлөвлөгөөг чамбай боловсруулахад мэдээлэл өгөх, хэрэгжилтийг хянадаг туршлагатай (Хайрцаг 3.3).

Хайрцаг 3.3. Бага нүүрстөрөгчийн инновацийн хэрэгжилтийг зохицуулах нь: үндэсний сэргээгдэх устөрөгчийн стратегийн туршлага

Сэргээгдэх устөрөгч зэрэг инновац шингээсэн бага нүүрстөрөгчийн технологи нэвтрүүлж, өргөн хүрээнд ашиглахад өндөр түвшинд бүх оролцогч талууд хамтрах шаардлагатай. Олон орон устөрөгч хөгжүүлэх үндэсний стратеги хэрэгжүүлэх зорилгыг удирдан зохион байгуулах нстүүц бүтэц байгуулсан байдаг. Бүрэлдэхүүнд нь сайд, төрийн албан тушаалтнуудаас эхлээд салбарын төлөөлөл, шинжлэх ухааны байгууллагууд хүртэл олон янзын оролцогч талуудыг багтаадаг. Зарим улсад уг бүтцийн дэргэд стратеги хэрэгжүүлэхтэй холбоотой тухайлсан асуудлаар нэмэлт газар байгуулсан нь бий.

- Морокко улс стратегиэ хэрэгжүүлэх Устөрөгчийн үндэсний хороо - Commission Nationale de l'Hydrogène -ийг 2019 онд байгуулжээ. Эрчим хүч, уул уурхай, байгаль орчны сайдаар толгойлуулсан уг хороонд төрийн яамд, Мороккогийн бизнесийн холбоо-- Confédération Générale des Entreprises du Maroc зэрэг бизнесийн байгууллагын холбоод, судалгааны төвүүд, төрийн өмчийн аж ахуйн нэгжийн төлөөлөл бий.
- Чили улс Устөрөгчийн яамд дундын удирдах хороо - *Consejo Interministerial de Hidrogeno Verde* байгуулсан ба хэд хэдэн төрийн яамд төдийгүй бүс нутгийн засаг дарга нар багтжээ. Уг зөвлөлийн зорилго нь 2023 оны долоодугаар сард байгуулагдсан Удирдах зөвлөл - *Comité Estratégico* зэрэг стратеги хэрэгжүүлэгч байгууллагууд, оролцогч талуудын хийж буй ажлыг үнэлж дүгнэх юм. Зөвлөлийн гол зорилго нь 2023-2030 онд ногоон устөрөгч хөгжүүлэх үйл ажиллагааны төлөвлөгөө боловсруулж, үр хөврөлийн шатанд байгаа уг салбарыг хөгжүүлэхэд түлхэц үзүүлэх юм (Government of Chile, 2023[48]).
- Канадад мөн Удирдах хороо байгуулсан ба үйл ажиллагааны зорилго нь устөрөгч хөгжүүлэх стратеги хэрэгжүүлэх ажлыг удирдан зохион байгуулах, ажлын хэсгийг удирдлагаар хангах юм. Уг удирдах хороо ахиц дэвшлийг хянаж, үйл ажиллагааг чиглүүлэх ажил хийдэг. Хороог Канадын байгалийн нөөцийн асуудал хариуцсан сайд болон Устөрөгч, үүрэн түлшний холбооны гүйцэтгэх захирал хамтран даргална. Дүрэм стандарт, экспорт, олборлолт, сургалт зэрэг тухайлсан асуудал хариуцсан 16 ажлын хэсэгтэй.
- Оман улс төр хувийн хэвшлийн түншлэлээр уг чиглэлд ажилладаг. 2021 онд Эрчим хүч, эрдэс баялгийн сайдын тушаалаар байгуулсан альянс-*Hy-Fly Alliance* 13 төрийн болон хувийн хэвшлийн байгууллага нэгдэн орсон (IEA, 2023[30]). Зорилго нь хөрөнгө оруулалт, технологи бодлогын арга хэмжээ, эксперт мэдлэгээр дамжуулан устөрөгчийн хангамжийн сүлжээ даяар үйлдвэрлэл, сэргээгдэх устөрөгчийн хэрэглээг нэвтрүүлэх явдлыг дэмжин урагшлуулах юм (Times of Oman, 2021[49]).
- Намибийн Ногоон устөрөгчийн зөвлөл 2021 онд Ерөнхийлөгчийн зарлигаар байгуулагдсан. Таван сайд, төв банкны ерөнхийлөгч, эдийн засгийн асуудал хариуцсан ерөнхийлөгчийн зөвлөх, Намибийн хөрөнгө оруулалтын агентлагийн гүйцэтгэх захирал зэрэг найман гишүүнтэй (GH2 Namibia). 2023 онд голлох устөрөгчийн төслүүдийг тодорхойлох, төрийн оролцоог хангахын тулд улсын мэдлийн газрыг дуудлага худалдаагаар эзэмшүүлэх ажлыг зохион байгуулах ажлыг гүйцэтгэх Хэрэгжүүлэгч газрыг Уул уурхай, эрчим хүчний яамны дэргэд байгуулжээ (Government of Namibia, 2022[16]).

Эрчим хүчний салбарт хийх хөрөнгө оруулалт, сэргээгдэх устөрөгчийн хөгжилд үзүүлэх нөлөө

Монголын эрчим хүчний шугам сүлжээ таван хэсгээс бүрднэ. Үүнд: Баруун бүс, Алтай-Улиастай, Төвийн бүсийн эрчим хүчний систем-ТБЭХС, Зүүн бүс, Өмнөд бүсийн цахилгаан шугам сүлжээ Эдгээр таван хэсгийн уялдаа холбоо алслалт зай, дамжуулах шугамын чадлаас хамаарч сул байдаг нь бүс нутгийг нэгдсэн нэг систем болгох боломжийг хязгаарладаг. Улаанбаатар хот болон ойр орчмыг цахилгаанаар хангадаг ТБЭХС хамгийн том хангагч буюу 2022 онд зургаан ДЦС-ийн үйлдвэрлэсэн цахилгаан эрчим хүч нийт цахилгаан үйлдвэрлэлийн 80%-г эзэлжээ (World Bank, 2022[28]). Бусад систем хамаагүй бага хүчин чадалтай, Зүүн бүсийн эрчим хүчний шугам сүлжээ гэхэд 100мВт цахилгаан нийлүүлдэг. ТБЭХС, Баруун Зүүн бүсийн сүлжээ Оросын эрчим хүчний системтэй хил дамнан холбогдсон тул тогоо импортоор авах боломжтой байдаг нь улам бүр өсөн нэмэгдэж буй хэрэгцээг хангахад ач холбогдол нь өссөөр. Улаанбаатар болон уул уурхайн бүсийн хэрэгцээг хангахад өмнөд, зүүн бүсийн өндөр хүчдэлийн шугамд холбох ажлыг Дэлхийн Банк, ЕСБХБ зэрэг хөгжлийн түншүүд дэмжиж буй. ЕСБХБ сэргээгдэх эрчим хүчний нөөц ихтэй өмнийн говийн бүсийг Улаанбаатартай өндөр хүчдэлийн шугамаар холбох ажлыг хийж байгаа ба өсөн нэмэгдэж буй хэрэгцээг сэргээгдэх эрчим хүчээр хангахдаа суурь хүчдэлээ ТБЭХС-ийн ДЦС-аас авахаар тооцож байна.

Үйлдвэрлэл, айл өрхийн цахилгааны хэрэглээ хурдацтай өсөн нэмэгдэж байна. 2010-2021 онд үйлдвэрлэлд шаардлагатай цахилгааны хэрэгцээ 129% өссөн буюу 7538 теражоулиэс (тЖ) 17246 тЖТ болж нэмэгджээ. Энэ нь аж үйлдвэрийн салбар цахилгаан эрчим хүчний хамгийн том хэрэглэгч болсныг харуулж байна. Хэрэв энэ эрчээрээ аж үйлдвэрийн эрчим хүчний хэрэглээ 2020-2030 онд өсвөл хугацааны төгсгөлд 30723 тЖ хүрэх ба Монгол Улсын нийт эрчим хүчний 2020 оны хэрэгцээнээс даруй 6172 тЖ-р илүү (ЗурагЗураг 3.4) болно. Энэ хэрэгцээний томоохон хэсэг уул уурхайн салбарт ногдож байгаа бөгөөд үйлдвэр, компаниуд төвийн эрчим хүчний системийн найдвартай байдал сул байгаагаас хамаарч төрөл бүрийн стратеги баримтлан өсөн нэмэгдэж буй хэрэгцээгээ хангахыг чармайсаар. Жишээлбэл, Өмнөговьд үйл ажиллагаа явуулдаг Оюутолгой зэсийн уурхай хойд Хятадын эрчим хүчний системд холбогдсон ба ЭЗХАХБ-тай зөвлөлдөн Рио Тинто (Оюутолгойн уурхайн оператор компани), Монголын томоохон үйлдвэрлэгч МАК зэрэг компаниуд өөрсдийн сэргээгдэх эрчим хүчний дэд бүтэц барьж, цахилгаан хангамжийн найдвартай байдлаа хангах стратеги боловсруулжээ. Компанийн түвшинд хөрөнгө оруулалт хийж, сэргээгдэх эрчим хүчний зэрэгцээ дэд бүтэц барьж байгуулах өөр нэг сэдэл нь цахилгааны хэрэглээн дэх нүүрстөрөгчийг хянах боломж олгож буй. Эрчим хүчний үндэсний түгээх сүлжээ (ЭХҮТС)-нд холбосон тохиолдолд одоогоор үүнийг хийх боломж байхгүй байгаа билээ.

Зураг 3.4. Эрчим хүчний хэрэглээ, салбараар (тЖ)

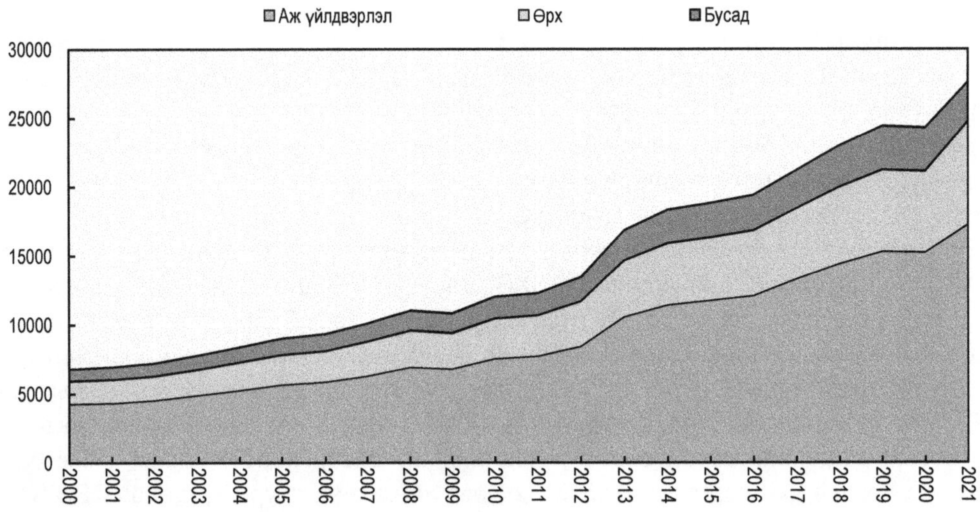

Эх сурвалж: (IEA, 2022[29]) үндэслэн хийсэн ЭЗХАХБ-ын тооцоолол

Өсөн нэмэгдэж буй цахилгаан эрчим хүчний хэрэгцээ, дотоодоос хангах нөөц чадал хязгаарлагдмал үед Монгол улс улам ихээр үнэтэй цахилгаан импортлох шаардлагатай болж байна. 2020 онд 1 705.6 гВт.ц цахилгаан эрчим хүч импортолсон нь нийт дотоод хэрэглээний 19.3%-д хүрчээ. Хил дамнан холбогдсон ганц улс ОХУ-аас цахилгаан импортолдог. 2022 оны байдлаар кВт.цагийг нь 0.0928 ам. долларын тарифаар импортолсон нь тухайн жилийн экспортын тариф 0.0140 ам.$/кВт.ц-аас хамаагүй үнэтэй, дотоодын өрхийн болон аж ахуйн нэгжийн хэрэглээний тариф 0.045/0.52 ам.$/кВт.ц-аас хоёр дахин их үнэ юм (IMF data). Шугам сүлжээний найдвартай ажиллагаанаас болж томоохон үйлдвэрлэгчид өөрсдийн сэргээгдэх эрчим хүчний дэд бүтцийг зэрэгцүүлэн барьж эхэлсэн байна.

Дулаан хангамжийн хэрэгцээг хангахад суурилсан Монголын эрчим хүчний систем жилийн тодорхой улиралд цахилгааны дутагдалд ордог ба цахилгаан импортлох хэрэгцээ нь энэ хөшүүн чанараас улбаатай. Системийн хөшүүн байдал төрөл бүрийн сэргээгдэх эрчим хүчний эх үүсвэрээс багаахан цахилгаан нийлүүлж авахад хязгаарлалт үүсгэдэг (Nilsson et al., 2021[30]). Энэ эрчим хүчний системийн хөшүүн байдлыг арилгах нь сэргээгдэх эх үүсвэрээс эрчим хүч үйлдвэрлэж хангах боломжийг нээж нэмэлт нүүрсэн суурьтай ДЦС-ын чадлыг нэмэх хэрэгцээ болон чадлын дутагдлаа хангахын тулд импортын цахилгаанаас хамаардаг байдлыг үгүй хийх болно. Устөрөгч, сэргээгдэх эрчим хүч үйлдвэрлэл хөгжүүлэх, шугам сүлжээг шинэчлэх ажлыг дэс дараатай тооцон бодлогын шийдэл гаргах нь эрчим хүчний найдвартай байдлаа хангах засгийн газрын зорилт хэрэгжүүлэхэд тустай. Одоогоор тодорхой бодлогын дэмжлэг байхгүй байгаа хэдий ч өөрийн эрчим хүчний зэрэгцээ дэд бүтэц чиг хандлага үргэлжлэн төрөөс дэмжвэл төвлөрсөн эрчим хүчний системд ирэх суурь ачааллыг бууруулж, сэргээгдэх эрчим хүчийг шугам сүлжээнд нийлүүлэх боломж гарна.

Монголд нүүрснээс цахилгаан эрчим хүч гаргаж авсаар байна. Сэргээгдэх устөрөгч үйлдвэрлэхэд сэргээгдэх эх үүсвэрээс цахилгаанаар хангах ёстой байдаг учраас төвлөрсөн шугам сүлжээнээс цахилгаанаа шийдэх боломж хомс. 2021 онд үйлдвэрлэсэн цахилгаан эрчим хүчний 84% нь нүүрснээс гаргаж авсан (6269 гВт.ц) бол салхинаас 7.8% (580 гВт.ц), нарны хавтангаас 2.2% (165 гВт.ц) цахилгаан үйлдвэрлэжээ. Өсөн нэмэгдэж буй үйлдвэрлэлийн хэрэглээг хангахаар нүүрс түлхүү ашиглаж эрчим хүч үйлдвэрлэж байгаа нь эрчим хүчний салбарын нүүрстөрөгчийн ул мөр улам ихсэж буйг илтгэнэ. Нүүрс шатааж цахилгаан (дулаан) үйлдвэрлэснээс үүсэх хүлэмжийн хийн ялгарал 2000 онд 6.6 мТн-оос 2001 онд 14.5 мТн болж өсчээ (Зураг 3.5). Хэрэв эрчим хүчний хэрэгцээний өсөлт сүүлийн жилүүдийн чиг хандлагаа хэвээр хадгалагдан энэ хэрэглээг нүүрсээр ажилладаг станцаар хангасаар байх юм бол Монгол Улсын хувьд эрчим хүчний салбарт нүүрстөрөгч багасгах амлалтаа биелүүлэхэд нэн төвөгтэй болно. Үүнээс гадна хүлэмжийн хийн ялгарал, ул мөрөө бууруулах зорилтод (үйлдвэрлэлд дулаан цахилгаан худалдан авахтай холбоотой) мөн нөлөөлнө (Хайрцаг 3.1).

Зураг 3.5. Эрчим хүч үйлдвэрлэл: эх үүсвэр, ялгарал

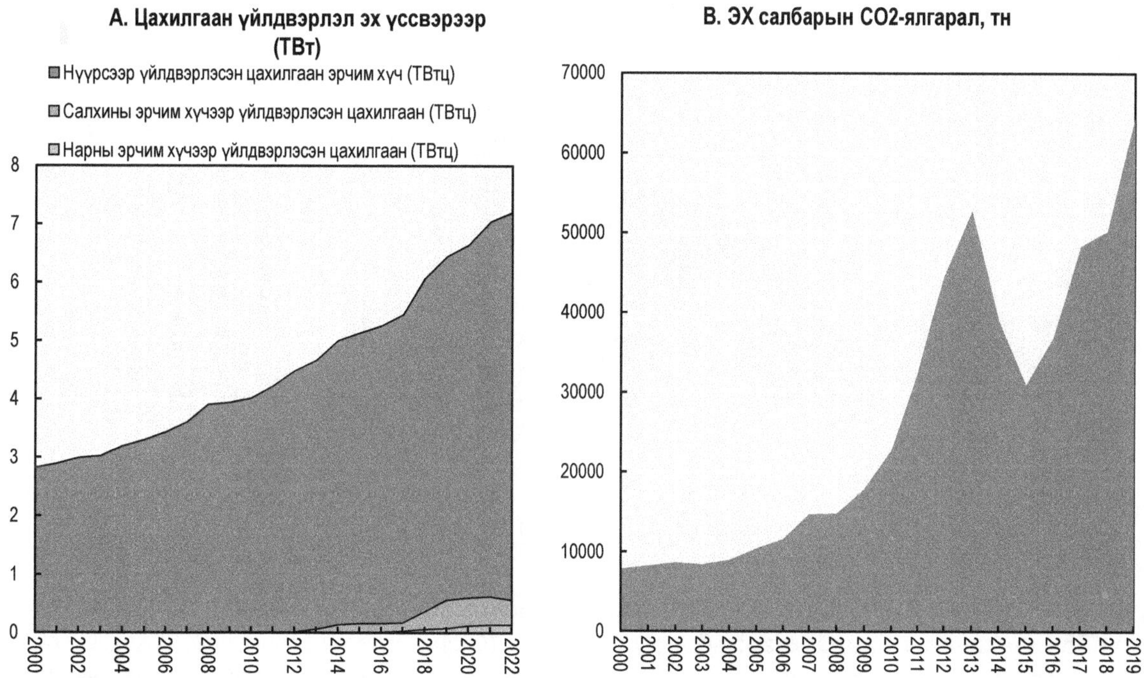

Тэмдэглэл: B хэсэг CO2 ялгарлыг дулаан, цахилгаан үйлдвэрлэлийн нийлбэр дүнгээр харуулсан нь Монголд ДЦС-д нүүрс шатааж үйлдвэрлэгтэй холбоотой
Эх сурвалж: (IEA, 2022[29]) үндэслэн ЭЗХАХБ тооцоолов.

Хэдий нийт үйлдвэрлэлд сэргээгдэх эрчим хүчний хувь хэмжээг нэмэх зорилт тавьсан ч чадал нэмэх ажил нь нүүрс шатаах технологид суурилахаар байна. Засгийн газар нийт системд сэргээгдэх эрчим хүчний үйлдвэрлэлийн эзлэх хувь хэмжээг хүргэх тодорхой зорилт тавьсан. 2015 онд баталсан *Эрчим хүчний талаар төрөөс баримтлаг бодлого* (ЭХ ТБ)-д нийт үйлдвэрлэсэн тог цахилгаанд сэргээгдэх эрчим хүчний эзлэх хувь хэмжээ болох 2014 оны үзүүлэлт 7.62% байсныг 2023 онд 20%, улмаар 2030 онд 30%-д хүргэх зорилт дэвшүүлсэн. (IEA, 2023[7]). Засгийн газрын дунд хугацааны хөгжлийн төлөвлөгөө-2018 болон Үндэсний хэмжээнд тодорхойлсон хувь нэмэр-2019 заасанчлан Монгол Улс усан цахилгаан станцын чадлаа тэгээс 0.9 гВт хүргэх, бусад эх үүсвэрээс олох сэргээгдэх эрчим хүчний чадлаа 0.6 гВт болгох зорилт тавьжээ (Government of Mongolia, 2019[31]) (Government of Mongolia, 2015[32]). 2020 онд засгийн газар хүлэмийн хийн ялгарлыг бууруулахад оруулах Үндэсний хэмжээнд тодорхойлсон хувь нэмрээ шинэчлэн эрчим хүчний салбарын ялгарлыг 2015 оны суурь түвшинтэй харьцуулахад 49.4%-р 2030 он гэхэд бууруулах зорилт тавьсан юм. Төр засаг сэргээгдэх эрчим хүч хөгжүүлэх энэ зорилтыг эрчим хүч үйлдвэрлэлийн тэлэлтийн томоохон хэсгийг нүүрсээр хангах нөхцөл байдалд тодорхойлжээ (Зураг 3.5а) (Government of Mongolia, 2015[32]). Эрчим хүчний яамны харьяа Диспечерийн үндэсний төвийн тооцоогоор 2030 он гэхэд сэргээгдэх эрчим хүчний 585 мВт чадал шаардлагатай гэж үзсэн ба энэ нь тэр хугацаанд ашиглалтад орох 450 мВт Тавантолгойн ДЦС-ыг оруулж тооцсон нүүрс шатааж үйлдвэрлэх 2090 мВт цахилгаан эрчим хүчтэй харьцуулахад бага дүн мөн. ЭХЯ-ны төлөвлөж байгаагаар эрчим хүчний чадлаа нэмэх юм бол нүүрсэн технологитой ДЦС-ын нийт үйлдвэрлэлийн хүчин чадал нь 2023 онтой харьцуулахад 2030 онд нэмэгднэ (89% vs. 83%) (Зураг.3.3b).

Зураг 3.6. Цахилгаан үйлдвэрлэл тэлэх төлөвлөсөн чадал, эх үүсвэрээр (2019-2030)

(a) мВт, (b) Нийт суурилагдсан чадалд эзлэх %-р

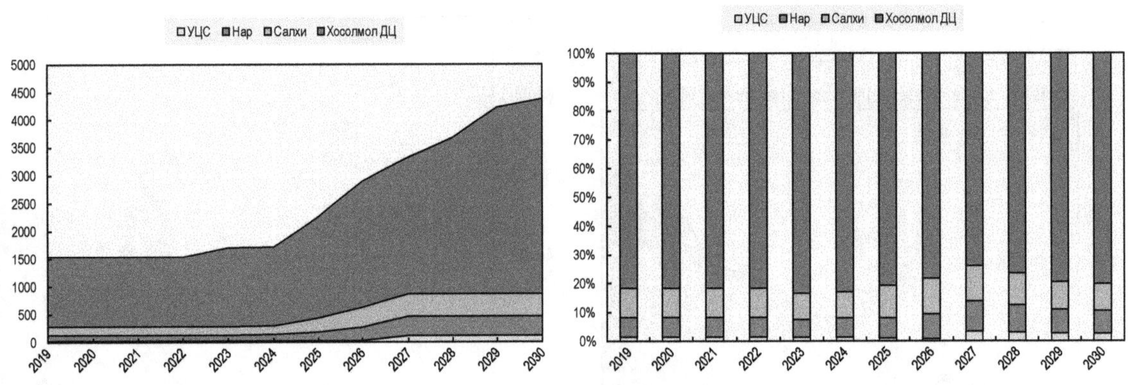

Эх сурвалж: ЭХЯ-ны мэдээлэлд тулгуурлан ЭЗХАХБ хийсэн тооцоолол

Нүүрснээс эрчим хүч үйлдвэрлэн дамжуулах шугам хоолойн хэмжээгээр Монгол Улс дэлхийд наймдугаар байранд эрэмбэлэгдэж байна (Global Energy Monitor, 2021[33]). Цахилгаан үйлдвэрлэл өсөлтөө сэргээгдэх эрчим хүчнээс илүүтэй нүүрснээс гаргаж авах нь төрөөс нүүрстөрөгчийг халах тодорхойлсон зорилттой төдийгүй эрчим хүчний дэд бүтэц санхүүжүүлэх дэлхийн чиг хандлагатай зөрчилдсөн эрчим хүчний салбарын хөгжлийн чиглэл юм. Жишээлбэл, Монголд одоо хэрэгжиж буй барилгын ажлын өмнөх үе шатандаа яваа (6 630 мВт) болон барилгын ажил нь эхэлсэн (200 мВт) төслүүдээс харахад цаашдаа ДЦС барих төсөлд хөрөнгө оруулалт татах, санхүү босгоход улам хүнд болж байгаа нь харагдаж буй. Энэ тайланг боловсруулах явцад оролцогч талууд ДЦС-ын чадал нэмэх төсөлд тендер зарлахтай холбоотой хүндрэл бэрхшээлтэй Монгол Улсын засгийн газар тулж байгаа талаар хэлж байлаа. Монголын төрийн өмчит аж ахуйн нэгжийн санхүүгийн хязгаарлагдмал боломж нөөцөөс хамаарч эрчим хүчний шинэ төсөл санхүүжүүлэх, суурилагдсан хүчин чадлаа тэлэхэд тус улс цөөн тооны хэдхэн улстай хоёр (Япон, Өмнөд Солонгос) болон олон талт санхүүгийн түншээс их хэмжээний хамааралтай. Гэхдээ эдгээр улс орон, байгууллагууд нүүрснээс эрчим хүч гаргах төслийг санхүүжүүлэхээ зогсоосон, эсхүл зогсоох үе шатандаа явж буй (Edianto, Trencher and Matsubae, 2022[34]). Нөгөө талдаа ЭЗХАХБ-ын Экспортын зээл дэмжих хөтөлбөрт нэгдсэн улс орнуудын хувьд нүүрсээр ажилладаг станц дэмжих явдлыг зогсоох гэрээний хүрээнд Монгол Улсын нүүрсний технологид суурилсан эрчим хүчний салбарт ирэх жилүүдэд санхүүжилт босгох нь улам хэцүү болно (OECD, 2021[35]).

Нүүрсээр ажилладаг цахилгаан станцуудыг шат дараатай хаах төлөвлөгөө байхгүй байгаа нь Монголын сэргээгдэх эрчим хүчний салбарын хөгжлийн хамгийн том тушаа бөгөөд зардал өндөртэй. Нүүрснээс татгалзах, эрчим хүчний шилжилт хийх нь зөвхөн Монголд хамааралтай асуудал биш. Ялангуяа олборлох салбар жин дардаг эдийн засагтай хөгжиж буй орнуудын хувьд шилжилтийн стратеги боловсруулах, арга хэрэгсэл сонгох чиглэлээр ЭЗХАХБ ажиллаж буй (OECD, 2022[36]). Нүүрснээс шат дараатай татгалзах үйл ажиллагаа улс төр эдийн засгийн төдийгүй эдийн засаг, байгаль орчны асуудал мөн бөгөөд бодлогын тулгамдсан олон асуудал харилцан нөлөөлдөг. Тухайлбал нүүрс олборлож эрчим хүч үйлдвэрлэдэг төрийн өмчийн компанийн засаглалын асуудал, нүүрсний үйлдвэрлэл худалдаанд хийх татварын хөнгөлөлтийн төсвийн орлогод үзүүлэх нөлөө, иргэд, бизнесийг хямд цахилгаанаар хангаж нийгмийн гэрээгээ биелүүлэх зэрэг юм. Дотоодын цахилгаан хангамжид нүүрсний гүйцэтгэх үүрэг төдийгүй экспортоос олох орлогыг тооцон үзэхэд ОУЭХА-ын үнэлгээгээр нүүрснээс шат дараатай татгалзах асуудал хамгийн төвөгтэй зургаан орны нэг нь Монгол байгаа нь аргагүй юм (IEA, 2022[37]). Нүүрсийг халах шилжилт хийхэд ялангуяа нүүрсний хямд арвин нөөцтэй улсын хувьд мэдээж зардал гарах нь зайлшгүй. Нөгөө талаасаа хэрэв шилжилт хийхгүй бол санхүү, нийгэм, байгаль орчны хувьд тэнцүү хэмжээний өртөг зардалтай. Нүүрсний хэрэглээнд шууд татаас олгох (Багануурын ХК төрийн өмчийн ДЦС-уудад зах зээлийн үнээс хямд үнээр бүтээгдэхүүн нийлүүлдэг эсхүл өртгөөс нь бага үнээр цахилгаан эцсийн хэрэглэгчдэд борлуулдаг гм) эсхүл шууд бусаар (нүүрс олборлогч, ашиглагч ТӨХК-ийн төсвийн зөөлөн зохицуулалттай) дэмжлэг үзүүлэх замаар нийтийн, заримдаа хувийн хөрөнгийг зарцуулдаг тогтсон жишиг цаашид нүүрс ашигласаар байхад хүргэнэ. Дээрх нөөцийг бага нүүрстөрөгчийн эх үүсвэр хөгжүүлэхэд зарцуулах боломжтой (EITI, 2021[38]).

Олон төрлийн сэргээгдэх эрчим хүчний нийлүүлэлтэд эзлэх хувь хэмжээг нэмэгдүүлэхэд Монголын эрчим хүчний шугам сүлжээнд хөрөнгө оруулах шаардлагатай. Дулаан цахилгаанаар Монголыг бараг бүхэлд нь хангадаг ДЦС-уудын цахилгаан үйлдвэрлэл маш хөшүүн. Энэ нь цахилгаан гэхээсээ дулаан үйлдвэрлэхэд үйлдвэрлэл төвлөрлөгтэй холбоотой. Монголын өргөн уудам нутаг, шугам сүлжээний дотоод гадаад холболт султай дамжуулах шугам сүлжээнд олон төрлийн сэргээгдэх эх үүсвэр холбох асуудал ихээхэн төвөгтэй юм. 2022 онд сэргээгдэх эрчим хүчний суурилагдсан чадал 283 мВт буюу нийт чадлын 18.41%-д хүрснээр өнөөгийн нөхцөлд нэмэлт эх үүсвэр холбох дээд боломждоо хүрчихээд байна. ЦДҮС ТӨХК-йн хийсэн тооцоогоор сүлжээнд нийт 250 мВт хүртэлх чадлын сэргээгдэх эрчим хүч холбох боломжтой гэжээ (World Bank, 2022[28]). 2022 онд нийлүүлсэн нийт цахилгаан хангамжийн 10.24% буюу 0.64 тВт.ц цахилгаан сэргээгдэх эх үүсвэрээс үйлдвэрлэсэн бол уламжлалт түлшээр 6.27 тВт.ц цахилгаан үйлдвэрлэжээ. ЕСБХБ-ны дэмжлэгтэйгээр сэргээгдэх эрчим хүчний нөөц сайтай Өмнөговийг Улаанбаатарыг холбосон дамжуулах шугамыг шинэчилнэ. Энэ холболт Улаанбаатарын нэмэлт хэрэгцээг хангахад нүүрс шатааж цахилгаан гаргалгүйгээр говьд үйлдвэрлэсэн сэргээгдэх эрчим хүчээр хангах боломж олгоно.

Хайрцаг 3.4. Хүлэмжийн хийн ялгарлын эх үүсвэрүүдийг ойлгох нь

Бодлого боловсруулагч, зохицуулагч, компани, олон улсын байгууллагууд ялгарлын эх үүсвэрүүдийг "хамрах хүрээ" гэж нэрлэн байнга ялгадаг. Олон улсын болон үндэсний хүлэмжийн хийн зохицуулалтыг мөрдөхөд ялгарлаар ангилж хэмжих, эрэмбэлэх, шийдвэрлэх нь чухал. Жишээлбэл ЕХ-ын Хил дамнасан нүүрстөрөгчийн зохицуулалтын механизм-CBAM-аар хэрэгжүүлэх үе шат нь ялгарлын хамрах хүрээтэй шууд уялдаатай байдаг билээ. Ялгарлын хамрах хүрээг дугаарлаж, агаар мандалд цацах ялгаралтай ерөнхийдөө хамааруулдаг ба шууд шууд ялгарлыг хэмжих ба шууд бус ялгарлыг:

Хамрах хүрээ 1: Аж ахуйн нэгжийн шууд ялгаруулж буй ХХ (жишээлбэл, хайлуулах зууханд түлсэн нүүрснээр гарах, үйлдвэрлэлд ашиглаж буй автомашины утаа). Нүүрстөрөгч халах боломжгүй салбарууд ихэнхдээ энэ хүрээнд хамаарах ба ялгарлыг бууруулах хамгийн төвөгтэй үнэтэй.

Хамрах хүрээ 2: Аж ахуйн нэгжийн хэрэглэж буй цахилгаан үйлдвэрлэхэд гарч буй ХХ-д хамаарна. Эцсийн хэрэглээнд бус, цахилгаан үйлдвэрлэж буй эх үүсвэр дээр тооцно.

Хамрах хүрээ 3: Аж ахуйн нэгжийн мэдлийн бус эх үүсвэрээс гарсан, гэхдээ тухайн аж ахуйн үйл ажиллагааны үр дүнд ялгарч буй ХХ. Жишээ нь үйлдвэрлэлийн орц болгон ашиглаж буй бараа материалд хамаатай. Хамрах хүрээ 3 өртгийн сүлжээний тогтвортой байдлыг сайжруулах компанийн хувьд чухал ач холбогдолтой.

Эх сурвалж: (Greenhouse Gas Protocol/World Resources Institute and World Business Council for Sustainable Development, 2004[39]) (European Commission, 2024[40])

Цэвэр эрчим хүч, сэргээгдэх устөрөгчийн салбарын хөрөнгө оруулалтын орчныг сайжруулах нь

Энэхүү тайланг боловсруулах явцад Монголын сэргээгдэх эрчим хүчний салбартай холбоотой хоёр багц асуудал босож ирсэн. Эхнийх нь зах зээлийн зохицуулалт буюу цахилгааны үнэ тарифтай бол удаах нь хөрөнгө оруулагчдын итгэл, засаглалтай холбоотой ба гадаадын хөрөнгө оруулагчид эрчим хүч, цахилгаан дамжуулах сүлжээг сайжруулахад Монголын төр засаг, төрийн өмчит компанитай хамтрах гэрээ байгуулах сонирхол бий эсэхтэй холбоотой. Сэргээгдэх эрчим хүчний салбарт хөрөнгө оруулах таатай орчин тус улсын бага нүүрстөрөгчийн шилжилтэд нөлөөтэй. Хөрөнгө оруулалтын шийдвэр гаргахад нөлөөлөх олон хүчин зүйлс сэргээгдэх эрчим хүчний салбарт нэгэн ижил ба засгийн газар, ТӨХК-тай цахилгаан эрчим хүч худалдаж авах болон бусад оффтэйк гэрээ байгуулах,бага нүүрстөрөгчийн хөрөнгө оруулалтыг дэмжсэн өргөн хүрээний зохицуулалт үүнд хамаарна. Эдгээр хүчин зүйлс засгийн эдийн засагт нүүрстөрөгөчийн хэрэглээг бууруулах чиглэлд тууштай ажиллана гэсэн дохиог хөрөнгө оруулагчдад өгнө.

Бусад Төв Азийн орнуудтай адилаар Монгол Улсын эрчим хүчний салбар хөрөнгө оруулалтад харьцангуй нээлттэй. Эдийн засгийн салбарууд гадаадын хөрөнгө оруулалтад хэр нээлттэй найрсаг ханддагийг илэрхийлдэг ЭЗХАХБ-ын ГШХО зохицуулалтын индекс Монголын эрчим хүчний салбар ЭЗХАХБ-ын дундаж үзүүлэлттэй харьцуулахад хязгаарлалт нь зөөлөн (Зураг 4.5). Энэ нь гадаадын хөрөнгө оруулалтад бүхэлдээ нээлттэй ханддаг бодлого баримталдаг ерөнхий хандлагатай холбоотой ба бусад олон улсын байгууллагууд мөн ингэж үнэлсэн байдаг билээ (U.S. Department of State, 2023[17]). Асуудлын мөн чанар нь гадаад хөрөнгө оруулалтад *de jure* нээлттэй боловч *de facto* хаалттай байгаад оршино. Хуулиар тогтоогоогүй саад тотгор бага нүүрстөрөгчийн чиглэлд хөрөнгө оруулалт татахад сөргөөр нөлөөлсөөр байна.

Зураг 3.7. ЭЗХАХБ-ын Зохицуулалтын индекц: Анхдагч салбар, уул уурхай, цахилгаан үйлдвэрлэл, түгээлт

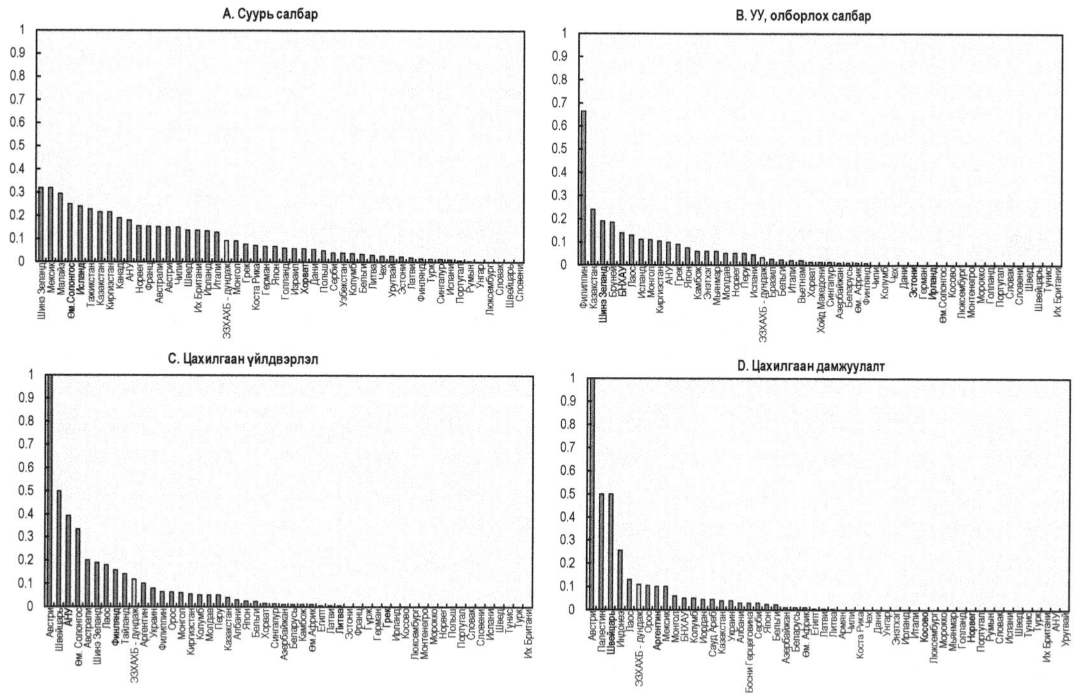

Тэмдэглэгээ: Улаан = ЭЗХАХБ-ын дундаж, улбар шарrange = Монгол
Эх сурвалж: (OECD, 2022[41])

Цахилгаан эрчим хүчний салбар хэдий эрх зүйн зохицуулалтын хувьд тааламжтай хэдий ч Монгол Улс сэргээгдэх эрчим хүчний төслүүдэд ГШХО татахад хүндрэл бэрхшээлтэй тулсаар байна. 2023 онд ГШХО-ын 74% уул уурхайн салбарт, эрчим хүчний салбарт дөнгөж 0.3% ноогдож байжээ (National Statistics Office of Mongolia, 2024[42]). ГШХО-тай холбоотой ялангуяа сэргээгдэх эрчим хүчтэй холбоотой албан ёсны статистик мэдээ алга байгаа хэдий ч тус улс 200 мВт-ын төсөл хувийн хөрөнгөөр амжилттай хэрэгжүүлжээ (ADB, 2023[43]). Энэ хөрөнгө оруулалтын томоохон хэсэг 2007 оны сүлжээнд сэргээгдэх эх үүсвэрээс нийлүүлэх үнэ тариф тогтоосны дараа хийгдсэн ба ЕСБХБ, Дэлхийн Банк зэрэг олон улсын хөгжлийн донор байгууллагууд хамтран санхүүжүүлсэн юм. ТЭХС-д энэ хөрөнгө оруулалт хийгдэж, Дорноговь аймагт Сайншандын салхин станцыг барьжээ. Уг төсөл 2019 онд шугам сүлжээнд холбогдож эрчим хүч нийлүүлж эхэлснээс хойш өөр гадаад хөрөнгө оруулалт салбарт хийгдээгүй. Цахилгаан үйлдвэрлэгч, түгээгч төрийн өмчийн байгууллагуудын санхүүгийн нөхцөл байдал өөрийн боломжид тулгуурлан чадлаа нэмэх, сүлжээг шинэчлэх хөрөнгө оруулалт хийх боломжгүйг илтгэнэ. Өсөн нэмэгдэж буй хэрэгцээг хангах, эрчим хүчний салбарт нүүрстөрөгчийг халах бодлого хэрэгжүүлэхэд дээрх өөрчлөлт шиничлэлтийг зайлшгүй хийх шаардлагатай талаар бид өмнө өгүүлсэн билээ. Цахилгаан эрчим хүчний үнэ тарифыг өөрчлөхгүйгээр сэргээгдэх эрчим хүч хөгжүүлэх, улмаар аж үйлдвэрлэлд нүүрстөрөгч бууруулах тодорхой бодлого гаргахгүйгээр гадаад зах зээлээс буюу олон улсын санхүүгийн байгууллага, гадаадын хувийн хэвшлээс зайлшгүй шаардлагатай хөрөнгө оруулалт босгох боломж тун муу юм.

Сэргээгдэх эрчим хүчний санхүүжилт тухайн улсын хувьд мэдрэг асуудал мөн хэдий ч экспортод чиглэсэн олборлох салбарын хөрөнгө оруулалтын нөхцөл байдал арай өөр. Үндэстэн дамнасан хөрөнгө чадал сайтай компаниуд голчлон олборлох салбарын хөрөнгө оруулалтын төсөл хэрэгжүүлдэг ба хуулийн зохицуулалтын асуудлаар шууд төр засагтай хэлэлцээ хийдэг. Дотоодын бизнесийн орчинд жижиг дунд үйлдвэр (ЖДҮ) мэдрэг байдал бол олборлох салбарын том компаниуд өөрөө өөрийгөө санхүү, дэд бүтцээр хангаж тогтвортой байдлаа хангах боломжтой. Том компаниудын чадал чансаа нь инстүүц тогтолцоо, эрх зүйн сул орчинд ч үйл ажиллагаа явуулах нөхцөл болдог. Олборлох салбарын ГШХО татах чадвар магадгүй бизнесийн орчинд нөлөөлж бусад салбарт ГШХО татах чадварыг бууруулж байж болзошгүй юм. Өөр хэлбэл хууль эрх зүйн нээлттэй байдал эдийн засгийн бусад салбарт ГШХО татах зайлшгүй нөхцөл мөн боловч хангалттай нөхцөл болж чаддаггүй ажээ (OECD, 2021[44]). Ялангуяа сэргээгдэх эрчим хүчний хувьд хөрөнгө оруулагчдын бизнесийн орчин засаглалд итгэх итгэл онц чухал. Учир нь ихэнх ийм төслүүд засгийн газар, төрийн өмчийн аж ахуйн нэгжтэй ядаж төслийн эхний үе шатанд бизнесийн гэрээ байгуулах шаардлагатай болдог, энэ нь хөрөнгө оруулалтын эцсийн шийдвэр гаргадаг нөлөөлдөг (World Bank, 2023[45]).

Тог цахилгаанд хэт бага үнэ тариф тогтоосон үед сэргээгдэх эрчим хүчний салбарт шаардлагатай хөрөнгө оруулалт татаж, эрчим хүчний нийлүүлэлтийг нэмэгдүүлэхийн тулд бодлогын зохицуулалт зайлшгүй шаардлагатай. Цахилгааны үнэ хэт бага, өрхийн болон аж ахуйн хэрэглээний үнэ кВт.цаг нь 0.045 болон 0.52 ам. доллартай тэнцүү. Ард иргэдээ цахилгаанаар хүртээмжтэй хангах болон сэргээгдэх эрчим хүчний салбарт хийсэн хөрөнгө оруулалт эдийн засгийн хувьд ашигтай байх үнэ тариф тогтоох асуудлыг хамтад нь тэнцвэртэй авч үзэх шаардлагатай. Одоогийн байдлаар хямд нүүрс арвин олдоцтой, төрөөс татаастай нүүрс олборлох, тог цахилгаан үйлдвэрлэх, түгээх салбар төрийн мэдэлд байгаа учраас тог цахилгааны үнэ бага байна. Эрчим хүчний зохицуулах хороо (ЭХЗХ) болон холбогдох яамд ЕСБХБ, бусад хөгжлийн түншүүдийн оролцоотойгоор тус улсын тог цахилгааны үнэ тарифын системийг өөрчлөх талаар яригдаж, сэргээгдэх эрчим хүчний шинэ төслийн тендер зарлан хэрэгжүүлэх ажлыг эхлүүлэх гэж буй.

Засгийн газар санхүүгийн эрсдэл хуваах арга хэрэгслийг хязгаарлагдмал хүрээнд нэвтрүүлэн гадаадын хөрөнгө оруулагчдад таатай нөхцөл сэргээгдэх эрчим хүч үйлдвэрлэх төсөл хэрэгжүүлэхэд үзүүлсэн. Эрчим хүчний зохицуулагчдын хэрэглэж буй гол арга нь сүлжээнд нийлүүлэх үнэ тариф (СНҮт) мөн. 2007 онд баталсан Сэргээгдэх эрчим хүчний тухай хуулийн загуу СНҮт шугам сүлжээнд холбосон эсэхээс хамаардаг ба монгол төгрөгөөр тооцдог. Тог цахилгаан худалдах, худалдан авах гэрээг ЦДҮС-тэй арван жилийн хугацаатай байгуулна. Сүлжээнд холбогдсон кВт цаг нь сэргээгдэх эрчим хүчний СНҮт салхин станцын хувьд 0.08-0.095 ам. доллар, нарны станцад 0.15-0.18 ам доллар байна (IEA, 2023[7]). СНҮт өөрчлөх, эрчим хүчний үнийг зохицуулах, шинэчлэл хийх ажлын хүрээнд засгийн газар сэргээгдэх эрчим хүчний шинэ төсөлд тендер зарлахаар бэлтгэл ажлыг хангаж буй. Эрчим хүчний салбарт үйлдвэрлэл нэмэгдээгүй үед засгийн газарт сэргээгдэх эрчим хүч хөгжүүлэх амбицаа урагшлуулах арга хэрэгсэл тун хязгаарлагдмал.

Сэргээгдэх эрчим хүчний салбарт ГШХО татахад дээрх арга хэрэгслийн үр нөлөө сул. Анхны томоохон салхин станц барихад хөрөнгө оруулалт амжилттай татсны дараа сэргээгдэх эрчим хүчний салбарт ГШХО бараг хийгдсэнгүй. Үүний нэг шалтгаан СНҮт-ын бүтэц, хугацаа буюу худалдах, худалдан авах гэрээний хугацаа дуусахад тогтох үнэ тарифын асуудал байж магадгүй юм. Жишээлбэл 2023 оны Монголд Улсад сэргээгдэх эрчим хүч хөгжүүлэх боломжид хийсэн судалгааны тооцоололд ЭХЗХ-с тогтоосон тог цахилгааны үнэ салхин станцын хувьд эдийн засгийн хувьд үр ашиггүй гэжээ (Harrucksteiner et al., 2023[46]). Үүнд сүлжээнд холбосон нэг мВт. цаг тогийг салхин станцаас 95 ам. доллараар, нарны станцаас 150.18 ам доллараар 10 жилийн хугацаанд нийлүүсний дараа 37.4 ам. доллар болгож бууруулах зохицуулалт ЭХЗХ-с хийсэн ба тусад нь гэрээ байгуулах төлөвлөгөө үгүй. Сэргээгдэх эрчим хүчний төслийн эдийн засгийн үр ашигт гол нөлөө үзүүлэх хүчин зүйл СНҮт-ын анхны үнэ бус, гэрээ дууссаны дараа тогтоох үнэ байж болно. Монголд өрнөж буй шинэчлэлийн нэг гол хэсэг тог цахилгааны үнэ нэмэх асуудал юм.

Сэргээгдэх эрчим хүчний салбарт хөрөнгө оруулалт татахад эргээр нөлөөлөх өөр бодлогын нэг арга хэмжээ нь бохирдуулагч бодис, нүүрстөрөгчийг үнэлж өрсөлдөөнийг буулгах

шийдэл мөн. Монгол Улсад нүүрстөрөгчийн татвар нэвтрээгүй, нүүрсний хэрэглээг бууруулах зохицуулалт анхан шатанд байна. Энэ нь устөрөгч үйлдвэрлэхэд шаардлагатай сэргээгдэх эх үүсвэрийн үйлдвэрлэл нэмэгдүүлэхэд тулгарч буй асуудал мөн. Нэгд, дотооддоо устөрөгчид суурилсан эдийн засаг хөгжихөд уламжлал түлшнээс үйлдвэрлэсэн тог цахилгаан дамжуулдаг үндэсний шугам сүлжээ ихээр хазаарлаж буй. Устөрөгчийн төсөл өртгийн зөрүүд тулгуурлан сэргээгдэх эрчим хүчээр хангагдсан ч устөрөгч үйлдвэрлэхэд нэмэлт дэд бүтэц шаарддаг олон улсын зохицуулалтын чиг хандлагатай нийцэхгүй. Цаашлаад сэргээгдэх үүсвэрээс гаргасан тог цахилгааны өртөг нь үйлдвэрлэлийн орцоос хамааралтай буюу нүүрснээс гаргасан эрчим хүч үнэ орохын хэрээр бусад цэвэр эх үүсвэрт хөрөнгө оруулалт нэмэгдэж үнэ буух бролмжтой болно.

Засгийн газар сэргээгдэх эрчим хүчний салбарыг хөрөнгө оруулалт татах чухал салбарт тооцдог. Монгол Улсын Засгийн газар 2023 онд ЭЗХЯ-ны харьяа Хөрөнгө оруулалт, худалдааны газар шинээр байгуулсан. Шинэ сэргэлтийн бодлого болон Алсын хараа 2050 урт хугацааны хөгжлийн бодлогод заасан хөрөнгө оруулалттай холбоотой зорилтуудыг хангах ажлыг хэрэгжүүлэх үүрэгтэй тус газар ГШХО татах чухал салбарт сэргээгдэх эрчим хүчийг тооцдог. Тус байгууллагын вэб хуудсанд зохицуулалт, лиценз, СНҮт-ийн талаар ойлгомжтой мэдээлэл бий. Хэдий устөрөгчийг тусад нь онцлоогүй боловч засгийн газар худалдааг дэмжих тус байгууллагын үүргийг ашиглан тус талбарт сэргээгдэх устөрөгч үйлдвэрлэх тус улсын боломж нөөцийг сурталчлах нь зүйтэй. Эрчим хүч их шаарддаг аж үйлдвэрлэл болон зэрэгцээ байрлалтай сэргээгдэх эх үүсвэрээс үйлдвэрлэх боломжийг мөн сурталчлан таниулж болно.

Хөрөнгө оруулагчтай маргаантай асуудлаа шийдээгүй байгаа нь эрсдэл өндөртэй төсөлд хөрөнгө оруулалт татахад сөргөөр нөлөөлж болзошгүй. Сүлжээнд сэргээгдэх эрчим хүч нийлүүлэх үнэ тариф 2007 нэвтрүүлснээр Монгол улс хэд хэдэн сэргээгдэх эрчим хүчний төсөлд хөгжлийн санхүүжилт болон хувийн хөрөнгө оруулалт амжилттай татаж чадсан билээ. Бага нүүрстөрөгч, устөрөгчийн үйлдвэрлэлд одоо байгаа болон ирээдүйн хөрөнгө оруулагчидтай ярилцахад эхэн үеийн эдгээр төсөл хэрэгжүүлэгчид болон ЭХҮТС ТӨХК-ын хооронд маргаантай асуудал үүссэн нь сэргээгдэх эрчим хүчний салбарыг хөгжүүлэх, нүүрстөрөгч бага устөрөгчийн төсөл зэрэг өндөр эрсдэлтэй үйлдвэрлэл рүү шилжихэд хамгийн том саад болж буйг хэлж байлаа. Энэ маргаан Өмнөговийн салхин станцын төлбөртэй холбоотой үүссэн өрийн асуудалтай холбоотой. Учир нь СНҮт-ын дагуу салхин станцын нийлүүлсэн тог цахилгаан ДЦС-д үйлдвэрлэсэн тог цахилгаанаас өндөр үнэтэй байгаа юм. Хэдий шугам сүлжээнд нийлүүлээгүй боловч энэ төлбөр ЭХҮТС-д өр болж ирж буй. Бусад сэргээгдэх эрчим хүчний төсөлдөө ГШХО татахад энэ асуудал засгийн газарт хэд хэдэн хүндрэл дагуулахыг харуулж буй. Үүнд: засгийн газар зарим зардлыг хуваах хөрөнгө оруулагчийн итгэл харьцангуй бага, энэ нь цаашид энэ төрлийн төсөл Монголд хөгжүүлэх сонирхолд сөргөөр нөлөөлөх ба бага нүүрстөрөгчийн эрчим хүч, түлш улсын болон орон нутгийн төсөв санхүү даах хэмжээнд байж засгийн газар гэрээгээр хүлээсэн үүргээ биелүүлэх чадварт хөрөнгө оруулагчид итгэл төрүүлэх ёстой юм. Улмаар цахилгаан дамжуулах шугам буюу хамаарал бүхий салбарт оруулах хөрөнгө дутуу байгаа нь бодит байдал дээр тус улсын бага нүүрстөрөгчийн төсөл хэрэгжүүлэх амбицыг хазаарлаж буй.

Хөгжиж буй орны ГШХО бага нүүрстөрөгчийн төсөлд орж ирэхэд нөлөөлдөг нэг хүчин зүйл нь өндөр эрсдэлтэй хөрөнгийн зардал мөн. Хөгжиж буй орны хувьд хөрөнгийн зардал өсгөдөг гол хүчин зүйл тухайн улсын нөхцөл байдлаас улбаатай эрсдэлээс үүдэлтэй байдаг. Эдгээр эрсдэлээс урьдчилсан сэргийлж тогтвортой байдлын гэрээ зэрэг зэрэг тухайлсан бодлогын арга хэмжээ авах нь бий. Санхүүгийн зах зээлийн төлөвшил, бодлогын тогтвортой байдал, хууль эрх зүйн орчин зэрэг нь хөрөнгийн зардалд нөлөөлнө. Устөрөгчийн төслийн хөрөнгийн зардал хөрөнгө оруулалтын орчинд нөлөөлдөг бүхий л хүчин зүйлээс хамаардаг учраас бага нүүрстөрөгчийн аж үйлдвэрт хөрөнгө татах орчин нөхцлийг тухайлсан чиглэл гэхээсээ хөрөнгө оруулалтын ерөнхий өнцгөөс нь харах нь зүйтэй (Saygin and Lee, 2023[47]).

Устөрөгчийн төслийн хөрөнгийн зардлыг бууруулах бодлогын шийдэл. Жишээлэхэд төслийн эхэн үед татварын хөнгөлөлт чөлөөлөлт үзүүлбэл мөнгөн урсгалыг сайжруулж, анхдагчуудын хөрөнгө оруулалтын эрсдэлийг хувааж буй арга хэмжээ юм. Мөн олон төрлийн хуулийн зохицуулалтаар засаг төр эрсдэл хувааж, хөрөнгө оруулагчид хөрөнгийн зардлаа бууруулахад нь тусалдаг. Үүнд эрх зүйн орчныг тодорхой болгох, СНҮт нэвтрүүлэх (үндсэндээ сэргээгдэх эрчим хүчинд зориулж дэд бүтэц барих хөрөнгө), дуудлага худалдаа зохион байгуулах (Хүснэгт 3.2) багтна. Эдгээр бодлогын арга хэмжээ Бүлэг Хоёрт тодорхойлсончлон бага нүүрстөрөгчийн инновац нэвтрүүлэхтэй хамаатай. Монгол Улсын хувьд төслийн эхэн үед бодлого тодорхойлогчдын захиран зарцуулах төсвийн хөрөнгө хязгаарлагдмал. Иймд илүү бүтээлчээр хөрөнгө оруулалт, төсвийн дэмжлэгийг хослуулж байж эрсдэл амжилттай хуваалцах боломжтой. Бусад улсад төсвөөр шийддэг орон зайг Монгол Улс олон улсын санхүүгийн байгууллага, олон талт хөгжлийн банкны тусламжтайгаар нөхөх магадлалтай. Улмаар төлөвлөж буй устөрөгчийн төсөл нь эдгээр банк санхүүгийн байгууллагын шаардлагад нийцэх нь үндсэн асуудал мөн.

Хүснэгт 3.2. Эрсдэлт хүчин зүйл, эрсдэл хуваах боломжит арга механизм

Эрсдэл	Эрсдэл хуваах арга механизмын жишээ
Зах зээлийн эрэлт тодорхой бус	Худалдаж авах гэрээ Төрийн худалдан авалт
Хязгаарлагдмал оффтэйк	Худалдан авах урт хугацааны гэрээ (ХАГ) Хэсэгчилсэн эрсдэл/зээлийн баталгаа гаргах Экспортын зээлийн баталгаа гаргах
Устөрөгчийн үнэ тодорхой бус	ХАГ Зээлийн батлан даалт хэсэгчлэн гаргах
Устөрөгчийн зах зээл байхгүй	ХАГ Гарал үүсэл баталгаажуулж итгэл бэхжүүлэх
Улс төрийн эрсдэл	Улс төрийн эрсдэлийн даатгал Хэсэгчилсэн эрсдэл/зээлийн баталгаа гаргах
Дэд бүтцийн хомсдол	Устөрөгчийн хаб/кластер байгуулах

Эх сурвалж: (Saygin and Lee, 2023[47]) багцлав.

Хайрцаг 3.5. Сэргээгдэх устөрөгчид хөрөнгө татсан жишээ, туршлага

Устөрөгч хөгжүүлэх стратегитэй улс орнууд шууд санхүүгийн механизм ашигла хөгжүүлэх хөгжүүлж нэвтрүүлэх үйл ажиллагаа явуулахаар тогтсон байна. Засгийн газар буцалтгүй тусламж, хөнгөлөлт үзүүлэх, татаас өгөх, санхүүжилт гаргах замаар хөрөнгө оруулалтын эрсдэл хуваах зах зээлийн тодорхойгүй байдлыг бууруулах арга хэмжээ авчээ. Төсөл хөгжүүлэхэд төсвөөс санхүүжилт олгох зайлшгүй хэдий ч бодлого тодорхойлогчид зах зээл бүрдүүлэх, хэрэглээг дэмжих бодлогын арга хэмжээтэй нийцтэй үйл ажиллагаа явуулах хэрэгтэй (IEA, 2023[1]).

- **ТХЗ Нэг Намиби Сан 2022 онд COP27 чуулганы үеэр нээлтээ хийв.** Холимог эх үүсвэртэй уг платформын зорилго нь Намибид ногоон устөрөгчийн зах зээл хөгжүүлэх үйл ажиллагааг дэмжих юм. Уг сан 2023 оны долоодугаар сард Намибийн засгийн газрын Байгаль орчны хөрөнгө оруулалтын сан, Голландад төвтэй Уур амьсгалын хөрөнгө оруулалтын сан болон Клаймэт Фанд Менежерс гэх хоёр байгууллагатай хамтран байгуулжээ. Нэг тэрбум америк доллар босгох зорилготой уг сан 40 сая долларын буцалтгүй тусламж Инвест Интэрнэшионал байгууллагаас авчээ has already secured an initial funding of USD 40 million, under the form of a grant provided by Invest International. (Climate Fund Managers, 2022[48]) (Environmental Investment Fund, 2023[49]).
- **Чилийн засгийн газар** Корфо хөгжлийн агентлагаараа дамжуулан **50 сая америк долларын татаас зургаан сэргээгдэх устөрөгчийн төсөлд** олгожээ (Green Hydrogen Organisation, n.d.[50]). Үүнээс гадна 2023 оны зун засгийн газар нэг тэрбум долларын хөрөнгөтэй Ногоон устөрөгч хөгжүүлэх сан байгуулсан ба хувийн хэвшлийн хөрөнгө оруулалтыг идэвхжүүлэх зорилготой (Government of Chile, 2023[51]).
- **Канады Цэвэр түлшний сан (ЦТС)**. Холбооны засгийн газрын 2021 оны төсөвт устөрөгчийн зэрэг цэвэр түлшний үйлдвэр байгуулахад шаардлагатай хөрөнгө оруулалтын эрсдэл хуваахад зориулж 1.5 сая канад доллар хуваарилжээ (Government of Canada, n.d.[52]). 2022 онд ЦТС сангаас 60 төсөлд 800 сая канад долларын санхүүжилт олгов (Government of Canada, 2022[53]).
- **Морокко улсын устөрөгч хөгжүүлэх стратегид экспортод зээл олгох арга хэрэгсэл ашиглан эрсдэл хуваана.** Ногоон устөрөгч хөгжүүлэх стратегидээ гадаадын хөрөнгө оруулагчдад таатай зориулж эрсдэл хуваах арга механизмыг өргөн хэрэглэж хөрөнгө оруулалтын орчныг таатай болгохоор тусгажээ. Тухайлбал төр хувийн хэвшлийн түншлэл, татварын хөнгөлөлт чөлөөлөлт, экспортын зээлд баталгаа өгөх зэрэг шууд дэмжлэгийг тусгасан байна (Government of Morocco, 2021[54]).

Хатуу, зөөлөн дэд бүтэц: Сэргээгдэх устөрөгч хөгжүүлэхэд

Хатуу дэд бүтэц: Сэргээгдэх устөрөгчийн тээвэрлэлт, хадгалалтад шаардлагатай дэд бүтэц хөгжүүлэх нь

Дотооддоо устөрөгчийн үйлдвэрлэл өргөн хүрээнд хөгжүүлэхэд гадаад зах зээл чухал тул үүнд зориулсан нэмэлт дэд бүтэц хэрэгтэй. Дотооддоо оффтейк гэрээ байгуулах чухал хэдий ч хувийн хэвшлийн манлайлан хэрэгжүүлэх устөрөгчийн төсөл экспортод чиглэгдэх болно. Монгол Улс устөрөгч үйлдвэрлэгч орон болж хөгжихдөө байгалийн өгөгдөл дээр суурилах нь зайлшгүй. Зах зээлд өрсөлдөхүйц экспортлогч болох чадвар тээврийн зардлаас мөн хамаарна.

Далайд гарцгүй, боомтоос алс байршил нь Монгол Улсын устөрөгчөө Хятад руу экспорлох нөхцөл байдал тулгаж буй. Энэ тайланг боловсруулах явцад олон төсөл хэрэгжүүлэгчид цаашдаа Хятадын нүүрстөрөгч бага устөрөгчийн өнөөгийн (үүрэн түлшээр ажилладаг автомашин) болон Монголын нүүрсний гол худалдан авагч Хойд Хятадын гангийн үйлдвэрт шинэлэг хэрэглээ бий болж нэмэгднэ гэж тооцож байна. Одоогоор Хятад улс устөрөгчтэй холбоотой, өртгийн сүлжээний бүх үе шатанд хамаарах дэд бүтцийн томоохон бүтээн байгуулалт хийсээр. ЮНИДО-гийн дэмжлэгээр 2025 он гэхэд жилд 390 000 тонн ногоон аммиак үйлдвэрлэх хүчин чадалтай сэргээгдэх устөрөгчийн жишиг томоохон төсөл Баоту хотод хэрэгжүүлж байна. (UNIDO, 2023[55]). Хятадын аж үйлдвэрлэлийн бүтцийг харахад цаашдаа нэмэлт хэрэгцээ ялангуяа гангийн үйлдвэрлэлийн салбарт бий болно. Тус улсын төмөр гангийн томоохон үйлдвэрлэгч Жаньжян гангийн үйлдвэрт устөрөгчөөр ажилладаг анхны шатаах зуухыг барьж байгуулж байгаа нь тод жишээ юм (Sinosteel, 2022[56]). Дамжуулах шугамын хувьд БНХАУ 400км урт хийн шугам хоолойг "Үндэсний нефть хийн сүлжээ барих төлөвлөгөө"-нд тусгажээ (People's Republic of China, 2023[57]).

Устөрөгч экпортлох гурван гол арга зам бий. Устөрөгч дамжуулах арга хэлбэр бүр өрсөлдөөнд давуу болон сул тал үүсгэдэг ба энэ нь тээвэрлэх зайнаас үндсэндээ хамаарна. Монголын үйлдвэрлэлийн боломжит байршлаас Хойд Хятад хүртэл (~400 км) шугам хоолойгоо нягтруулсан хий, шингэн, эсхүл аммиак зэрэг өөр төлөвт оруулж тээвэрлэх нь хамгийн зөв шийдэл. Хий дамжуулах шугам хоолойтой улс орнуудын хувьд давуу талтай. Учир нь хийн хоолойг устөрөгч дамжуулах дэд бүтэц болгон зориулалтыг нь өөрчлөн бага зардлаар экспортод гаргах (500 км хүртэл зайд нэг килограмм H2-г тээврийн зардал 0.1 ам. доллараас бага бол шинэ шугам хоолойгоор 0.1-1 ам долларын зардалтай) боломжтой. Харьцуулж үзэхэд хэдий 5000 км-ээс хол зайд усан онгоц, авто тээвэр ашигладаг боловч 500км хүртэл зайд уг зардал авто тээвэр 1-2 ам. доллар, усан онгоц 2 ам. доллар болж зардал өснө (Hydrogen Council/McKinsey & Company, 2021[58]). Оман зэрэг анхдагч устөрөгчийн үйлдвэрлэгч болохыг зорьж буй улсаас арай өөр нөхцөл байдалд буюу зориулалтыг нь өөрчлөн ашиглаж болох хил дамнасан хийн хоолойн бэлэн дэд бүтэц байхгүй. Монголоор дамжуулан Орос Хятадыг холбосон хийн хоолой барих талаар яригдаж буй ч энэ нь Хятадад хий нийлүүлэх зорилготой байх юм (Downs, Losz and Mitrova, 2024[59]).

Шугам хоолой барих өртөг зардал орон нутгийн нөхцөл байдлаас хамаарч хэлбэлздэг хэдий ч маш их хөрөнгө оруулалт шаардна. Монголд одоогийн байдлаар үйлдвэрлэсэн устөрөгч болон үйлдвэрлэлээс гарсан дериватив - дайвар бүтээгдэхүүн дамжуулах болон нөөцлөх дэд бүтэц байхгүй, ийм дэд бүтцийн талаар болон өрсөлдөх чадварт дэд бүтэц хэрхэн нөлөөлөх ойлголт байхгүй учраас хэрэв Монгол Улс устөрөгч хөгжүүлэх стратеги хэрэгжүүлэх аваас эдгээр асуудлыг сайтар судалж үзэх нь зүйтэй. Устөрөгчийн дэд бүтцийн чиглэлээр хийгдсэн судалгаа, тайлан, эх сурвалжаас харахад нэг километр урт шинэ шугам хоолойн зардал 1.93-3.95 сая ам. доллар болохоор байна.[2] Устөрөгчийн үйлдвэрлэл Өмнөговьд хэрэгжиж буй туршилтын төсөлд төвлөрнө гэж үзэн эндээс Хятадын анхны хаб болох Баоту хот хүртэл шугам хоолой татна гэж тооцвол ойролцоогоор 310 км. урт шугам хоолой тавих шаардлагатай. Нөөцлөх шаардлага, устөрөгчийн төлөв өөрчлөхөд шаардлагатай нэмэлт дэд бүтцийг тооцож үзэлгүйгээр тооцоолоход 598.3 саяас 1.224 тэрбум ам. долларын хөрөнгө шаардлагатай.

Устөрөгч эцсийн хэрэглэгчид хүргэх хамгийн хямд арга нь үйлдвэрлэл, түгээх дэд бүтцийг хэрэгцээтэй нь уялдуулан кластер болгон хамтатган хөгжүүлэх юм. Богино дунд хугацаандаа сэргээгдэх устөрөгч, дайвар бүтээгдэхүүний дотоод хэрэгцээ бага байх боловч устөрөгч нөөцлөх, дамжуулах дэд бүтцийн хөрөнгө оруулалтын зардал нь эдийн засгийн үр ашгийг тооцоолоход хүргэнэ. Тус улсын устөрөгчийн салбар гадаад, болон дотоодын ирээдүйд үүсэх хэрэгцээг хангахад өрсөлдөх чадвар маш өндөр үйлдвэрлэл, түгээлтийн сүлжээг бий болгосон байх юм. Чухам үүнд ЭЗХАХБ-ын шийдвэр гаргагчид маш их анхаарал тавьж, аж үйлдвэрлэлээс нүүрстөрөгч халах буюу устөрөгчийн дэд бүтцийг одоо байгаа болон төлөвлөж буй дэд бүтэцтэй зэрэгцүүлэн барихыг чухалчилж буй. Аж үйлдвэрийн кластерын хөгжил зах зээл зохицуулах авч төрөөс уг хөгжлийг устөрөгч экспортлох, дотоодын нүүрстөрөгч халах зорилгыг хангах чиглэлд залах боломжтой.

Хувийн хэвшил, төсөл хэрэгжүүлэгчдэд устөрөгчийн үйлдвэрлэл, хэрэглээний боломжийн талаар мэдээлэл өгөгдөл өгөхөөс эхлээд (Хайрцаг 3.6) зөвшөөрөл лиценз олгохдоо дэд бүтцээ хувааж ашиглах, хамтад нь барьж байгуулах зохицуулалт тавьж болно. Эндээс илэрхий байгаа нэг зүйл бол төр засаг устөрөгчийн үйлдвэрлэл, хэрэгцээг кластер маягаар залж чадвал устөрөгчийн хэрэглээ, холбогдох дэд бүтэцтэй холбоотой эдийн засгаа сайжруулж чадна.

Хайрцаг 3.6. AusH2 –Устөрөгчийн хөгжлийг хөтлөх Австралийн арга хэрэгсэл

Австралийн холбооны засгийн газар газар зүйн байршлын зураглал гарган устөрөгчийн стратеги хэрэгжүүлэх ажлыг дэмжиж байна. Геосайэнс Австрали *(Geoscience Australia)* байгууллагын боловсруулсан энэ систем устөрөгчийн төсөл хэрэгжүүлэхэд тустай олон мэдээлэл, өгөгдөл, байршил, техник эдийн засгийн үндэслэлийг багтаажээ.

Устөрөгчийн хөгжлийг хөтлөх Австралийн арга хэрэгсэл *(Australia's Hydrogen Opportunities Tool)* нэртэй уг систем гео мэдээлэл өгөгдлийг нэгтгэх төдийгүй үнэ төлбөргүйгээр мэдээллийн санг ашиглан устөрөгч хөгжүүлэх боломж боломцоог газар зүйн байршлаар зураглах боломж олгоно. Байгалийн нөөц, байршлын өгөгдөл (газрын хэв шинж, гадаргуу, гүний ус гм), сэргээгдэх эрчим хүчний эх үүсвэр, тээвэр логистик зэргийг багтаасан дэд бүтцийн хангамж (бэлэн болон ирээдүйд төлөвлөсөн), засаг захиргааны цэс, газар ашиглалт зэрэг ойролцоогоор 7000 гаруй багц мэдээлэл агуулсан устөрөгчийн төслийн үр ашгийг тооцоход суурь мэдээлэл болж чадна. Австралид хөгжүүлэлтийн шатандаа яваа болон үйл ажиллагаа явуулж байгаа устөрөгчийн төслийг бүрэн зураглах боломжтой. Энэ нь дэд бүтцэд холбогдсон, холбогдоогүй байдлаар үйлдвэрлэлийн хувилбарыг тооцож гаргах боломж олгон НХАХ *(CCUS)* хөгжүүлэх боломж, нүүрстөрөгч хадгалах байршил зэргийг тогтооход тустай.

Системийн Устөрөгчийн эдийн засгийн тооцоолол *(Hydrogen Economic Fairways Tool-HEFT)* программыг ашиглан устөрөгчийн төслийн техник, эдийн засгийн үндэслэлийг тооцох боломжтой.

Устөрөгчийн төсөл хөгжүүлэгчдэд мэдээлэл түгээх зорилготой уг системд үндэсний стратеги, зах зээлийн судалгаа, холбогдох тогтоол шийдвэр зэрэг устөрөгчийн эдийн засагтай холбоотой төрөл бүрийн мэдээлэл.

Эх сурвалж: (Australian Government - Geoscience Australia, 2024[60])

Зөөлөн дэд бүтэц: Сэргээгдэх устөрөгчийн төсөлд тавих стандарт, баталгаажуулалт

Шинээр бий болж буй устөрөгчийн өртгийн сүлжээнд тавих стандарт, шаардлага, баталгаажуулалтад нийцэх явдал экспортод чиглэсэн сэргээгдэх устөрөгчийн үйлдвэрлэл хөгжүүлэх стратегид онц чухал байр суурьтай. Хэрэв Монгол Улс ногоон устөрөгч эсхүл устөрөгчийн дериватив дайвар бүтээгдэхүүн экспортлогч орон болж, бага нүүрстөрөгчийн өртгийн сүлжээнд нэгдэх бол бодлого тодорхойлогчид, хувийн хэвшил дэлхийн болон бүс нутгийн бага нүүрстөрөгч устөрөгчийн зах зээлийг тодорхойлдог дэд бүтцийн чанарт тавих олон улсын шаардлагыг хангах ёстой. ЭЗХАХБ, ОУЭХА-с гаргасан хэвлэмэл баримт бичигт эдгээр стандарт, баталгаажуулалтыг боловсруулахад олон улсын багтай хамтрах, оролцох зөвлөмжийг удаа дараа өгсөн байдаг ба хэдий одоогоор энэ үйл ажиллагаанд өргөн хүрээнд хамрагдаагүй авч ирэх жилүүдэд нэгдсэн дүрэм, стандарт баталж мөрдөх нь (Хүснэгт 1.1) зайлшгүй (Cammeraat et al., 2022; International Energy Agency, 2023b).

Устөрөгчийн үйлдвэрлэлд шаардлагатай эрчим хүчний эх үүсвэр бараа, бүтээгдэхүүнийг олон улсын стандарт, баталгаажуулалттай нийцүүлэхэд чухал үүрэг гүйцэтгэх болно. Сэргээгдэх устөрөгчийн олон улсын худалдаанд мөрдөх стандарт, баталгаажуулалт боловсруулалтын шатандаа яваа хэдий ч олон улсын худалдаанд тавих гол шаардлага нь баталгаажсан ногоон эх үүсвэрээр электролиз үйлдвэрлэл явуулах байна гэдэг нь тодорхой байна. Монголын эх баригчид ялангуяа дотоодын өртгийн сүлжээг ашиглан экспортод чиглэсэн үйлдвэрлэл эрхлэх төсөл сонирхож буй хөрөнгө оруулагчдад эдгээр төсөл олон улсын стандарт шаардлага хангаж чадах итгэл үнэмшил төрүүлэхэд анхаарах хэрэгтэй. Энэ баталгаа өргөн хүрээнд хэрэглээний устөрөгчийн салбар хөгжүүлэхэд шийдвэрлэх нөлөө үзүүлнэ. Туршилтын төслүүд олон улсын стандарт, баталгаажуулалт мөрдөж буй эсэхдээ тэр бүр санаа тавьдаггүй бол гадаад талд болж буй зохицуулалтад засгийн газар соргог байж туршилтын төсөл, дотоодын инновацийг дэмжихдээ тусгах нь зүйтэй. Урт хугацаандаа сэргээгдэх устөрөгчийн үйлдвэрлэлээ нэмэх бодолтой байгаа бол энэ зөөлөн дэд бүтцийг бий болгож мөрдүүлэх нь онц чухал.

Бага нүүрстөрөгч устөрөгчийн үйлдвэрлэлийн зохицуулалтад импортлогч улс орны зах зээлийн нөхцөл байдал нөлөөлнө. Устөрөгчийн чиглэлээр олон улсын стандарт боловсруулахад ЕХ нөлөөтэй байх өндөр магадлалтай нь бага нүүрстөрөгчийн технологи, дериватив дайвар бүтээгдэхүүний гол зах зээл болж төлөвшиж буйтай нь холбоотой. Герман, Голланд зэрэг Европын хүчтэй эдийн засагтай улс орнууд дотооддоо нүүрстөрөгчийг халах зорилтынхоо хүрээнд сэргээгдэх устөрөгчийн хэрэгцээгээ импортоор хангахаар төлөвлөж буй . 2023 оны зургаадугаар сард сэргээгдэх устөрөгч, холбогдох түлштэй холбоотой хоёр эрх шилжүүлсэн хууль гаргаж, биологийн бус гаралтай сэргээгдэх түлш (ББГСТ-RFNBO)-ний тодорхойлолт баталжээ. Уг зохицуулалтын хүрээнд сэргээгдэх эрчим хүчээр хангасан электролизээр үйлдвэрлэсэн сэргээгдэх устөрөгч болон нүүрстөрөгчийн хуримтлал, хадгалалт бүхий уламжлалт түлшээр үйлдвэрлэсэн бага нүүрстөрөгчийн устөрөгч гэж ЕХ ангилжээ (Хүснэгт 5.1).

Хүснэгт 3.3. Устөрөгчийн нэршил, хөтөлбөрт тавих ялгаруулалтын шаардлага

Хууль эрх зүй	Нэршил	Он	Шаардлага	Зорилго
ЕХ	Биологийн бус гаралтай сэргээгдэх түлш	2022 (хэрэгжиж эхлээгүй)	Ижил уламжлал түлштэй харьцуулахад ХХЯ амьдралын мөчлөгт 70% бага байхаар (3.4кг CO2-ижил/кгH2) хэрэглэгчид хүргэх, эсхүл 2026 оноос хойш тог цахилгаан халаалтад хэрэглэсэн бол 80% бага байх. Сэргээгдэх эх үүсвэрээр хангагдсан устөрөгчийн электролиз үйлдвэрлэлд хамаатай, нэмэлт баталгаажуулалт хэрэгтэй.	Үндэсний СЭХ зорилтод хүрэхэд тохирох түлш (H2 суурьтай түлш зэрэг)
ЕХ	ЕХ таксаномид багтсан H2	2022	Ижил уламжлалт түлштэй харьцуулахад ХХ ялгарлын амьдралын мөчлөгт 73.4% бага (Үйлдвэрлэлийн шатанд ХХЯ амьдралын мөчлөгт 3кг CO2_ижил/кгH2, эсхүл H2 суурьтай түлшинд 70%).	Уур амьсгалын өөрчлөлтийг хөрөнгө оруулалтад тооцох
АНУ	Ногоон H2	2022	ХХЯ амьдралын мөчлөгт 4кгCO2_ижил/кгH2-с	Санхүүжилт авах нөхцөл. Бага

Хууль эрх зүй	Нэршил	Он	Шаардлага	Зорилго
			бага байлгаж үйлдвэрлэлд хүргэх.	ялгаралтай тусмаа илүү их дэмжлэг авна
Автрлаийн Виктория муж/Герман	С тэглэсэн H2	2020	Зөвхөн сэргээгдэх эх үүсвэрээр гаргасан H2	Гарал үүслийн баталгааг Ухаалаг эрчим хүчний зөвлөл, Австралийн Устөрөгч байгууллагаас авна.

Тэмдэглэгээ: ОУЭХА-ийн Дэлхийн эрчим хүчний тайлан 2022
Эх сурвалж: (IEA, 2022c)

ЕХ-ны эрх шилжүүлсэн хууль нэмэлт шаардлагын ач холбогдлыг илэрхийлэл юм. Нэмэлт шаардлага гэдэг нь устөрөгчийн электролизэд ашиглах сэргээгдэх эрчим хүч (тог) бусад салбарт нүүрстөрөгч халах шалгуур хангасан тохиолдолд "сэргээгдэх" гэж ангилна (European Commission, 2024[61]). Өөрөөр хэлбэл ЕХ-ны импортолсон устөрөгч зөвхөн "ногоон" ангилалд хамаарч, уг бүтээгдэхүүнийг үйлдвэрлэхэд электролизэд ашигласан тог цахилгаан нь шинээр тавьсан сэргээгдэх эх үүсвэрээс эсхүл шугам сүлжээнд нийлүүлсэн сэргээгдэх эрчим хүчээр хангагдсан байна. Нүүрстөрөгчийг халах эхэн үедээ яваа хөгжиж буй орны хувьд энэ шаардлага онц чухал. Сэргээгдэх эх үүсвэрийг үндэсний түгээх шугам сүлжээнд бүрэн холбоогүй үед электролизэд ашигласан тог цахилгаан ногоон болохыг баталгаажуулахад төвөгтэй. Цаашилбал, хэдий тог цахилгаан ногоон байлаа ч нэмэлт шаардлагад нийцэхгүйгээс ЕХ-ны хуулийн шаардлага хангахгүй байж болзошгүй юм.

Гадаадын туршлага стандартыг судлах нь шинээр зах зээлд хөл тавьж буй улсын хувьд бусдын гаргасан алдааг давтахгүй байж, дэлхийн чиг хандлагатай хөл нийлүүлэхэд чухал. Олон улсад хүлээн зөвшөөрсөн баталгаажуулалтыг нутагшуулах нь ялангуяа ногоон устөрөгч, дериватив дайвар бүтээгдэхүү экспортлогч болохыг зорьж буй орны хувьд зорилгоо хангах нэг арга зам мөн. Энэ санааг ЭЗХАХБ, ОУЭХА улам чухалчлан үзэх боллоо (IEA, 2023[1]). Монгол зэрэг төсөл хөтөлбөр нь гадны технологи хөгжүүлэхэд суурилсан улс орны хувьд бодлого тодорхойлогчид нь хууль эрх зүйн орчныг бүрдүүлэхдээ гадаад хүчин зүйлийг тооцох "гаднас дотогш" арга зүйг судалж үзэх нь зөв юм. Энэ нь гадаад ертөнцөд болж буй хууль эрх зүйн зохицуулалт, чиг хандлагыг сэргээгдэх устөрөгч, бусад синтетик түлшний дотооддоо зохицуулалтдаа (Намибийн синтетик түлшний тухай хуулийн төсөл боловсруулах үйл явц, уг хууль тус улсын устөрөгч хөгжүүлэх 2025 оны үйл ажиллагааны төлөвлөгөөнд суусан) (European Commission, 2023[62]; Government of Namibia, 2022[63]) (OECD, 2023[64]) (World Bank, 2023[65]).

Устөрөгчийн үйлдвэрлэл, хадгалалт, тээвэр, ашиглалт нь Монгол Улсын хувьд шинэ зүйл учраас үйлдвэрлэлийн аюулгүй ажиллагааны стандартаа шинэчлэх шаардлагатай болно. ЭХЯ-ны харьяа Эрчим хүчний үндэсний төв устөрөгчийн үйлдвэрлэлд мөрдөх дүрэм журмыг боловсруулж хянах ажлыг хариуцна. Хэдий ЭХҮТ аж үйлдвэрт устөрөгч ашиглах хязгаарлагдмал хүрээнд (ДЦС-ын хөргөлтөд хэрэглэдэг) арвин туршлагатай боловч шинэ маягийн хэрэглээ болон сэргээгдэх устөрөгч үйлдвэрлэх инновац, хадгалалт, түгээлттэй холбоотой шинэлэг арга ажиллагаа устөрөгчийн хэрэглээнд шинэ стандарт, дүрэм журам нэвтрүүлэх шаардлагатайг харуулж байна. Бусад улстай нэгэн адил Монгол Улсад энэ чиглэлээр асуудал тулгарна. ЭЗХАХБ устөрөгчийн үйлдвэрлэл хэрэглээтэй холбоотой лиценз, зөвшөөрөл олголт, хяналт шалгалтыг шинэчлэх чиглэлд хийсэн ажил арвинтай. Одоо мөрдөгдөж буй хуулинд устөрөгчийн эдгээр шинэлэг хэрэглээг тооцож үзсэн зохицуулалт байхгүй. Энэ нь шинэлэг хэрэглээтэй холбоотойгоор гарч болох эрсдэл тооцсон шаардлагатай ихэнхдээ холбоогүй байдаг. ЭЗХАХБ-ын хийсэн устөрөгчийн үйлдвэрлэлтэй холбоотой эрх зүйн зохицуулалтын дэлгэрэнгүй мэдээллийг 2023 онд хэвлэгдсэн Устөрөгчийн аюулгүй хэрэглээг нэвтрүүлэхэд эрсдэлд суурилсан зохицуулалт боловсруулах нь (*Risk-based Regulatory Design for the Safe Use of Hydrogen) баримт бичгээс авч болно* (OECD, 2023[64]).

Ашигласан материал

ADB (2023), *Mongolia: Upscaling Renewable Energy Sector Project*, ADB, https://www.adb.org/projects/50088-002/main#project-pds. [43]

Australian Government - Geoscience Australia (2024), *AusH2 - Australia's Hydrogen Opportunities Tool*, https://portal.ga.gov.au/persona/hydrogen. [60]

Climate Fund Managers (2022), *Launch Of The New 'SDG Namibia One Fund' At Cop27 Targets The Development Of A Green Hydrogen Economy In Namibia*, https://climatefundmanagers.com/2022/11/09/launch-of-the-new-sdg-namibia-one-fund-at-cop27-targets-the-development-of-a-green-hydrogen-economy-in-namibia/. [48]

CMS (2021), *HYDROGEN LAW, REGULATIONS & STRATEGY IN CHILE*, https://cms.law/en/int/expert-guides/cms-expert-guide-to-hydrogen/chile. [76]

Cordonnier, J. and D. Saygin (2023), *Financing solutions to foster industrial decarbonisation in emerging and developing economies*, OECD Environmnt Working Papers, OECD, Paris, https://www.oecd-ilibrary.org/docserver/24a155ab-en.pdf?expires=1705514321&id=id&accname=ocid84004878&checksum=8B304BE24018556EA4E6F4666DCA9A93. [78]

Downs, E., A. Losz and T. Mitrova (2024), *The Future of the Power of Siberia 2 Pipeline*, Center on Global Energy Policy at Columbia University, https://www.energypolicy.columbia.edu/publications/the-future-of-the-power-of-siberia-2-pipeline/. [59]

Edianto, A., G. Trencher and K. Matsubae (2022), *Why do some countries recieve more international financing for coal-fired power plants than renewables? Influencing factors in 23 countries*, Energy for Sustainable Development, No. Vol. 66, Elsevier, https://www.sciencedirect.com/science/article/pii/S0973082621001484#bb0515. [34]

EITI (2021), *Subsidies at What Cost? Shedding Light on State Support for Fossil Fuel Consumption*, EITI, Oslo, https://eiti.org/sites/default/files/attachments/en_eiti_fossil_fuel_subsidies_policy_brief.pdf. [38]

Environmental Investment Fund (2023), *THE GOVERNMENT OF NAMIBIA AND DUTCH PARTNERS INK MEMORANDUM OF UNDERSTANDING*, https://www.eif.org.na/post/sdg-namibia-one-press-release-20-june-2023. [49]

European Commission (2024), *Carbon Border Adjustment Mechanism*, European Commission, https://taxation-customs.ec.europa.eu/carbon-border-adjustment-mechanism_en. [40]

European Commission (2024), *Renewable Hydrogen*, European Commission, https://energy.ec.europa.eu/topics/energy-systems-integration/hydrogen/renewable-hydrogen_en#:~:text=The%20idea%20of%20additionality%20is,unsupported%20renewable%20electricity%20generation%20capacity. [61]

European Commission (2023), *Global Gateway: EU and Namibia agree on next steps of strategic partnership on sustainable raw materials and green hydrogen*, European Commission, https://ec.europa.eu/commission/presscorner/detail/es/ip_23_5263. [62]

Global Energy Monitor (2021), *Boom and Bust 2021*, Global Energy Monitor, https://globalenergymonitor.org/wp-content/uploads/2021/04/BoomAndBust_2021_final.pdf. [33]

Goverment of Mongolia (1994), *Land Law*, Government of Mongolia. [68]

Government of Canada (2022), *Minister Wilkinson Announces up to $800 Million in Project Funding to Advance Canada's Clean Fuels Sector*, https://www.canada.ca/en/natural-resources-canada/news/2022/11/minister-wilkinson-announces-up-to-800-million-in-project-funding-to-advance-canadas-clean-fuels-sector.html. [53]

Government of Canada (2020), *Canada Hydrogen Strategy*, Government of Canada, https://natural-resources.canada.ca/climate-change-adapting-impacts-and-reducing-emissions/canadas-green-future/the-hydrogen-strategy/23080. [75]

Government of Canada (n.d.), *Clean Fuels Fund*, https://natural-resources.canada.ca/climate-change/canadas-green-future/clean-fuels-fund/23734. [52]

Government of Chile (2023), *Gobierno presenta Fondo por US$ 1.000 millones para el desarrollo del Hidrógeno Verde en Chile*, Government of Chile, https://energia.gob.cl/noticias/nacional/gobierno-presenta-fondo-por-us-1000-millones-para-el-desarrollo-del-hidrogeno-verde-en-chile. [51]

Government of Mongolia (2023), *Draft Revision on the Law on Investment*, Ministry of Economy and Development of Mongolia, Ulaanbaatar, https://investmongolia.gov.mn/the-updated-draft-of-the-investment-law-is-available-for-comments-and-recommendations/. [19]

Government of Mongolia (2023), *Planned Energy Projects*, Ministry of Energy, Ulaanbaatar. [14]

Government of Mongolia (2019), *Mongolia's Nationally Determiend Contribution to the United Nations Framework Convention onf Climate Change*, Government of Mongolia, http://www.en.ccrcc.mn/stat/file/u/NDC_1.pdf. [31]

Government of Mongolia (2015), *Energy Law*, Government of Mongolia. [71]

Government of Mongolia (2015), *Intended Nationally Determined Contribution of Mongolia*, Government of Mongolia, http://www.ccrcc.mn/stat/file/u/INDC_Full-Document_ENG_2016.pdf. [32]

Government of Mongolia (2015), *The Law on Energy Saving*, Government of Mongolia. [24]

Government of Mongolia (2014), *Law of Mongolia on Petroleum*, Goverment of Mongolia. [70]

Government of Mongolia (2013), *Investment Law*, Government of Mongolia. [20]

Government of Mongolia (2012), *Exemption from Customs and Value Added Tax*, Government of Mongolia. [22]

Government of Mongolia (2008), *On Customs Tariffs and Customs Taxes*, Government of Mongolia. [23]

Government of Mongolia (2006), *Minerals Law*, Govermnet of Mongolia. [69]

Government of Mongolia (2006), *Toxic and Hazardous Chemicals Law*, Government of Mongolia. [73]

Government of Morocco (2021), *FEUILLE DE ROUTE HYDROGÈNE VERT*, https://www.mem.gov.ma/Lists/Lst_rapports/Attachments/36/Feuille%20de%20route%20de%20hydrog%C3%A8ne%20vert.pdf. [54]

Government of Namibia (2022), *Green Hydrogen and Derivatives Strategy*, Ministry of Mines and Energy of Namibia, https://www.ensafrica.com/uploads/newsarticles/0_namibia-gh2-strategy-rev2.pdf. [63]

Government of Namibia (2022), *Namibia Hydrogen Strategy*, Governmen of Namibia, https://www.ensafrica.com/uploads/newsarticles/0_namibia-gh2-strategy-rev2.pdf. [74]

Green Hydrogen Organisation (n.d.), *Country Portal - Chile*, https://gh2.org/countries/chile#:~:text=Six%20projects%20by%202025,subsidies%20totalling%20US%2450%20million. [50]

Green Hydrogen Organization (n.d.), *Chile's green hydrogen vision*, https://gh2.org/countries/chile. [77]

Greenhouse Gas Protocol/World Resources Institute and World Business Council for Sustainable Development (2004), *The Greenhouse Gas Protocol: A Corporate Accounting and Reporting Standard*, Greenhouse Gas Protocol/World Resources Institute and World Business Council for Sustainable Development, https://ghgprotocol.org/sites/default/files/standards/ghg-protocol-revised.pdf. [39]

Gutschow, J. et al. (2022), *The PRIMAP-hist national historical emissions time series*, Earth Syst. Sci., No. Data, 8, pp. 571-603, https://doi.org/10.5194/essd-8-571-2016. [81]

Harrucksteiner, A. et al. (2023), *A geospatial assessment of the techno-economic wind and solar potential of Mongolia*, Sustainable Energy Technologies and Assessments, No. Vol. 55, https://doi.org/10.1016/j.seta.2022.102889. [46]

Hydrogen Council/McKinsey & Company (2021), *Hydrogen Insights: A perspective on hydrogen investment, market development and cost competitiveness*, Hydrogen Council/McKinsey & Company, https://hydrogencouncil.com/wp-content/uploads/2021/02/Hydrogen-Insights-2021.pdf. [58]

IEA (2023), *GLobal Hydrogen Review 2023*, IEA, Paris, https://www.iea.org/reports/global-hydrogen-review-2023. [1]

IEA (2023), *Mongolia*, Greenhouse Gas Emissions from Energy, IEA, Paris, https://www.iea.org/countries/mongolia. [7]

IEA (2023), *Renewable Hydrogen from Oman*, IEA, https://www.iea.org/reports/renewable-hydrogen-from-oman. [67]

IEA (2022), *Coal in Net Zero Transitions: Strategies for rapid, secure and people-centred change*, IEA, Paris, https://iea.blob.core.windows.net/assets/4192696b-6518-4cfc-bb34-acc9312bf4b2/CoalinNetZeroTransitions.pdf. [37]

IEA (2022), *IEA World Energy Balances 2022*, IEA, Paris, https://www.iea.org/data-and-statistics/data-product/world-energy-statistics-and-balances. [29]

IEA (2022), *Renewable Hydrogen frm Oman: A producer economy in transition*, IEA, Paris, https://iea.blob.core.windows.net/assets/338820b9-702a-48bd-b732-b0a43cda641b/RenewableHydrogenfromOman.pdf. [66]

IRENA (2023), *Wind Energy*, IRENA, https://www.irena.org/Energy-Transition/Technology/Wind-energy#:~:text=In%201985%2C%20typical%20turbines%20had,the%20length%20of%20its%20blades. [9]

IRENA (2022), *Renewable Energy Statistics 2023*, IRENA, https://mc-cd8320d4-36a1-40ac-83cc-3389-cdn-endpoint.azureedge.net/-/media/Files/IRENA/Agency/Publication/2023/Jul/IRENA_Renewable_energy_statistics_2023.pdf?rev=7b2f44c294b84cad9a27fc24949d2134. [11]

IRENA (2022), *Renewable Power Costs in 2021*, IRENA, Abu Dhabi, https://www.irena.org/-/media/Files/IRENA/Agency/Publication/2022/Jul/IRENA_Power_Generation_Costs_2021.pdf?rev=34c22a4b244d434da0accde7de7c73d8. [3]

IRENA (2016), *Renewable Readiness Assessment: Mongolia*, IRENA, https://www.irena.org/-/media/Files/IRENA/Agency/Publication/2016/IRENA_RRA_Mongolia_2016.pdf?rev=b7b8dc32d10745cc9b70b55d31569366. [6]

Kalinova, B., A. Palerm and S. Thomsen (2010), "OECD's FDI Restrictiveness Index: 2010 Update", *OECD Working Papers on International Investment*, No. 2010/3, OECD Publishing, Paris, https://doi.org/10.1787/5km91p02zj7g-en. [25]

Ministry of Energy of Mongolia (2022), *Heat Supply and Renewable Energy Policy Planning*, Ministry of Energy of Mongolia, Ulaanbaatar, https://www.irena.org/-/media/Files/IRENA/Agency/Events/2022/May/Heat-supply-and-renewable-energy-policy-planning.pdf?la=en&hash=FC805CF764BBD7F6A001D27B9FDE9FF4170A0B48. [12]

National Statistics Office of Mongolia (2024), *Foreign Direct Investment Stock by Economic Sector*, National Statistics Office of Mongolia, https://www.1212.mn/en/statistic/statcate/573075/table-view/DT_NSO_1500_005V3. [42]

New Climate Institute (2020), *The Mongolian electricity sector in the context of international climate mitigation efforts*, New Climate Institute, https://newclimate.org/sites/default/files/2022-03/decarbonization_pathways_mongolia_0.pdf. [13]

NewClimate Institute (2023), *The landscape of green hydrogen in Namibia*. [5]

Nilsson, A. et al. (2021), *Green Hydrogen Applications in Mongolia: Technology potential and policy options*, New Climate Institute, https://newclimate.org/sites/default/files/2021/10/NewClimate_Green_Hydrogen_Applications_in_Mongolia.pdf. [30]

OECD (2023), *FDI Regulatory Restrictiveness Index*, OECD Publishing, Paris, https://stats.oecd.org/Index.aspx?DataSetCode=FDIINDEX. [18]

OECD (2023), *Policy Toolkit for Strengthening FDI and SME Linkages*, OECD Publishing, Paris, https://doi.org/10.1787/688bde9a-en. [80]

OECD (2023), *Risk-based Regulatory Design for the Safe Use of Hydrogen*, OECD Publishing, Paris, https://doi.org/10.1787/46d2da5e-en. [64]

OECD (2022), *Equitable Framework and Finance for Extractive-based Countries in Transition (EFFECT)*, OECD, Paris, https://www.oecd-ilibrary.org/docserver/7871c0ad-en.pdf?expires=1709306320&id=id&accname=ocid84004878&checksum=78AA36C78DCA45C6AF7173404CF154F6. [36]

OECD (2022), *Green Hydrogen Opportunities for Emerging and Developing Economies*, OECD, Paris, https://www.oecd-ilibrary.org/docserver/53ad9f22-en.pdf?expires=1696414509&id=id&accname=ocid84004878&checksum=01FB008F220DF39E4DDDC822F7FFEB07. [2]

OECD (2022), *OECD FDI Regulatory Restrictiveness Index*, OECD, Paris, https://stats.oecd.org/Index.aspx?datasetcode=FDIINDEX. [41]

OECD (2021), *Agreement reached at OECD to end export credit support for unabated coal-fired power plants*, OECD, Paris, https://www.oecd.org/newsroom/agreement-reached-at-oecd-to-end-export-credit-support-for-unabated-coal-fired-power-plants.htm. [35]

OECD (2021), *Improving the Legal Environment for Business and Investment in Central Asia*, OECD Publishing, Paris, https://www.oecd.org/eurasia/Improving-LEB-CA-ENG%2020%20April.pdf. [44]

OECD (2021), *Recommendation of the Council for Agile Regulatory Governance to Harness Innovation*, OECD, Paris, https://www.oecd.org/mcm/Recommendation-for-Agile-Regulatory-Governance-to-Harness-Innovation.pdf. [72]

OECD (2015), *Policy Framework for Investment: 2015 Edition*, https://doi.org/doi.org/10.1787/9789264208667-en. [79]

OECD/The World Bank (2024), *Scaling Hydrogen Financing for Development*, OECD Publishing, Paris, https://doi.org/10.1787/0287b22e-en. [4]

OECD/The World Bank/UN Environment (2018), *Financing Climate Futures: Rethinking Infrastructure*, OECD Publishing, Paris, https://doi.org/10.1787/9789264308114-en. [27]

People's Republic of China (2023), *"West-to-East Hydrogen Tramission" Pipeline Included in National Planning*, GOV.CN, https://www.gov.cn/yaowen/2023-04/10/content_5750685.htm. [57]

PwC (2023), *Mongolia Corporate Tax Credits and Incentives*, PwC, https://taxsummaries.pwc.com/mongolia/corporate/tax-credits-and-incentives. [21]

Saygin, D. and M. Lee (2023), *Financing cost impacts on cost competitiveness of green hydrogen in emergin and developing economies*, OECD Environment Working Papers, No. No. 227, OECD, Paris, https://www.oecd-ilibrary.org/fr/environment/financing-cost-impacts-on-cost-competitiveness-of-green-hydrogen-in-emerging-and-developing-economies_15b16fc3-en. [47]

Sinosteel (2022), *China's First Million-ton Hydrogen-based Shaft Furnacce Kicks off at Baosteel Zhanjiang Steelworks*, Sinosteel, http://mecc.sinosteel.com/EN/news_content.aspx?id=3778. [56]

U.S. Department of State (2023), *2023 Investment Climate Statements: Mongolia*, Investment Climate Statements, U.S. Department of State, D.C., https://www.state.gov/reports/2023-investment-climate-statements/mongolia/#:~:text=Upon%2C%20Foreign%20Investment-,Policies%20Towards%20Foreign%20Direct%20Investment,investors%20face%20no%20investment%20minimums. [17]

UNDP (2023), *Mongolia SDG Investor Map: Report on Investment Opportunity Areas*, UNDP, Ulaanbaatar, https://investmongolia.gov.mn/download/sdginvestormap.pdf. [26]

UNESCO (2023), *45 COM 6B.24 Lake Baikal (Russian Federation) (N 754)*, UNESCO, Paris, https://whc.unesco.org/en/soc/4340. [16]

UNIDO (2023), *DEMONSTRATION PROJECT ON PRODUCTION OF GREEN HYDROGEN AND AMMONIA UNDERWAY IN BAOTOU, CHINA*, UNIDO, https://hydrogen.unido.org/news/demonstration-project-production-green-hydrogen-and-ammonia-underway-baotou-china. [55]

World Bank (2023), *Advisory Report on the Development of a Green Hydrogen Certification Scheme in Chile*, World Bank, https://documents1.worldbank.org/curated/en/099062523123027598/pdf/P17631002007000f5080680467b6cdd230a.pdf. [65]

World Bank (2023), *Global Clean Hydrogen Financing Flagship Publication*, World Bank Group, DC. [45]

World Bank (2022), *Mogolia Third Energy Sector Project (P178190)*, World Bank Group, DC, https://documents1.worldbank.org/curated/en/099062123053511517/pdf/P1781900f268cc010b6590592148fee6a1.pdf. [28]

World Bank (2020), *Mongolia InfraSAP: Infrastructure for Connectivity and Economic Diversification*, World Bank, DC, https://openknowledge.worldbank.org/server/api/core/bitstreams/08c3160c-51f3-520d-ac21-223780282464/content. [8]

World Bank/Global Solar Atlas (2023), *Global Solar Atlas: Mongolia*, World Bank, DC, https://globalsolaratlas.info/map?r=MNG&c=47.923705,102.260742,6. [15]

World Bank/Global Wind Atlas (2023), *Global Wind Atlas: Mongolia*, World Bank, DC, https://globalwindatlas.info/en/area/Mongolia. [10]

Тодруулга

[1] АНУ-ын Үндэсний Сэргээгдэх Эрчим Хүчний Лабораторийн 2001 оны "Монгол Улсын Салхины Эрчим Хүчний Нөөцийн Атлас" нь Монголын салхины нөөц, түүний байршил, техникийн шинж чанарын талаар өргөн хүрээний тойм мэдээлэл өгдөг. Энэхүү атлас нь IRENA болон Монгол Улсын Эрчим хүчний яам зэрэг байгууллагуудын салхины эрчим хүчний салбарт хийж буй судалгааны үндсэн лавлах материал хэвээр байна.

[2] Сайншандын салхин станц, Дамао Баоту баруун аж үйлдвэрийн бүсийн хоорондох (километр) зайгаар тооцов. Нэг километр шугам хоолой тавих зардлыг Устөрөгчийн зөвлөл МакКинзи & Компанийн хэрэгжүүлсэн ижил төстэй төслийн тооцоолд үндэслэн бодсон. (Hydrogen Council/McKinsey & Company, 2021[58]).

4 Сэргээгдэх устөрөгчийн үйлдвэрлэлийн усан хангамж

Электролизийн аргаар устөрөгч үйлдвэрлэхэд цэвэршүүлэлт өндөртэй ус зайлшгүй шаардлагатай. Иймд усан хангамжийн асуудал нь сэргээгдэх устөрөгчийн төслийн эдийн засгийн үр ашиг, байгаль орчны тогтвортой байдлыг хангахад шийдвэрлэх хүчин зүйл мөн. Монгол Улсад нөхөн сэргээгдэх цэнгэг усны нөөц нутгийн хойд хэсгээр, сэргээгдэх эрчим хүчний эх үүсвэр говийн бүсэд элбэг тархсан байгаа нь электролизэд шаардлагатай цэнгэг ус ба сэргээгдэх эрчим хүчний эх үүсвэрийн байршил газар зүйн хувьд давхацдаггүй, уул уурхай төвлөрөн хөгжиж буй Өмнөговьд ус хомсдолтой. Хэрэвзээ Монгол Улс цаашид сэргээгдэх устөрөгчийн үйлдвэрлэлээр эрчим хүчний хэрэгцээгээ хангах бодлого баримтлах бол устөрөгчийн хөгжлийн үндэсний стратегидээ одоо байгаа усны нөөцөө хэрхэн яаж тогтвортой ашиглах талаар зайлшгүй тусгах шаардлагатай. Энэ бүлэгт устөрөгчийн эрчим хүч ашиглах бодлого боловсруулахад тооцож үзвэл зохих гол асуудлуудыг судалж үзлээ.

Танилцуулга

Тэглэх зорилтын хүрээнд электролизийн аргаар үйлдвэрлэх устөрөгчийн хэмжээг 2050 онд 520 тянган тонн (МТ) хүргэх шаардлагатай гэж Олон Улсын Эрчим Хүчний Агентлаг (ОУЭХА) тооцоолжээ. Сэргээгдэх эрчим хүч, нүүрстөрөгч бага ялгаруулдаг устөрөгчийн үйлдвэрлэлийг нэмэгдүүлэх чиглэлд төр засаг, салбарын төлөөлөгчид, олон улсын түншүүд болон бусад оролцогч талууд хүчин чармайлт тавьж буй нь COP 28 чуулга уулзалтаас гарсан тунхаг бичгээс тодорхой харагддаг. Үүнд НҮБ-ын Уур амьсгалын өөрчлөлтийн суурь конвенцид нэгдэн орсон орнууд сэргээгдэх эрчим хүч, нүүрстөрөгч бага ялгаруулдаг устөрөгч, устөрөгчийн нэгдлүүдийн баталгаажуулалтыг харилцан хүлээн зөвшөөрөхөөр тогтжээ. Сэргээгдэх эрчим хүчний хувьд хамгийн цэвэр үйлдвэрлэл болох электролизийн аргаар устөрөгч үйлдвэрлэх салбарт суурилагдсан хүчин чадал, төслийн тоо хурдтай нэмэгдсээр байна (IEA, 2023[1]). Электролизийн аргаар сэргээгдэх нүүрстөрөгч үйлдвэрлэх чадал 2022 оны эцэст дэлхий дахинаа бараг 700 мегаватт (мВт)-д хүрсэн нь жил бүр 20% нэмэгдсэн үзүүлэлт бөгөөд 2023 оны төгсгөлд 2000 мВт хүрэх боломжтой. Зарлагдсан төслүүдийн хувьд 2030 он гэхэд 175 гегаватт (гВт)-д хүрч үйлдвэрлэх боломжтой юм (IEA, 2023[1]). Технологи үйлдвэрлэлд хурдтай нэвтэрч буй нь усны нөөцөд үзүүлж болзошгүй сөрөг нөлөөллийн асуудлыг мэргэжилтэн, бодлого тодорхойлогчдын өмнө тулгаж байна (Beswick, Oliveira and Yan, 2021[2]).

Энэ асуудал ялангуяа далайд гарцгүй, усны нөөц хязгаарлагдмал Монгол болон бусад төв Азийн улс орны өмнө хурцаар тавигдаж байгаа юм. Олон орон сэргээгдэх эрчим хүч, устөрөгчийн зах зээлд том тоглогч болох хүсэлтэй. Жишээлбэл, Латин Америк, Ойрх Дорнодын улс орнууд далайн ус цэвэршүүлж сэргээгдэх устөрөгч үйлдвэрлэх төлөвлөгөөтэй байгаа бол Монгол болон Төв Азийн улсуудад ийм боломж байхгүй. Ерөнхийдөө энэ бүс нутагт усны асуудал хамгийн эмзэг сэдэв, Монгол Улс, хөдөө орон нутагт усны хомсдол нүүрлэсэн (Asian Development Bank, 2020[3]) нь иргэдийн дунд болон төр засгийн түвшинд анхаарал татсан, санаа зовоосон асуудал болжээ. Сэргээгдэх устөрөгчийн салбарын хөгжил усан хангамжийн дэд бүтцээс шууд хамааралтай болохыг Нью Клаймэт Институт (*NewClimate Institute*) тайланд заажээ. (Nilsson et al., 2021[4]) Иймд бодлого тодорхойлогчид, хөрөнгө оруулагчид (болон бусад оролцогч талууд) сэргээгдэх устөрөгчийн үйлдвэрлэл хөгжүүлэхэд усан хангамжийн асуудал онц чухал болохыг онцгойлон анхааруулсаар байгаа юм.

Энэ бүлэгт сэргээгдэх устөрөгчийн үйлдвэрлэлд тулгамдаж буй усны асуудлыг үндэсний стратеги боловсруулахад хэрхэн тооцож үзэх талаар зөвлөмж мэдээллийг тусгалаа. Нэгдүгээрт, үйлдвэрлэлд шаардлагатай усан хангамжийн асуудлыг хэрэгцээгээр нь эрэмбэлж тодорхойлохыг оролдов. Одоо байгаа мэдээлэл, судалгаа, тоо баримтыг өнөөгийн хэрэглээтэй харьцуулан эрсдэлийг тодорхойлорр. Хоёрдугаарт, сэргээгдэх устөрөгч үйлдвэрлэхэд усны хязгаарлагдмал нөөцийн асуудлыг шийдэх далай тэнгисийн ус цэвэршүүлэхээс бусад боломжит арга технологийг Монгол орны нөхцөлд хэрэглэх боломжийг судаллаа. Эцэст нь сэргээгдэх устөрөгчийн хөгжилтэй холбоотой учраас Монгол орны усны талаар баримталж буй бодлогыг шинжилж, тулгамдаж буй асуудал, шийдэх арга замуудыг тодорхойллоо.

Монголын сэргээгдэх устөрөгчийн хөгжилд шаардлагатай усны эрэлт: Үр дагавар, эрсдэл

Сэргээгдэх устөрөгчийн салбарыг хөгжүүлснээр өсөн нэмэгдэх усны хэрэгцээг хангах асуудал ялангуяа Монгол, Төв Азийн бүс нутагт санаа чилээсэн зүйл юм. Электролизийн арга хэрэглэдэг сэргээгдэх устөрөгчийн станцад усан хангамжийн найдвартай байдал онц чухал. Ялангуяа электролизэд сайтар цэвэршүүлсэн сайн чанарын ус хэрэгтэй тул ихэнх тохиолдолд үйлдвэрлэлд ашиглахын өмнө усыг заавал дэвшилтэт технологиор цэвэршүүлэх шаардлагатай байдаг. Улс орон бүрийн бодлого тодорхойлогчид энэ салбарын үйлдвэрлэлийг нэмэгдүүлэх, энэ зууны тавиад он гэхэд нүүрстөрөгчийн тэнцэл хангах, тэглэх зорилтыг биелүүлэхээр чармайж байгаа энэ цагт олон талын оролцогчид энэ салбар огцом хөгжин тэлснээр дэлхий дахин, бүс нутаг, орон нутгийн түвшинд цэнгэг усны нөөцийн хомсдол үүснэ гэж санаа зовниж буй. Энэ нь далайд гарцгүй Монгол орны хувьд илүү ноцтой. Энэхүү тайланг боловсруулах явцад ярилцлага хийсэн олон хүн сэргээгдэх устөрөгчийн салбарын хөгжилд усны нөөц, хомсдолын асуудлыг эхлээд шийдэх ёстой гэсэн байр суурь илэрхийлж байлаа.

Сэргээгдэх устөрөгчийн салбарын усны хэрэгцээ, шаардлагыг үнэлэх нь

Энэ чиглэлд усны эрэлт ямар байгааг илэрхийлэх мэдээлэл дутуу дулимаг, хэд хэдэн цоорхойтой. Сэргээгдэх устөрөгчийн салбарын ирээдүйн усны хэрэгцээг тодорхойлсон шинэ судалгаа хийгдсэн, уг судалгаанд үндэслэн Монгол Улсын хэрэгцээг энэ бүлэгт тодорхойллоо.

Устөрөгчийн үйлдвэрлэлд зориулж ус олборлохтой холбоотой зайлшгүй анхаарах шаардлагатай хэд хэдэн сул тал бий. Юуны түрүүнд судалгаагаар тодорхойлсон ирээдүйн хэрэгцээ хэмжээ, далайцын хувьд өөр өөр байна. Зарим судалгаа зөвхөн электролизэд хэрэглэх усыг тооцжээ (Beswick, Oliveira and Yan, 2021[2]). Зарим судлаачид устөрөгчийн үйлдвэрлэлийг илүү өргөн хүрээнд харж, нар салхины эрчим хүчний үйлдвэрлэлээс ялгаатай нь үйлдвэрлэлийн бүх шат дамжлагад (хөргөлт) хэрэглэх усыг оруулж тооцдог (Tonelli et al., 2023[5]). Монголд хэрэгжиж буй зарим устөрөгчийн төсөл бусад гадаад төслүүдийн жишгээр усны молекулыг энергийн эх үүсвэр болгон (аммиак), эсхүл шингэлэх технологийг сонгожээ. Эдгээр нэмэлт хэрэглээ тус тусдаа усны стандарт шалгууртай. Хэдий эдгээр шалгуурыг тусгайлан авч үзээгүй боловч энэ нь эрчим хүчний үйлдвэрлэлд устөрөгч хэрэглэх бодлогын салшгүй нэг хэсэг мөн.

Өөр нэг чухалд тооцогдох сул тал нь сэргээгдэх устөрөгчийн салбар өөрөө шинэ технологид суурилсан учраас урд өмнө өргөнөөр туршигдаж батлагдсан зүйл биш. Иймд усны хэрэглээг бодит амьдралаас гэхээсээ лабораторийн нөхцөлд (цэвэр усны шугамд холбогдсон усан хангамжаар) тодорхойлсон хязгаарлагдмал мэдээллээс тооцоолно. Мэдээж бодит амьдрал дээр хэрэглээ өөр байж болох ч технологи цаашдаа улам сайжирч, ур ашигтай болно гэсэн хүлээлтэд үндэслэн тооцоолол хийв (IRENA and Bluerisk, 2023[6]).

Хамгийн сүүлийн судалгаа, техникийн баримт бичгээс харахад 1кг сэргээгдэх устөрөгч үйлдвэрлэхэд 20-30 литр (л) ус шаардлагатай. Үүнд электролизэд шаардагдах 10л/кг ус, ус цэвэршүүлэх, хөргөхөд шаардагдах 10-20л/кг усыг оруулж тооцов. Технологийн шийдэл, үйлдвэрлэлийн хүчин чадлаас хамаарч эдгээр үзүүлэлт өөрчлөгддөг (Хүснэгт 4.1).

Хүснэгт 4.1. Сэргээгдэх нүүрстөрөгч үйлдвэрлэлд шаардлагатай усны хэрэглээ

1тн устөрөгч үйлдвэрлэхэд шаардлагатай ус, кг-р

	Усны нийт хэрэгцээ	**Усны нийт хэрэглээ**	Ус цэвэршүүлэхэд	Электролизэд	Хөргөлтөд	Тэмдэглэгээ
"ACS Energy Letters" сэтгүүл	**9**	**9**	-[1]	9	-	Цэвэр ус хэрэглэнэ
Тоннели ба бусад.	**24**	**-**	15	9	*Усны эрэлтийн өсөлтийг +19% тооцов*	СЭХ үйлдвэрлэлд хэрэглэх усыг тооцсон
IRENA – шүлтлэг*	**32.24**	**22.28**		14.19[2]	18.05[2]	Урьдчилан цэвэршүүлсэн ус хэрэглэсэн. Ууршилтаар хөргөх арга.
IRENA – ПДМ**	**25.70**	**17.52**		11.31[2]	14.39[2]	
Eurokhan кэйс судалгаа	**-**	**-**	-	12	-	-

Тэмдэглэгээ: IRENA хэмжигдхүүний цуваа болон дундаж утга ашигласан ба зөвхөн дундаж утгыг энд харуулав. (1) Далайн ус цэнгэгшүүлэх тохиолдолд усны хэмжээ хэрэглээнээс хоёр дахин их байна. (2) Тайланд дурдсан харьцаанд тулгуурлаж тооцовт. Шүлтлэг* болон протон дамжуулах мембран (ПДМ)** электролиз зах зээлд бэлэн технологи юм. Шүлтлэг электролиз нь илүү удсан технологи ба үйлдвэрлэлд олон жил ашиглаж буй боловч ПДМ электролизтэй ижил зөвхөн устөрөгчийн үйлдвэрлэлд ашиглагдана. Энэ хоёр технологи ОУЭХА-ийн ангиллаар технологийн бэлэн байдлын зэргийн хангалттай үнэлгээтэй (TLR9) by the IEA.
Эх сурвалж: (Beswick, Oliveira and Yan, 2021[2]) (IRENA and Bluerisk, 2023[6]) (Tonelli et al., 2023[5]), OECD.

Электролизийг тэжээх ус технологийн шаардлага хангасан сайн чанартай, цэвэр байх ёстой тул усны чанар байдлаас хамаарч өмнө нь тохирох цэвэршүүлэлт хийх шаардлагатай байдаг. Усны чанар муу байх нь электролиз, тоног төхөөрөмжийн насжилт төдийгүй, устөрөгчийн чанарт нөлөөлнө (Becker et al., 2023[7]). Ус цэвэршүүлж дахин ашиглах хувь хэмжээ үйлдвэрлэл тэжээж буй усны чанар, электролиз төхөөрөмжийн төрөл (технологи, шүлтлэг, ПДМ) болон урьдчилсан цэвэршүүлэх арга хэлбэрээс хамаарна. Урьдчилсан цэвэршүүлэх гол технологийн шийдэл-сөрөг осмосисоор эрдэсгүйжүүлэх технологиор боловсруулсан усны гарц ерөнхийдөө 40-60% байдаг болovч оновчлолыг сайжруулбал 90%-д хүргэх боломжтой (U.S. Department of Energy, 2013[8]). Зөрүү үлдэгдэл нь давсны уусмал тул хаягдал болдог. Нөгөө талаасаа түүхий усыг хөргөлтөд ашиглаж болно. Хөргөлтөд ашиглах усыг электролиз тэжээх устай ижил урьдчилан боловсруулах шаардлагагүй тул иймд эрдэс ихтэй ус ашиглаж болно. Өөрөөр хэлбэл устөрөгчийн үйлдвэрлэлийн усан хангамжийн шугам сүлжээ нь өөр өөр байхаар төлөвлөнө.

Монголын хувьд сэргээгдэх устөрөгчийн төсөл говийн бүсд төвлөрөн (гадаргуугийну ус ашиглах төлөвлөлттэй нэг төслөөс бусад, Хавсралт А-г харна уу) гүний ус ашиглахаар төлөвлөж байна. Өмнөговьд байгаа усны нөөцийг тооцсон судалгаа мэдээллийг нягталж үзэхэд ерөнхийдөө тооцоолол хангалтгүй, сайжруулах шаардлагатай. Ийм нөхцөлд устөрөгчийн үйлдвэрлэл тухайн бүс нутгийн өөр бусад хэрэглээнд хэрхэн яаж нөлөөлөхийг үнэн зөв тооцоход хүндрэлтэй. Өмнөговийн гүний ус давсархаг учраас хэрэглэх усны хэмжээ ихсэх, усны өртөг зардал нэмэгдэх (ус цэвэршүүлэх нэмэлт зардал), (жишээлбэл хаягдал ус) байгаль орчинд үзүүлэх нөлөөлөл өөрчлөгдөх нь дамжиггүй[1].

Устөрөгчийн үйлдвэрлэлд шаардлагатай усны хэрэглээг тогтоохдоо судалгааны тайлан, төсөл хэрэгжүүлэгчдийн өгсөн мэдээлэлд үндэслэн боловсруулав. Орон нутгийн кэйс судалгаа, тайлангийн дүн, тоо баримт, ялангуяа IRENA байгууллагын хийсэн судалгаанд тулгуурлан сэргээгдэх устөрөгчийн үйлдвэрлэлд шаардлагатай усны ашиглалтыг тодорхойлж доорх Зураг 4.1-т харуулав. Электролизэд килограмм тутамд 12л гүний цэвэршүүлсэн ус ашиглана, шүлтлэг электролизийн технологиор дахин ашиглалт 30% гэж тооцов. Сэргээгдэх эрчим хүч үйлдвэрлэл

(үйлдвэрлэл, тоног төхөөрөмжийн ажиллагаа)-ийг тооцоолол хийхэд шаардлагатай мэдээлэл байхгүй, нөлөө бага гэж үзэн тооцоололд тусгаагүй (IRENA and Bluerisk, 2023[6]).

Зураг 4.1-д харуулснаар Монголын нөхцөлд 1кг сэргээгдэх устөрөгч үйлдвэрлэхэд 41.45л түүхий ус шаардагдахаар байна. Энэ нь цэвэршүүлж электролизэд ашиглах 18.24л ус (эндээс электролизэд ашиглах12л цэвэр ус гарна), хөргөлтөд ашиглах 23.21л усны нийлбэр дүн юм. Ус цэвэршүүлсний дараа сөрөг осмосисоор 6.24л хаягдал буюу давсны уусмал зайлуулах шаардлагатай. Хөргөлтөд ашигласан усны ихэнх ууршиx ба эндээс гарах 6л бүлээн усыг дахин ашиглах боломжтой.

Зураг 4.1. Монголд устөрөгч үйлдвэрлэхэд шаардлагатай ус хангалтын хялбарчилсан схем

Усаар тэжээгдэх хэмжээ, хаягдлыг литрээр тооцов.

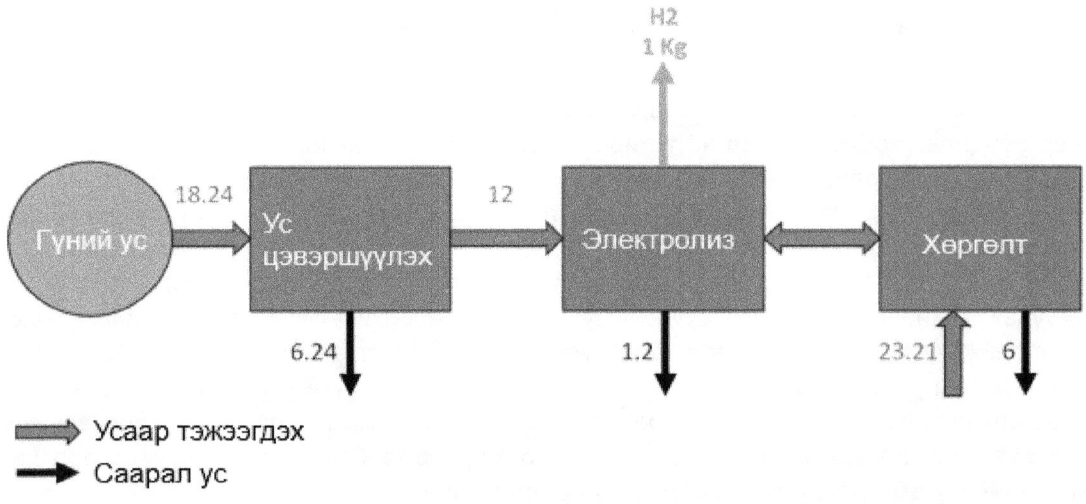

ГүниЭх сурвалж: IRENA, OECD кэйс судалгаа, Tonelli ба бусад ашиглав.

Уг тайланг боловсруулах явцад төсөл хэрэгжүүлэгчидтэй (монгол болон гадаад) ярилцлага хийхэд сэргээгдэх устөрөгчийн үйлдвэрлэлийн өртөгт усны чанарт тавих шаардлага онцын нөлөөгүй, ялангуяа усны нөөц муутай бүсэд хэрэгжиж буй төслийн устөрөгчийн үнэ эрчим хүчний тэгширсэн үнэ тарифтай ихээхэн хамааралтай болохыг хэлж байлаа. Ус цэвэршүүлж, боловсруулахад нэмэлт эрчим хүч, хөрөнгө, үйл ажиллагааны зардлыг санхүүжүүлэх шаардлагатай хэдий ч эдгээр зардал нь нийт өртөг зардалд бага хувь (килограмм устөрөгчид 1-2 ам. цент) эзэлдэг, өрсөлдөөнт зах зээл дээр нийт тэгширсэн үнийнхээ 1% хүрэхгүй зардлыг эзэлнэ (Saygin and Lee, 2023[9]). Усны дахин ашиглалт төдийгүй эрчим хүчний хэрэглээ хамгийн бага, далайн ус цэвэршүүлж ашиглах технологи хүртэл устөрөгчийн үйлдвэрлэлийн зардлын 2%-с бага байдаг.[2] Монголын төсөл хэрэгжүүлэгчидтэй ярилцахад Монголын нөхцөл байдлыг тусган хийсэн тооцоололтой нь дүйж байв. Өрсөлдөхүйц үнэ тариф сэргээгдэх устөрөгчийн үйлдвэрлэлд (далайн ус цэвэршүүлж ашиглахад хүртэл) тодорхойлогч хүчин зүйл биш, харин усны хангамж онц чухал асуудал мөн. Хэрэв төсвийн хөрөнгө оруулалт шаардалгүйгээр үйлдвэрт ус зөөж авчрах зардлыг хөрөнгө оруулагч төсөл хэрэгжүүлэгч хариуцахад хангалттай усан хангамжийн систем байхгүй учраас Монголын нөхцөлд уг шинэ тутам салбарт өрсөлдөх чадварын асуудал тулгарна.

Зураг 4.1-д харуулсан тооцоололд үндэслэн устөрөгчийн салбарт шаардлагатай усны эрэлт хэрэгцээ, хэрэглээг тодорхойлж болно. Жилд үйлдвэрлэх боломжтой сэргээгдэх устөрөгчийн үйлдвэрлэлийн хэмжээг Зураг 4.2-т харуулахдаа дээр дурдсан хязгаарлалтыг тооцон үзэж бодит тоо гэхээсээ ерөнхий дүр зургийг харуулахыг эрмэлзлээ. Уг салбарт (төслийн I, III шатанд яваа) төсөл хэрэгжүүлэгчидтэй хийсэн ярилцлага, сэргээгдэх устөрөгч экспортлогч орон болох зорилготой жишиг улс орны зорилтот хэмжээнд үндэслэн уг дүр зургийг гаргав. Устөрөгч тээвэрлэх, хадгалах сүлжээ байгуулах зэрэгт маш их хөрөнгө оруулалт шаарддаг учраас салбарын хүчин чадал нь үнэ тарифыг тодорхойлох гол хүчин зүйл болдог. Сэргээгдэх устөрөгч Хятадад экспортлох зорилго тавьж буй Монголын хувьд Хятад орон үйлдвэрлэлийн өртгийн томоохон хувийг эзэлдэг электролиз үйлдвэрлэгч төдийгүй сэргээгдэх эрчим хүчний голлох өрсөлдөгч улс болохоор ажиллаж буй гэдгийг тооцон үзэх шаардлагатай. Энэ нөхцөлд доор харуулсан тооцооллоор үндэсний стратегийн хүрээнд бусад устөрөгч экспортлогч улсуудтай өрсөлдөхүйц хэмжээнд үйлдвэрлэхэд шаардлагатай усны нөөцийг харуулав.

Зураг 4.2. Хэрэгжиж буй төслүүдийн төлөвлөсөн усны хэрэгцээг устөрөгчийн үйлдвэрлэлээр өрсөлдөхөд шаардлагатай усны эрэлтэд дүйцүүлсэн тооцоолол

Мянган куб метр / жилд

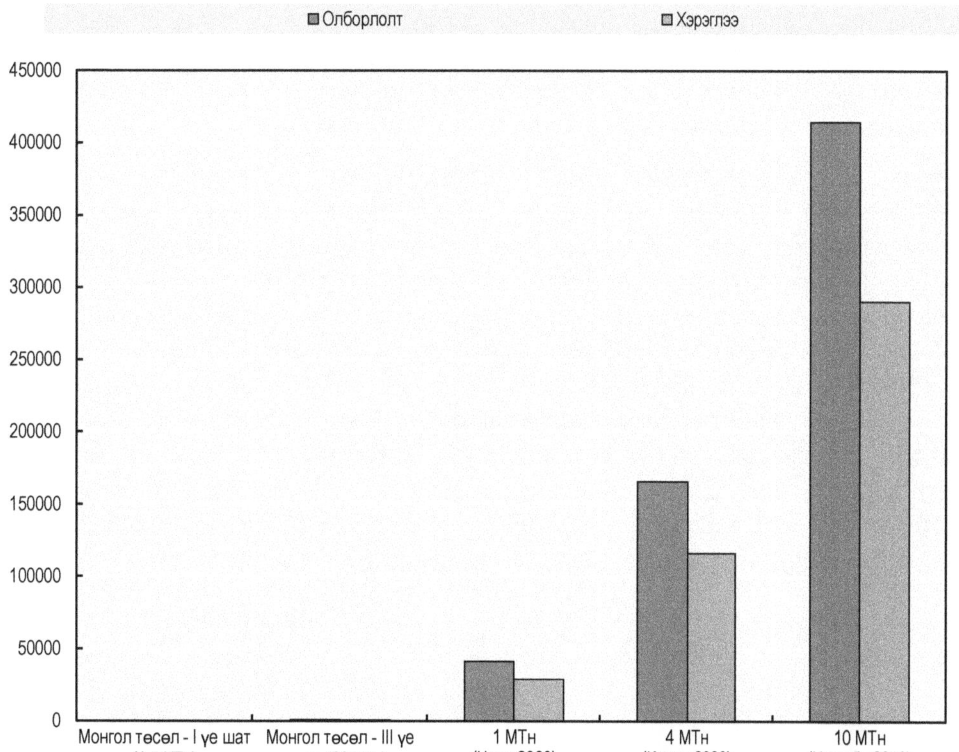

Эх сурвалж: Зохиогч

Одоо хэрэгжиж буй сэргээгдэх устөрөгчийн төслүүдийн усны хэрэгцээ харьцангуй хязгаарлагдмал (жилд 50 килотонн (КТ) үйлдвэрлэхэд усны хэрэглээ 600 000 $м^3$) бага боловч бусад өрсөлдөгч улсуудтай нэг түвшинд гарахуйцаар хүчин чадлаа нэмэхэд энэ эрэлт өөрчлөгднө (тухайлбал жилд 1мегатонн (МТ) үйлдвэрлэхэд усны хэрэглээ ойролцоогоор 30 сая $м^3$ хүрнэ). Энэ төрлийн төсөлд усны хэрэглээ бага мэт харагдавч усны хомсдолтой говийн бүсэд усны хэрэглээг нэмэхэд болгоомжтой хандах нь зүйтэй. Хэрэглээ нэмэгдсэнээр үзүүлэх нөлөөг сайтар тооцож, чухам яагаад тэргүүлэгч ногоон технологи нутагшуулах туршилтын төсөл хэрэгжүүлж эдийн засгийн үр ашгийг тооцох нь чухал болохыг энэ тайланд мөн тайлбарласан билээ.

Энэхүү тайлангийн гол сэдэв нь сэргээгдэх устөрөгч юм. Зарим оролцогч талын хувьд (нүүрстөрөгч ялгах замаар) нүүрснээс хий үйлдвэрлэх зэрэг бусад устөрөгчийн технологи ашиглах сонирхолтой. Ашиглах усны хэмжээ сэргээгдэх устөрөгч үйлдвэрлэлд бусад устөрөгчийн технологиудаасаа хамгийн бага байдаг гэдгийг онцлох нь зүйтэй (IRENA and Bluerisk, 2023[6]). Нүрснээс хий гаргахад хөргөлтөд зориулж нэмэлт ус шаарддагаас гадна нүүрсээ заавал урьдчилан хатаах шаардлагатай байдаг нь нэмэлтээр гарах хаягдал усаа яах талаар шийдэл хэрэгтэй болдог. Монголд хэрэгжиж байгаа устөрөгчийн туршилтын нэгэн төсөл өмнө ашиглаж байсан нүүрснээс хий гаргах санаачилга дээр тулгуурлан хэрэгжих зорилго агуулжээ (Guo et al., 2020[10]). ОУСЭХА-ийн тооцоолсноор нүүрстөрөгч ялгах технологиор хий гарган авахад электролизийн аргаас даруй хоёр дахин их ус шаардана. Нүүрстөрөгч ялгалгүйгээр нүүрснээс хий гаргасан ч усны хэрэглээ 39%-д хүрдэг нь сэргээгдэх устөрөгчийн станцаын хэрэглээнээс их юм[3]. Энэ тохиолдолд нүүрстөрөгч бууруулах зорилтод электролизийн арга илүү нийцэж байгаа төдийгүй усны ашиглалт бага, усны нөөцийг илүү үр дүнтэй ашиглахаар зохицуулах боломжтой. .

Усны хомсдолтой говийн бүсэд сэргээгдэх устөрөгчийн салбар хөгжүүлэхэд тулгарах эрсдэл

Тэглэх зорилтын хүрээнд устөрөгчийн үйлдвэрлэлтэй холбоотой “усны асуудал” дэлхийн өнөөгийн хэрэглээтэй харьцуулахад багаахан хувийг эзэлнэ. Тонелли зэрэг судлаачдын хийсэн тооцооллоор энэ хэрэглээ дээд тал нь дэлхийн нийт хөдөө аж ахуй, аж үйлдвэр, өрхийн 4000 тэрбум литр жилийн хэрэгцээний 3%-тай л тэнцэх боломжтой гэж дүгнэжээ. Өөр судлаачид энэ тоог дэлхийн хэрэгцээний 1%-с бага гэж тооцсон нь ч бий.

Дээрх судалгаанууд дэлхийн хэмжээнд тооцоолол хийсэн бол устөрөгчийн үйлдвэрлэлийн хэрэгцээг орон нутгийн түвшинд тооцох нь илүү ач холбогдолтой юм. Өсөн нэмэгдэж буй хэрэгцээ ялангуяа усны хомсдолд орсон бүс нутгийн хэмжээнд усны хүртээмжид нөлөөлөх учраас өнөөгийн болон ирээдүй үүсэх усны эрэлтийг зөв тооцон гаргаж ирэх нь чухал. Эдийн засаг нь хурдацтай өсөж буй улс орнууд тухайлбал Өмнөд Америкийн Чили гэх мэт ул сэргээгдэх устөрөгч экспортлогч улс болох зорилт тавин ажиллаж байна. Өмнөд Африкийн бүс (Өмнөд Африк, Намиби), Ойрх Дорнод, Хойд Африкийн бүс (Оман, Катар, Египт, Мороккол Монголтой адилаар усны хомсдолтой (WRI Aqueduct, 2024[11]), мөн үнэ өртөг хямд сэргээгдэх эрчим хүч, ялангуяа нарны эрчим хүчний арвин нөөцтэй. Нарлаг сайхан нутаг хамгийн хуурай газар байх нь элбэг. Байгаль орчин, эдийн засгийн өртөг зардалтай ч гэсэн далай тэнгист гарцтай эдгээр улс орнууд энэ боломжоо ашиглан сэргээгдэх устөрөгчийн үйлдвэрлэл явуулахаар төлөвлөж буй. Монголд ийм боломж байхгүй, иймд усны хомсдолын асуудлыг өөр арга замаар шийдэхээс өөр сонголтгүй.

Хайрцаг 4.1. Усны хэрэгцээ, хэрэглээ, хомсдол

Усны хэрэгцээ буюу ус олборлох гэдэг нь гүний болон гадаргуугийн усыг шаардлагатай газарт хүргэн хэрэглэх, ашиглахыг хэлнэ. Аж үйлдвэр, хөдөө аж ахуй өрхийн хэрэгцээг тооцоход тустай.

Усны хэрэглээ гэж эх үүсвэрт нь буцаахгүй хэрэглэх усыг хэлнэ. Усны хэрэглээ нь агаарт уурших, бүтээгдэхүүн, үйлдвэрлэлд ашиглан дахин хэрэглэх боломжгүй байдлыг заана.

Усны хомсдол гэдэг нь усны хэрэглээ, усны сэргээгдэх нөөцийн харьцааг хэлэх ба тухайн нутгийн усны эх үүсвэрийн төлөөх өрсөлдөөнийг хэмжих хэмжүүр юм. Хэрэв энэ хэмжээ 40%-с их усны хомсдол өндөр байгааг, 80% нь усаар гачигдаж буйг заана.

Цэнгэг усны нөөцын хомсдол: ЭЗХАХБ-ын тооцоогоор 2050 он хүртэл усны хэрэгцээ 55% нэмэгдэнэ. Энэ нь дэлхийн хүн амын 40% усны нөөц нь хэт багассан гол, усны дагуу амьдарна, Мөн цэнгэг усны олдоц муудна (гол нуур, гүний ус хэрэглэх) хэрэглээнээс хамаарч голын усны урцаж муудах, гүний усны түвшин доошлох, цөлжилт, биологийн олон янз байдал алдагдах, нийгмийн эрүүл мэндийн асуудал дагуулна. Бүх салбарт маш сайн боловсруулсан усны хэрэглээний боловсруулж, усыг эдийн засаг, нийгэм, байгаль орчинд хамгийн их өгөөжтэй, үнэ цэн бий болгох газарт хэрэглэх нь чухал).

Эх сурвалж: (OECD, 2024[12]), World Resources Institute

Монгол Улс Төв Азийн улс орнуудтай нэгэн адилаар усны хомсдолд орсон. Энэ асуудал ялангуяа Улаанбаатар болон нутгийн өмнөд хэсгээр илүү нүүрлэсэн байдаг. Онолын хувьд үндэсний хэмжээнд усны хомсдолын асуудал байхгүй, усны хэрэгцээ нөхөгдөх байгалийн баялгийн 1.5% эзэлдэг. Гэвч газар зүйн байршлаас хамаарч орон нутагт усны хомсдол нүүрлэснээс экосистемд сөргөөр нөлөөлж байна (ADB, 2020[13]). Монголын онцлог, байгалийн өгөгдөл үүнд мөн нөлөөлж байна. Том газар нутагт хүн ам тархан суурьшсан, хатуу ширүүн уур амьсгалтай, жилийн ихэнхид гүний ус олборлож ашиглах боломжгүй, усан хангамжийн нэмэлт дэд бүтэц барьж, ажиллуулах нь зардалтай (Anna Nilsson, 2021[14]). Усан хангамжийн чанартай дэд бүтэц байхгүй байгаа нь эдийн засгийн бүх салбарт асуудал дагуулдаг. НҮБ-ын Хүүхдийн Сангийн үзэж буйгаар айл өрхийн дөнгөж 30% ундны цэнгэг усаар, 56% нь ариун цэврийн байгууламжаар хангагдсан. Гүний худгийн 38% нь ундны усны үндэсний стандарт шаардлага хангадаггүй (UNICEF, 2023[15]). Ямар ч тохиолдолд усны эрэлтийг одоо байгаа нийлүүлэлтээр 2040 он магадгүй түүнээс ч наана хангаж чадахаа болино (ЭЗХАХБ, удахгүй).

Өмнөговийн бүсэд сэргээгдэх устөрөгчийн төсөл ирээдүйтэй, үнэ тарифын хувьд хамгийн боломжтой хувилбар болох нар, салхины эрчим хүчийг хамт хөгжүүлэхэд тааламжтай нөхцөл энд бий (Anna Nilsson, 2021[14]). Хөрөнгө оруулагчдын хувьд Монгол Улс тааламжтай, Хятадын зах зээлд ойрхон, хилийн цаахан БНХАУ-ын Өмнөд Монгол байгаа нь стратегийн хөрөнгө оруулалтад давуу тал олгодог. Мөн энэ бүсэд дотоодын уул уурхай төвлөрсөн нь шинэ зах зээл юм. Хөгжүүлэлтийн шатанд байгаа устөрөгчийн бүх төсөл энд төвлөрсөн. Сэргээгдэх эрчим хүчний арвин нөөц, боломж бий хэдий ч дэд бүтэц байхгүй. Дэд бүтэц хөгжүүлэх нь устөрөгчийн үйлдвэрлэлд яагаад чухал болох талаар Гуравдугаар бүлэгт өгүүлсэн билээ. Энгийнээр хэлбэл эрчим хүчний шугам сүлжээнээс шаардлагатай үед цахилгаан авч хэрэглэн, илүүдэл цахилгаанаа буцааж сүлжээнд нийлүүлэх тул шугам сүлжээ орсон эсэхээс төслийн байршлыг сонгодог.

Говийн цөлөрхөг бүст Улаанбаатартай адил усны асуудал хурцаар тавигддаг. Уул уурхайн салбарын хөгжил нь нөхцөл байдлыг улам хүндрүүлж, орон нутагт усны хүрэлцээний асуудлыг хурцатгасан. Гадаргийн ус байхгүй, хур тунадас бага энэ бүс нутаг дахин нөхөн сэргээгддэггүй байгалийн баялаг болох гүний уснаас хамааралтай. Усны эх үүсвэрийг хэт их ашиглалтаас гадна уур амьсгалын өөрчлөлтийн нэг шинж тэмдэг болох гүний усны түвшин улам хурдтай доошилж байгаа нь асуудлыг улам хүндрүүлсээр. Тодорхой тоо баримт байхгүйгээс усны эх үүсвэрийн хүчин чадал, нөхөн сэргээгдэх боломжийг тодорхойлох боломжгүй. Монголын хойд бүсд гадаргуугийн ус элбэг. Сэргээгдэх эрчим хүчний болон усны нөөцийн газар зүйн байршил өөр өөр байх нь тийм ч ховор биш тухай өмнө дурдсан. Нар салхины нөөц элбэг бүс нутаг ихэнхдээ усны асуудалтай байдаг (Tonelli et al., 2023[5]).

Хойд талаараа гадаргуугийн ус элбэг, урд талаараа нар салхины нөөц элбэг газар зүйн өгөгдөлтэй учраас төр засаг дотооддоо эрчим хүч дамжуулах шугам сүлжээний эдийн засаг, байгаль орчны асуудлаар тодорхой сайн ойлголттой болох нь чухал юм. Эрчим хүчний дамжуулах сүлжээ нь цаашдаа усны нөөц сайтай хойд нутгаар устөрөгчийн үйлдвэрлэл хөгжихөд түлхэц өгч болно. Өөрөөр хэлбэл өмнө зүг рүү устөрөгч дамжуулах шугам хоолой нэмэлтээр барьж дотоод, гадаад зах зээл рүү нийлүүлэх боломж бий гэсэн үг юм. Устөрөгчийг эцсийн хэрэглэгчид хүргэхэд дэд бүтэц, үйлдвэрлэлийг айлсуулан байршуулж, кластераар хөгжүүлэх нь хямд тусна. Хэрэглэгч хол байх тусам холбогдох зардал өсдөг. Устөрөгчийн үйлдвэрлэгч болох Монголын өнөөгийн амбиц нар салхины эрчим хүчний чанараас хамаарах учраас хувийн хэвшлийн устөрөгчийн төсөл нутгийн өмнө хэсэгт төвлөрөх нь ойлгомжтой байна. Энэ нь дотоодын хэрэглэгчид төдийгүй, Хойд Хятадын зах зээлтэй ойр дөхөм байршил мөн. Бүлэг III-т тодорхойлсончлон экспортод гаргах устөрөгчийн шугам хоолой барих нь өндөр өртөг зардалтай, нутгийн хойд хэсэгт нар салхины эрчим хүч үйлдвэрлэл үр ашиг бага байх магадлал өндөр учраас Монголын экспортын устөрөгчийн үнэ тариф өрсөлдөхүйц байх боломж муу.

Монголд сэргээгдэх устөрөгчийн үйлдвэрлэл хөгжүүлэх нь хэд хэдэн асуудалтай тулгарах магадлал өндөр. Эрх баригчид үйлдвэрлэлийн зорилгоор ус олборлохыг хориглосноор усны хомсдол үүсэх, эсхүл усны төлөөх өрсөлдөөн орон нутаг ширүүсч, эдгээр асуудлууд бодитойгоор тулгарна. Шинэ хэрэглээг зохицуулах тодорхой төлөвлөгөөгүйгээр устөрөгчийн салбарын хөгжил ярих боломжгүй. Усны олдоц хомс, дээр нь энэ талын тодорхой бүрэн өгөгдөл мэдээлэл байхгүй тохиолдолд энэ салбарыг хөрөнгө оруулагчид сонирхохгүй. Усны төлөөх өрсөлдөөн орон нутгийн түвшинд асуудлыг анхаарлын төвд оруулж ард иргэдийн эсэргүүцэлтэй тулгарах тул төсөл зогсож, хөрөнгө оруулагчдыг үргээнэ. Уул уурхайн олборлогч компаниуд болон малчдын хооронд уст цэгийн асуудлаар саяхан дэгдсэн маргаанаас харахад уг асуудлыг илүү чамбай, ил тод үнэлж шийдвэр гаргаснаар ирээдүйд хэрэгжих төслүүдийн нийгэм-улс төртэй холбоотой эрсдэлийг бууруулах ач холбогдолтой[4]. Хөрөнгө оруулагчдын өнцгөөс харахад устөрөгчийн үйлдвэрлэлийн төсөлд усан хангамжтай холбоотой тодорхойгүй байдал хамгийн том эрсдэл мөн. Туршилтын төсөл, багашаархан станцад шаардлагатай усны хэмжээ бага боловч өрсөлдөхүйц үйлдвэрлэл явуулахын тулд том төсөл хэрэгжүүлэх, эсхүл үйлдвэрлэлийн хүчин чадлаа нэмэх болоход усны асуудал хурцдана.

Энэ бүлгийн 4.4 хэсэгт үйл явдлын өрнөлийг өөрчлөхөд төрөөс авах арга хэмжээг тайлбарлалаа. Үүнд нийгэм эдийн засгийн хөгжлийн стратеги чиглэлтэй нийцсэн ус ашиглах төлөвлөгөө, горим багтана. Жишээлбэл төрөөс нүүрсээр ажилладаг цахилгаан станцаас шат дараатай татгалзах бодлого явуулах хүлээлт байгаа бол энэ чиглэлд усны хэрэгцээ буурч, сэргээгдэх устөрөгчийн станцад ногдох усан хангамжийн дүн өөрчлөгдөх үр дагавартай. Иймд нүүрсээр ажилладаг цахилгаан станц болон устөрөгчийн станцын усны нөөцийн хэрэглээнд нийгэм эдийн засаг, байгаль орчны үр ашгийн харьцуулсан шинжилгээ хийж, энэ үр дүнд суурилсан төрийн бодлогын хэлэлцүүлэг хийх, олон нийтэд мэдээлэл өгөх нь тустай. Дараагийн нэг том ажил нь говийн бүсд усны нөөцийн мэдээлэл өгөгдлийг сайжруулах ажлыг хэн хариуцаж ажиллахыг тодорхой болгох нь чухал байна. Уул уурайхн салбар, устөрөгчийн үйлдвэрлэл хөгжүүлэх зорилгын хүрээнд усны нөөцийн мэдээллийг төр өөрөө хариуцан тодорхой болгох үүрэг хүлээх нь гарцаагүй.

Монголд устөрөгчийн төсөл хэрэгжүүлэгчид өөрсдийгөө газрын гүний ус ашиглах боломжтой гэж үзэж байна. Гэвч энэ тайланг бичиж байх явцад гүний ус ашиглах талаар орон нутгийн засаг захиргаатай байгаа мэдээллийн хүрээнд байгаль орчны нөлөөлөл зэрэг асуудлаар ямар нэг тодорхой тохиролцоонд хүрээгүй. Төсөл хэрэгжүүлэгчид гүний ус ашиглах зөвшөөрөл орон нутгаас авч чадна гэж найдаж байгаа нь тэдний төслийн усны хэрэглээ уул уурхайтай харьцуулахад бага гэсэн үндэслэл гаргаж байна (Зураг 4.4.). Төрийн бодлогын өнцгөөс харвал асуудлыг агуулгаар нь харж үр дүнтэй, сайтар тооцсон ус ашиглалтын горим, төлөвлөлттэй байх ёстой. Энэ нь шударга ёсыг баримтлан өнөөгийн төдийгүй ирээдүйн хэрэглээг тооцох, эдийн засгийн үр ашгийг шалгуур үзүүлэлт болгон авч төлөвлөлт хийнэ гэсэн үг юм. Усны ашиглалтыг тооцох энэ зарчмын талаар 4.4 хэсэгт тайлбарласан ба энэ нь ЭЗХАХБ-ын стандарт, жишиг юм.

Эрчим хүчний болон үйлдвэрлэлийн усны хэрэгцээнд саарал ус ашиглах боломжийг тооцож үзэх нь зүйтэй. Энэ нь саарал усны гарц, чанар, ус зайлуулах, ариутгах дэд бүтэц, саарал ус ашиглах боломжоос хамаардаг. Сэргээгдэх устөрөгчийн үйлдвэрлэлээс гарах саарал усны гарц уул уурхайтай харьцуулахад их учраас үр ашигтай усны хэмнэлт үүсэх боломжтой. Гэхдээ тус салбар хөгжихийн хэрээр ус хэмнэх технологи сайжирна гэдгийг анхаарах нь зөв. Зураг 4.1-с харахад устөрөгчийн үйлдвэрлэлд ус дахин ашиглах үзүүлэлт 30% байна.Уул уурхайн салбарын ус ашиглалт харьцангуй өндөр байлаг. Жишээ нь Оюутолгойд ус дахин ашиглалт 85-87 хувьтай[5] байна.

Устөрөгчийн станцын усны хэрэглээг бусад хэрэглээтэй харьцуулснаар үйлдвэрлэлд шаардлагатай усны нөөц, олдцын талаар үнэтэй мэдээлэл бий болох тул хэлэлцүүлэг өрнүүлэхэд тустай. Зураг 4.4-т усны эрэлт хэрэгцээ, хэрэглээг устөрөгчийн үйлдвэрлэлд шаардлагатай усны хэрэгцээтэй харьцуулж харуулав. Жилд 1МТ устөрөгчийн эрчим хүч үйлдвэрлэхэд тэр хэмжээний ус хэрэгтэй байгаа нь 2030 он гэхэд Өмнөговийн уул уурхай, хүнд үйлдвэрийн бүсд бий болох хэрэглээтэй харьцуулахуйц хэмжээ юм. Говийн бүсд усны ашиглалтыг тооцоолж, устөрөгчийн цогц стратегидээ тусган экспортын зорилтоо хангахад энэ харьцуулалт чухал ач холбогдолтой.

Зураг 4.3. Устөрөгчийн салбарын усны хэрэглээг бусад салбарын хэрэглээтэй хийсэн харьцуулалт

1000 м.куб

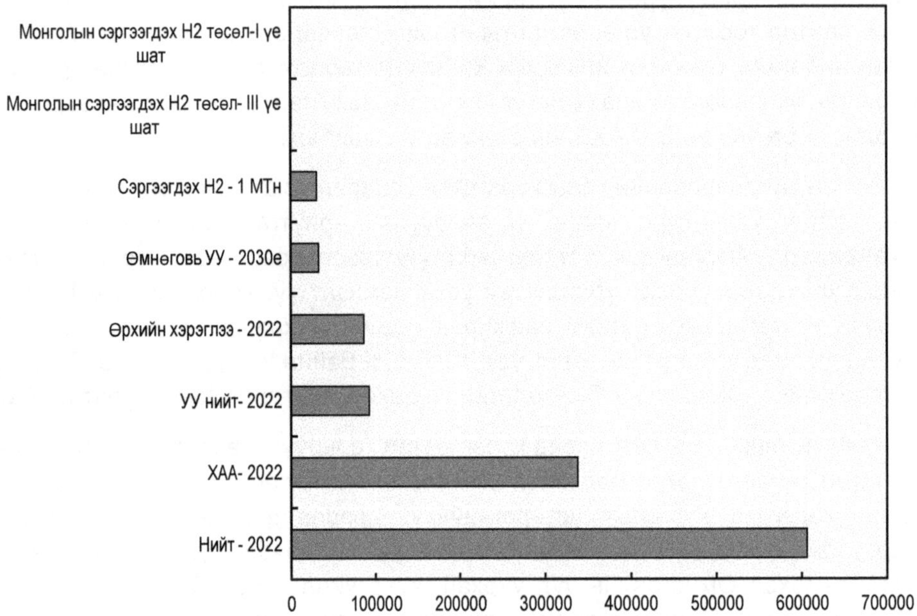

Тэмдэглэгээ: Өмнөговьд уул уурхайн салбарын 2030 оны усны эрэлт хэрэгцээг 2021 онд Усны нөөцийн группээс хийсэн судалгаагаар тогтоосон. Энд үзүүлж буй дүн нь хэрэглээг дундаж байхаар загварчилсан үзүүлэлт болно (судалгаа мөн их болон бага хэрэглээг загварчилж тооцсон).
Эх сурвалж: OECD, Water Agency of Mongolia, 2030 Water Resources Group

Сэргээгдэх устөрөгчийн үйлдвэрлэл нь биологийн олон янз байдалд нөлөөлөх эрсдэлтэй. Устөрөгчийн станц гүний ус ашиглах шинэ хэрэглэгч болж нэмэгдэх учраас гүний уснаас хамааралтай амьтан ургамалд шууд нөлөөлнө. Устөрөгчийн үйлдвэрлэлийн хаягдал ус нь давсны агууламж өндөр, үүнээс гадна ус ариутгах, цэвэрлэхэд ашигласан химийн нэгдлийг агуулж байж болзошгүй учраас ус зайлуулах хэсгийн экосистемд сөрөг нөлөө үзүүлнэ. Далай тэнгисийн ус цэвэршүүлснээс гарч буй хаягдал устай харьцуулахад давсархаг чанар бага байж болох хэдий ч яг одоогийн байдлаар туршилтын төслүүд хэрхэн яаж хаягдал усны байгаль орчинд үзүүлэх нөлөөллийг багасгах талаар тодорхой шийдэл гаргаагүй байна (тухайлбал цөөрөм байгуулж ууршуулах, шууд байгальд зайлуулах гм). Эдгээр эрсдэлийг тооцож урьдчилан сэргийлэх үр дүнтэй арга хэмжээ авах шаардлагатай, дэд бүтцийн төлөвлөлтийг илүү өргөн хүрээнд хийж, биологийн олон янз байдлыг хамгаалах арга хэмжээг тусгах нь хамгийн зөв арга юм. Биологийн олон янз байдлыг тооцсон дэд бүтцийн төсөл хэрэгжүүлэх хэд хэдэн аргыг Монголд нэвтрүүлэн хэрэглэдэг. Үүнд төслийн байгаль орчны нөлөөллийн үнэлгээ (БОНҮ) хийдэг ба усны асуудлаарх үндэсний удирдлага зохицуулалт, дүрэм журмын талаар 4.4 хэсэгт тодорхой тайлбарлах болно. Үүнээс гадна удирдлага зохицуулалт, эдийн засаг, сайн дурын арга хэрэгслийг ашиглан биологийн олон янз байдлыг хамгаалах асуудлыг сэргээгдэх эрчим хүч, устөрөгчийн дэд бүтцийн төсөлд тусгах боломжтой (OECD, 2024[16]).

Сэргээгдэх устөрөгчийн үйлдвэрлэлд цэнгэг усны ашиглалт бууруулсан туршлага, шийдэл

Устөрөгчийн үйлдвэрлэл нэмэгдэхийн хэрээр цэвэр усны хэрэгцээ ихсэх тул мэргэжилтнүүд, бодлого тодорхойлогчид, салбарын оролцогч талууд тухайн салбарт тохирсон шийдэл гаргах шаардлагатай. Монголд хийх боломжгүй далай тэнгисийн ус цэвэршүүлэх аргаас өөр боломжтой шийдэл бий. Тухайлсан салбарын үйл ажиллагаанд тохирох зарим арга устөрөгчийн үйлдвэрлэлийн байгальд үзүүлэх нөлөөг усаар дамжуулан бууруулах зорилготой. Дангаараа говийн бүсийн усны хомсдолын асуудлыг шийдэж чадахгүй байж магадгүй, гэхдээ үр ашигтай хэрэглээг нэмэгдүүлдэг учраас урт хугацаандаа орон нутгийн түвшинд инноваци хөгжүүлэхэд түлхэц өгөх магадлал өндөр. Иймд бодлого тодорхойлогчид чухам аль шийдлийг нэвтрүүлэхэд ямар дэмжлэг үзүүлэхээ зөв тодорхойлох хэрэгтэй юм. Энэ бүлэгт төр засаг анхаарч, дэмжлэг үзүүлэх боломжтой хоёр багц шийдлийг судалж үзлээ. Эхнийх нь ус хэмнэх технологи хөгжүүлэх, нэвтрүүлэхэд чиглэсэн бол нөгөөх нь саарал ус дахин ашиглах боломжид илүү суурилсан.

Ус хэмнэлтийг нэмэгдүүлэх инновац, технологийн хөгжил дэвшил

Сэргээгдэх устөрөгчийн технологийн сонголт нь бусад усны хэрэглээ өндөртэй хөдөө аж ахуй (усалгаа), хөнгөн үйлдвэр, уул уурхай гэх мэт бусад салбартай нэгэн адилаар үйлдвэрлэлийн бүхий л үе шатанд усыг хэр үр ашигтай хэрэглэхийг тодорхойлдог. Жишээлбэл, ОУСЭХА-с хийсэн судалгаагаар электролизийн голлох технологиудаас PEM электролизийн арга шүлтлэг электролизоос бага ус хэрэглэдэг (-22%) болохыг тогтоосон. Электролизийн ашигт ажиллагаа нь усны чанараас шууд хамаардаг, ашигт ажиллагаа 1% нэмэгдэхэд усны хэрэглээ 2% буурдаг нь хөргөлтийн шатанд ус хэмнэх боломжтой үүсдэгтэй холбоотой ажээ (IRENA and Bluerisk, 2023[6]). Шүлтлэг электролизийн технологи одоогоор устөрөгчийн үйлдвэрлэлийн нийт суурилагдсан хүчин чадлын 60% эзэлж байгаа ба ирэх жилүүдэд хэрэгжихээр төлөвлөгдсөн төслүүдээс хамаарч энэ чиг хандлага өөрчлөгднө (IEA, 2023[1]). Өнөөг хүртэл төсөл хэрэгжүүлэгчид технологийн сонголтоо эцэслээгүй, эдийн засаг, техникийн шийдлийн хувьд тооцож үзэх шаардлага бий. Үнэ өртөг нь буурсаар байгаа боловч одоогийн байдлаар PEM электролизийн арга шүлтлэг технологио бодвол илүү үнэтэй, эрчим хүчний хэрэглээ өндөр. Нийт суурилагдсан хүчин чадлын 1%-г эзэлдэг хатуу оксидын үүрэн (*SOEC*) болон, хөгжүүлэлтийн шатанд яваа анионы мембран (*AEM*) технологиудын хувьд усны хэрэглээний талаар тодорхой мэдээлэл байхгүй (IEA, 2023[17]). Хөргөлтийн технологийн усны хэрэглээ ч мөн өөр өөр байдаг. Хамгийн өргөн дэлгэрсэн хоёр арга нь хуурай болон нойтон технологийн хөргөлт юм. Хуурай арга илүү ус хэмнэдэг боловч өртөг зардал, цахилгааны зарцуулалт өндөр, дулаан оронд тохиромжгүй. Иймд технологийн сонголтоос үл хамаарч усны ашиглалтын асуудлыг сайтар тооцох шаардлагатай.

Сэргээгдэх устөрөгчийн салбар нь судалгаа хөгжүүлэлтийн хувьд сонирхолтой. Одоо хийгдэж буй судалгаанууд усны ашиглалтыг нэмэгдүүлэх технологид голчлон анхаарч буй. Электролизэд чанар муутай, давсархаг, бүр далайн ус ашиглах боломжийг ч эрэлхийлж байгаа нь устөрөгчийн үйлдвэрлэлийн цэвэр усны хэрэгцээ, ус ариутгах, боловсруулах өртөг зардал бууруулах боломж бүрдүүлнэ (Tong et al., 2020[18]) (Marin et al., 2023[19]). Хөргөлтийн системийн технологийг сайжруулснаар устөрөгчийн үйлдвэрлэл явуулахад ус ашиглалт сайжрах болно. Жишээлэхэд электролизэд агаараар хөргөх технологи нэвтрүүлбэл цэвэр усны хэрэглээг бууруулж чадна (IRENA and Bluerisk, 2023[6]). Устөрөгчөөс ус дахин гаргах технологийг ч мөн судалж байна. Устөрөгч үйлдвэрлэхэд ашиглахад гардаг цэвэр ус байгальд уурщдаг. Зарим судлаачид энэ гарч буй уурыг барьж авч ус болгох арга технологийг судалж байна. Гэсэн хэдий ч устөрөгчийн үйлдвэрлэл нь хэрэглэх газраасаа өөр учраас орон нутгийн түвшинд усны ашиглалтыг сайжруулахад төдий л их хувь нэмэргүй. Харин шинээр олборлох усаа үнэлэн арилжааны хэлбэрт оруулах боломж байж болох юм.

Монгол Улсын төр сэргээгдэх устөрөгчийн талаар баримтлах бодлогоо тодорхойлж буй энэ үед технологи нутагшуулах бодлогын арга хэмжээ, төсөл хөтөлбөрт ус хэмнэх шийдлийг шалгуур болгон тавьж болно. ГШХО-ыг дэмжих, ЖДҮ хөгжүүлэх бодлогын уялдааг хангаг цэнгэг усны нөөцийг нэмэгдүүлэх чиглэлд мэргэшсэн үндэстэн дамнасан корпорацуудад төвлөрснөөр технологи дамжуулалт урагшлах төдийгүй Монголын нөхцөлд тохирсон шийдэл гаргах боломжтой. Мөн дотоодын судалгаа шинжилгээнд тулгуурлан ус хэмнэлтийн асуудлыг нэгдүгээрт тавих, инновацийг дэмжих, салбар дамнасан ажлын хэсэг байгуулж ус-устөрөгчийн харьцааг оновчлох ажлыг хийж гүйцэтгэх боломж бий. Урт хугацаандаа олон олон төсөл бодитойгоор хэрэгжин устөрөгчийн салбар хөгжихийн хэрээр салбарын оролцогч талуудтай төр засаг хамтран усны хэрэглээнд хяналт тавих, үйл ажиллагааг нь дотоодын болон олон улсад хэрэглэдэг шалгуур үзүүлэлтээр хэмжих боломж гарч ирж, улмаар салбарын стандарт тогтон сайн туршла нутагшина. Усны хомсдолтой нөхцөлд арав гаруй жил туршлага хуримтлуулж саарал усны ашиглалтаа өндөр түвшинд хүргэсэн Монголын уул уурхайн салбарын ус хэмнэлтийн сайн туршлага, мэдлэгийг судлах нь зүйтэй.

Монголын нөхцөлд ус хэмнэх технологи хөгжүүлэх бодлого дангаараа сэргээгдэх устөрөгчийн үйлдвэрлэлд усны тогтвортой менежментийг хангах боломжгүй, гэхдээ судалгаа, шинжилгээ, хөгжүүлэлт, инновацид хөрөнгө оруулах, салбар дамнасан усны тогтвортой хэрэглээг хангахуйц шийдэл олох шаардлагатай болохыг хүчтэй илэрхийлэл болно. Ус хэмнэх, усан хангамжийн тогтвортой байдлыг сайжруулах энэ хандлага уул уурхай, усалгаа, хөнгөн үйлдвэрлэл гээд бүх салбар, хэрэглэгчдэд хамаатай. Сэргээгдэх устөрөгчийн салбар энэ чиглэлд туршилтын талбар болох боломж бий. Усны хэрэглээтэй холбоотой тус улсын өгөгдөл нь өөрөө энэ чиглэлийн шинэлэг дэвшил, арга технологи дотооддоо шилжүүлэн ашиглах хүрээ заагийг бий болгох шаардлага байгааг харуулж буй. Нөхцөл боломж бүрдвэл Монгол устай холбоотой инноваци санаачлагч улс болох боломж бий.

Сэргээгдэх устөрөгчийн үйлдвэрлэлд саарал ус ашиглах санаачилга болон тойрог эдийн засагтай болох чиглэлийг хөгжүүлэх боломж

Далай тэнгисийн ус цэвэршүүлэхээс бусад сэргээгдэх устөрөгчийн үйлдвэрлэлд саарал ус ашигласнаар хөдөө аж ахуй, ахуйн хэрэглээнд учрах дарамтыг бууруулах гол шийдэл болж буй. d human consumption. Португал, Австрали зэрэг ЭЗХАХБ-ын гишүүн зарим орон сэргээгдэх устөрөгчийн салбарт саарал ус ашиглах чиглэлийг үндэсний стратегидээ суулгаж өгчээ. Энэ чиглэлд Испани, АНУ, Португаль, Австрали улсууд туршилтын төсөл хэрэгжүүлж байна. Үйлдвэрлэлийн технологид төвлөрсөн хэд хэдэн судалгаа, шинжилгээний ажил хийгдсэний дотор Австралийн Монаш Их сургууль, Европын Холбооны эрдэм шинжилгээний байгууллагууд дорвитой бүтээл гаргажээ (Maddaloni et al., 2023[20]).

Төр засаг, хувийн хэвшлийн санаачилгаар сэргээгдэх устөрөгчийн үйлдвэрлэлд саарал ус ашиглах явдал нэмэгдэж буй. Португалийн устөрөгчийн үйлдвэрлэл хөгжүүлэх стратегид хот суурин газар, үйлдвэрээс гарч буй хаягдал усыг сэргээгдэх устөрөгчийн эрчим хүчний станцад ашиглах талаар тусгайлан заасан байдаг. Австралид хэд хэдэн судалгааны ажил, туршилтын төсөл хэрэгжүүлсний дүнд цэвэрлэх байгууламжийг устөрөгчийн станцтай хамт барьж ашиглах туршилт хийгдэх гэж буй (Water Services Association of Australia, 2021[21]). Дэлхийн эрчим хүчний томоохон компанийн нэг болох Цепса хот суурин газрын хаягдал усыг Андалузад барьж буй сэргээгдэх устөрөгчийн эрчим хүчний станцад ашиглах гэрээг Испанийн төрийн мэдлийн усан хангамжийн компанитай байгуулжээ (Хайрцаг 4.2). Цэнгэг усны эх үүсвэрийн ачааллыг бууруулахаас гадна хот суурин газрын болон аж үйлдвэрээс гарч буй хаягдал усыг сэргээгдэх устөрөгчийн үйлдвэрлэлд ашигласнаар эрчим хүч, усны салбар хоорондын харилцан хамаарал бий болж хөрөнгө оруулалтын шинэ боломж нээх ба бүрэн дүүрэн ашиглаж чаддагүй нөөцийг эдийн засгийн эргэлтэд оруулж, тойрог эдийн засгийн зарчмыг нэвтрүүлэхэд түлхэц болно. Үүний үрээр сэргээгдэх устөрөгчийг хөгжил дэвшил усны салбарын төр, хувийн хэвшлийнхний анхааралд орж, ус хангамж, технологийн компаниуд олноороо нийлэн нэгдэж түншлэл, консорциум үүсгэн сэргээгдэх устөрөгчийн төслүүдийг урагшлуулсан жишээ туршлага бий болох юм.

Хайрцаг 4.2. Сэргээгдэх устөрөгчийн эрчим хүчний станцад хаягдал ус ашиглаж буй Андалузын ногоон нөндий

Испанийн “Андалузийн ногоон устөрөгчийн хөндий” төсөл нь ЦЕПСА эрчим хүчний компанийн хэрэгжүүлж буй Хэлвагийн Палос дэ ла Фронтьера болон Кадизын Сан Рокэд суурилуулахаар нийтдээ 2гВт хүчин чадалтай электролиз хоёр станц барих ажил юм. 2030 он гэхэд жилд 300 000 тн. Сэргээгдэх устөрөгч үйлдвэрлэх төлөвлөгөөтэй.

2022 оны XII сард Цепса Сан Рокэ дахь Эрчим хүчний цогцолборт цэвэрлэх байгууламжаас гарах саарал ус ашиглах гэрээг Акуас и Сервисьос дэл Кампо дэ Гибралтар (ARCGISA) компанитай байгуулжээ. Лос Барриос болон Сан Рокэ хотуудын хурын усыг Эрчим хүчний цогцолборын ойролцоо шинээр барих цэвэрлэх байгууламжид хуримтлуулан цэвэршүүлэх юм. Энэ төсөл хэрэгжсэнээр 4.2 сая куб метр ус далайд хаялгүй дахин ашиглах боломжтой болно.

2024.01.31-ний өдөр Цепсагийн Сан Рокэ дэх Эрчим хүчний цогцолборт барих үйлдвэрлэлийн усны хэрэглээг 25% бууруулсан технологийн шийдэлтэй цэвэрлэх байгууламжийг ашиглалтад оруулсан юм. Эндээс гарах цэвэршүүлсэн усыг Цепсагийн эрчим хүчний станцын хөргөлтийн хэсэгт ашиглана. Төслийн анхны хөрөнгө оруулалт 2.5 сая евро.

Эдгээр төсөл Цепса компанийн байгаль орчны чиглэлээр хэрэгжүүлэх төлөвлөгөөний дагуу хэрэгжиж байгаа ба усны гачигдалтай бүс нутагт цэнгэг усны хэрэглээг 2025 он гэхэд 2019 онтой харьцуулахад 20% бууруулах зорилготой юм.

Эх сурвалж: Cepsa

Хаягдал ус дахин ашиглах, тойрог арга нь Монгол оронд сэргээгдэх устөрөгч хөгжүүлэх стратегийн хэсэг байх боломжтой юм. Цэвэрлэх байгууламжууд нь хуучирч муудсан учраас хөрөнгө оруулалт хийх нэн шаардлагатай байгаа Монголын хувьд хот суурин газрын хурын усыг цуглуулж устөрөгчийн станцад ашиглахад энэ хөрөнгө оруулалтыг чиглүүлэх бололцоотой (Asian Development Bank, 2020[22]). Улаанбаатар хот гэхэд өдөрт 200 000 куб метр ус цэвэрлэх шаардлагатай, 2030 онд энэ хэмжээ 580 000 куб метрт хүрнэ гэсэн тооцоолoлтой. Хот цэвэршүүлсэн усаа ашиглалгүй, шууд байгальд хаядаг. АНУ-ын Мянганы сорилтын сан (МСС) хоёр цахилгаан станцад ашиглах саарал усны үйлдвэрийн төсөл хэрэгжүүлж байгаа ба өдөрт 50 000 куб метр саарал ус гарна гэсэн тооцоотой. Үүнээс гадна өдөрт 200 000 куб метр цэвэршүүлсэн ус Туул голд хаяна. Энэ саарал усыг дахин ашиглах нэг боломж устөрөгчийн станц байж болох юм. Гэхдээ өртөг зардал, үр ашгийн тооцоог маш сайн хийх шаардлагатай. Цэвэрлэх байгууламжийг устөрөгч, сэргээгдэх эрчим хүчний үйлдвэрлэлтэй хамтад нь барьж байгуулах санаа ялангуяа уул уурхайн үйл ажиллагаа төвлөрсөн Өмнөговийн бүсд илүү үр дүнтэй байж болох юм. Оролцогч талууд сэргээгдэх устөрөгчийн хөгжлийн стратегийг хэлэлцэхийн хэрээр эдийн засагт тойрог аргыг нэвтрүүлэх туршилтын төсөл хэрэгжүүлэх боломжийг судалж үзэх нь дамжиггүй. Энэ чиглэл усны, уул уурхайн, эрчим хүчний, устөрөгчийн салбарынхны хамтын ажиллагаа байх болно.

Сэргээгдэх устөрөгчийн станцад хаягдал ус ашиглахад эдийн засаг, байгаль орчны хэд хэдэн асуудал тулгарна. Эдийн засгийн өнцгөөс харахад сэргээгдэх устөрөгчийн станцад саарал ус хэрэглэхийн тулд мэдээлэл, өгөгдөл дутмаг өнөөгийн бодит байдлыг сайжруулах ёстой. Өнөөгийн нөхцөлд хаягдал ус гэдэг эдийн засгийн утгаараа үнэ цэнгүй байна. Сэргээгдэх устөрөгчийн станцад саарал ус ашиглах аваас хаягдал ус тогтсон үнэтэй болж, дахин ашиглах сэдэл бий болно. Гэхдээ шаардлагатай чадавх байх ёстой. Ерөнхийдөө, хаягдал усанд үнэ тогтооход хэрэглэх менежментийн арга аргачлал байхгүй байгаа нь гадаадын нэгэн цэвэрлэх байгууламжийн хачирхалтай жишээнээс харж болно. Үүнээс гадна хаягдал усыг анхны эх үүсвэр (Туул гол)-ээс хэрэглэх газарт (Өмнөговь) хүргэх зардлыг бизнес загварт тусгах шаардлагатай. Байгаль орчны өнцгөөс харахад иймэрхүү төслийн байгаль орчинд үзүүлэх нөлөөг үнэлэх хэрэгтэй байдаг. Учир нь хаягдал ус цэвэршүүлж дахин ашигласнаар усны урсац сайжрах, бүтэц чанар дээшлэх нөлөө үзүүлдэг. Иймд эдгээр төсөлд хүчин төгөлдөр мөрдөгдж буй хуулийн дагуу байгаль орчны нарийвчилсан нөлөөллийн үнэлгээ хийх шаардлагатай юм (Government of Mongolia, 2023[23]). Эдгээр үнэлгээ нь байгаль орчны нөлөөлийг тооцоход чухал арга хэрэгсэл төдийгүй хаягдал ус байгальд хаяснаар гарах үр дүнг баримтжуулах үндэслэлтэй баримт бичиг болдог.

Саарал ус ашиглах чиглэлд бодлогын шинэчлэл хийсэн Израилийн туршлагыг Монгол Улс судлах нь зүйтэй. Энэхүү шинэчлэлийн хүрээнд цэвэрлэх байгууламж хариуцах ажлыг орон нутгийн захиргаанаас гаргаж, хотын болон бүсийн ус хангамжийн компаниудад хариуцуулах болжээ (OECD, 2015[24]). Үүний үр дүнд хаягдал усны 85%-ыг цэвэршүүлэн дахин ашиглах, ялангуяа хөдөө аж ахуйн салбар, аж үйлдвэрт ашигладаг болжээ. Саарал ус ашиглах болсноор уур амьсгалын өөрчлөлт, улирлын чанартай усны хомсдолыг шийдэх боломж бүрджээ (OECD, 2015[24]).

Өргөн утгаар нь харвал оролцогч талууд үйлдвэр, тээвэр, эрчим хүч, ус, хог хаягдал боловсруулах суурь дэд бүтэцтэй хамтад нь барих, асуудлыг зэрэг шийдсэнээр дундын байгууламж, эдийн засгийн хаб, эдийн засгийн тойрог бүтэц үүсэх юм. Эдгээр хабууд олон хэлбэртэй байж болно. Үүнд тусгай зохицуулалт зохион байгууллаттай кластер, аж үйлдвэрийн цогцолбор, эдийн засгийн тусгай бүс багтана. Тодорхой байршил, салбарт хөрөнгө оруулалт татах зорилгоор хаб бий болгодог ба эдийн засгийн чадавх, далайц үүссэнээр үр дүн гаргадаг. Нүдэнд ил харагдахгүй байгууламжууд болох дундын үйлчилгээ, дэд бүтэц нь хэд хэдэн аж ахуйд үйлчилж эдийн засгийн нэгдмэл байдал үүсгэдэг. Дэд бүтцээ дундаа ашигладаг эдгээр бизнес загварын хувьд үйлдвэрлэл нь хэрэглэгчтэйгээ ойр хөрш учраас тээврийн зардал хэмнэнэ. Үйлдвэрлэлээс гарах дайвар, илүүдэл бүтээгдэхүүн, үйлчилгээг үнэлэх боломжтой учраас нийт дүндээ өртөг зардалд хэмнэлттэй. Жишээлэхэд устөрөгчийн үйлдвэрлэлээс гарах хүчилтөрөгчийг ус цэвэршүүлэхэд ашиглаж болно (Water Services Association of Australia, 2021[21]). Устөрөгчийн болон үйлдвэрлэлийн ийм хаб улсын хэмжээнд тогтвортойгоор төрөлжүүлэх боломж олгодог. ЭЗХАХБ-ын саяхан гаргасан уул уурхайн бүс нутагт хот суурингийн хөгжлийн талаарх тайланд Чилийн зэсийн үйлдвэрлэлийн гол бүс нутаг, усны хомсдол нүүрлэсэн Антофагастад сэргээгдэх эрчим хүч, сэргээгдэх устөрөгчийн үйлдвэрлэл явуулах боломж өндөр байгааг дурджээ. Сэргээгдэх эрчим хүч, усны менежментийн дунд стратеги нэгдэл үүсгэснээр Антафагаста муж усны хомсдолын асуудлаа үр дүнтэй шийдэж чадна (OECD, 2023[25]). Ижил төстэй иймэрхүү нэгдэл Монголын говьд бий болгох боломжтой юм. Уг санааг турших боломж хөгжлийн цогц стратеги боловсруулснаар бий болно. Бизнесийн энэ загварыг дэмжих үйл ажиллагаа, сайн төлөвлөлтийг орхигдуулж болохгүй. Тогтвортой төрөлжүүлэлт, эрчим хүчний тэгш, хүртээмжтэй шилжилтийг түргэтгэх боломж уг стратеги, төлөвлөлт олгож болох юм.

Монгол Улсын усны бодлого, менежментийг боловсронгуй болгон ус, устөрөгчийн асуудлаар салбар дундын ойлголт бий болгох нь

Усны салбарын ачаалал, хэрэгцээг зохицуулахад төрийн гүйцэтгэх үүрэг чухал. Ус нь хүний амьдралыг тэтгэгч чандмань эрдэнэ төдийгүй эдийн засгийн үйл ажиллагааны үнэ цэнтэй эх сурвалж, бүхий л экосистемийн цөм бүрдэл хэсэг мөн. Хэрэв Монгол Улс устөрөгчийн салбараа хөгжүүлэх бол шаардлагатай усны хэмжээг тооцож үзэхдээ усны талаарх бодлого, зохион байгуулалтын тогтолцоог бүхэлд нь сайжруулах зайлшгүй шаардлагатай. Шинэ хуучин хэрэглээг зохицуулах явдал түлхүүр үүрэг гүйцэтгэх ба усны олдоц хөрөнгө оруулалтыг хязгаарлагч хүчин зүйл болохгүй байхад анхаарч, энэ бүлгийн II хэсэгт тодорхойлсон арга шийдлийг нэвтрүүлэх нь зүйтэй. Монгол орон усан хангамжтай холбоотой эрсдэл, байгаа боломж, хязгаарлалтуудаа бодитойгоор үнэлэн өнгөрсөн 15 жилд энэ чиглэлийн бодлого явуулахдаа олон улсын сайн туршлагыг нэвтрүүлэн тодорхой амжилтад хүрчээ. Үүнээс гадна төр засаг усан хангамжийн дэд бүтцийн төлөвлөлтөд ихэд анхааран усны эх үүсвэр, хэрэглэгчдийн төвлөрөл газар зүйн хувьд давхцахгүй байгаад анхаарлаа хандуулж говийн бүсийн усны хомсдол, гачигдлын асуудлыг бууруулах чиглэлд идэвхтэй ажиллажээ. Усны засаглал, бодлогын шинэчлэл нь байгаа асуудлаа шийдвэрлэхийн зорьж, төлөвлөн ажиллах нь тус улс цаашдаа эдийн засгийн хувьд үр ашигтай байж болох сэргээгдэх устөрөгчийн үйлдвэрлэлийг усаар тогтвортой хангаж чадах эсэх асуудлыг тодорхой болгоно.

Салбар дундын усны менежмент нь орон нутгийн түвшинд хүчтэй зохицуулалт, сайн чадавх бий болгох, мэдээлэл өгөгдлийн чанарыг сайжруулахуйц удирдлага зохицуулалт шаардна

Монгол Улс усны салбартаа өөрчлөлт шинэтгэл хийж үндэсний болон орон нутгийн түвшинд засаглалыг бэхжүүлэх, мэдээлэл өгөгдөл бүрдүүлэх ажил, усны менежментийн тогтолцоогоо сайжруулах чиглэлд ажиллаж байна. Усны бодлогын стратегийн баримт бичигт Усны үндэсний хөтөлбөр (2010), Үндэсний аюулгүй байдлын үзэл баримтлал (2010), Усны менежментийн цогц төлөвлөгөө (УМЦТ) (2013), Ногоон хөгжлийн бодлого, “Алсын хараа-2050” урт хугацааны хөгжлийн бодлогын баримт бичиг юм. Усан хангамж, хэрэглээг Усны тухай (2012 нэмэлт өөрчлөлт оруулсан), Байгалийн нөөц ашигласны төлбөрийн тухай, Ус бохирдуулсны төлбөрийн тухай хуулиудаар зохицуулдаг.

“Алсын хараа-2050” урт хугацааны хөгжлийн бодлогын баримт бичгийг 2020 онд баталсан ба үүнд усны чиглэлд цогц стратегийн зорилт тавьж, 2021 онд УИХ-р баталсан “Шинэ сэргэлтийн бодлого”-үйл ажиллагааны төлөвлөгөөнд уг зорилтыг хэрэгжүүлэх ажлыг эрчимжүүлэхээр заажээ. Эдгээр бодлогын хүрээнд төр засаг үндэсний хэмжээнд усан хангамжийг сайжруулах чиглэлээр хэрэгжүүлж буй “Хөх морь” усны төслийг онцгойлон үзэж буй. Энэ талаар дараа өгүүлнэ.

Монгол Улсын төр засаг тогтвортой эдийн засгийн өсөлтийг хангахад усны засаглал, менежментийг сайжруулах асуудлыг чухалчлан үздэг. Стратеги төлөвлөгөө, бодлогын баримт бичгүүд, байгаль орчинд эерэг нөлөө үзүүлэхүйцээр усны нөөцийн ашиглалт, эрэлт хэрэгцээг тодорхойлсон боловч хэрэгжүүлэлт дээрээ учир дутагдалтай. Алсын хараа 2050 баримт бичгийн Ногоон хөгжил VI бүлгийн Зорилт 6.3-д усны нөөцийн хомсдолоос сэргийлж, гадаргын усыг хуримтлуулан, эрэлт хэрэгцээг хүртээмжтэй хангах нөхцөлийг бүрдүүлнэ гэж заажээ. Уг зорилтыг гурван үе шаттайгаар хэрэгжүүлэх ба хэд хэдэн арга хэмжээг заажээ (Үе шат I - 2021-2030, Үе шат II - 2031-2040, Үе шат III - 2041-2050). Эхний шатанд усны үнэ тарифыг шатлан өгсгөх тогтолцоог бүрдүүлэн цэнгэг усны үнэлэмжийг нэмэгдүүлж усны хэмнэлт, саарал ус ашиглах явдлыг дэмжих юм. Усны сан бүхий газрын хамгаалалтын бүс, ус хангамжийн эх үүсвэрийн эрүүл ахуйн дэглэмийн хамгаалалтын бүсийг сайжруулж, усан сан барьж, усны нөөцийн эрэл хайгуул, зураглалын ажлыг эрчимжүүлнэ. Усны бохирдлыг бууруулах, усны хомсдолоос сэргийлэх ажлыг мөн хийнэ. Хоёр болон гуравдугаар үе шатанд үнэ тарифын системийг боловсронгуй болгох, ус хэмнэх шинэ технологи нэвтрүүлэх ажилд анхаарна. Уг бодлогыг хэрэгжүүлснээр хүлээгдэж буй бодит үр үр дүн гарна гэдэгт салбарын оролцогч талууд эргэлзэж буйгаа илэрхийлж байлаа. Учир нь зорилтыг ажил хэрэг болгон хэрэгжүүлэх сайн төлөвлөгөө байхгүй, хэрэгжилтийг хангах санхүүгийн болон хүний нөөц дутагдалтай. Энэ тайлангийн хоёр дахь хэсэгт Монгол Улсын усны салбарын талаарх мэдээлэл, тайланд үндэслэн тулгарч буй хүндрэл бэрхшээл, шийдвэрлэх арга замыг тодорхойлохыг оролдлоо.

Өнөөгийн усны салбарын тогтолцоо харьцангуй төвөгтэй салбар дотроо хамтын ажиллагааг дээшлүүлэх шаардлагатай (Зураг 4.5). Засгийн газрын түвшинд Байгаль орчин, аялал жуулчлалын яам (усны цогц бодлого, усны нөөцийн үр ашигтай ашиглалт, чанар, байдалд хяналт тавих), Гадаад харилцааны яам (олон улсын гэрээ хэлэлцээр, хамтын ажиллагаа), Хүнс, хөдөө аж ахуй, хөнгөн үйлдвэрийн яам (усжуулалт, хүн амын ундны ус, хөнгөн үйлдвэрийн усан хангамж), Сангийн яам,

Эдийн засаг, хөгжлийн яам (хөрөнгө оруулалт, санхүү) зэрэг гаруй яам тамгын газар тухайлсан чиг үүрэг хариуцаж ажиллана. 2016 онд Ерөнхий сайдын дэргэд байгуулсан Усны үндэсний хороо салбар хоорондын уялдаа холбоог хангах, усны менежмент зэрэг олон талтай асуудлыг хариуцан зохицуулна. Салбар дундын хороо усны менежмент зэрэг нарийн төвөгтэй асуудлыг Ерөнхий сайдын түвшинд зохицуулах зорилготой хэдий ч бодит байдал дээр асуудлыг нарийн тодорхой мэдэж, ашиглалтыг эрэмбэлэх боломжгүй гэж салбарын мэргэжилтнүүд үзэж байна.

Зураг 4.3. Усны салбарын тогтолцоо

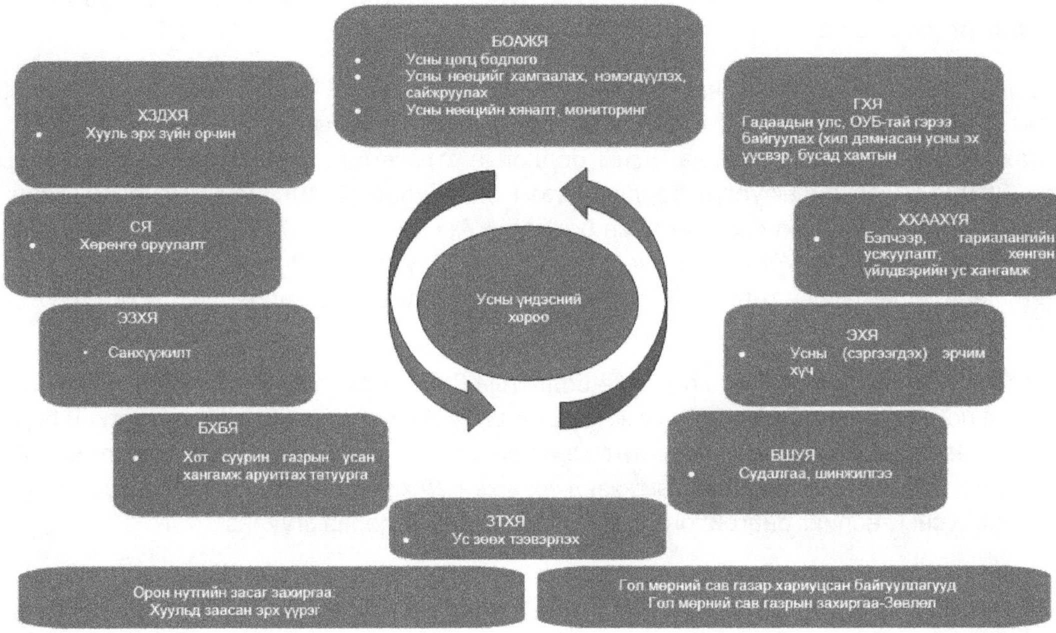

Тэмдэглэгээ: БОАЖЯ-Байгаль орчин, аялал жуулчлалын яам, ГХЯ-Гадаад харилцааны яам, ХХААХҮЯ-Хүнс, хөдөө аж ахуй, хөнгөн үйлдвэрийн яам, ЭХЯ-Эрчим хүчний яам; БШУЯ-Боловсрол, шинжлэх ухааны яам; ЗТХЯ-Зам тээврийн хөгжлийн яам; БХБЯ-Барилга, хот байгуулалтын яам; ЭЗХЯ-Эдийн засаг, хөгжлийн яам; СЯ-Сангийн яам: ХЗДХЯ-Хууль зүй, дотоод хэргийн яам.
Эх сурвалж: Зохиогч

Сүүлийн хэдэн жилд Монгол Улс 29 гол мөрөн хариуцан ажиллах 21 сав газрын захиргаа (СГЗ) байгуулж, усны менежмент, удирдлагын төвлөрлийг задлах ажил хийжээ. Энэ нь олон улсын сайн туршлага мөн гэж ЭЗХАХБ онцолжээ (OECD, 2021[26]). Цаашдаа 29 гол мөрний СГЗ байгуулна (ADB, 2020[13]). Эдгээр байгууллагууд салбар салбарын оролцогч талуудтай зөвлөлдсөний үндсэн дээр Усны нөөцийн нэгдсэн менежментийн төлөвлөгөө (УННМТ)-г хэрэгжүүлэх үүрэгтэй. СГЗ бүр БОАЖЯ-нд ажлаа тайлагнадаг 5-12 төрийн албан хаагчаас бүрдсэн алба болон төр, ус хэрэглэгч, иргэний нийгэм, судалгааны байгууллагын төлөөлөл 35 хүнтэй Зөвлөлөөс бүрдэнэ. Усны нөөцийн удирдлага хэрэгжүүлж, ус ашиглах дээд хязгаар (лимит) тогтоох, зөвшөөрөл олгох ажлыг хариуцна. Ус хэрэглэгчийн хувиар сэргээгдэх устөрөгчийн станц СГЗ-тай ус ашиглах гэрээ байгуулж, ашиглалтын тайлан гаргаж өгнө. СГЗ нутгийн иргэд, олон нийтийн оролцоог хангахыг зорьж, орон нутгийн ус ашиглах төлөвлөгөөг танилцуулан санал авах, өөрсдийн хийж буй ажлаа танилцуулдаг.

Монголын эксперт мэргэжилтнүүдийн болон олон улсын түнш байгууллагуудын тайлангаас харахад Монгол Улсад усны засаглалыг бэхжүүлэх зайлшгүй шаардлага байгааг онцлохын зэрэгцээ хүмүүн капитал, ур чадварын асуудлыг хөндсөн байдаг. Шинээр байгуулагдсан СГЗ-дын чадавхыг бэхжүүлэх, гүйцэтгэх үүргийг тодорхой болгосноор орон нутгийн түвшинд усны засаглал, менежментийг сайжруулахад чухал алхам болно. СГЗ нь Монголын хувьд шинэлэг удирдлага зохион байгуулалтын хэлбэр учраас чадавхжуулах сургалт, арга хэмжээнд хамруулах нь чухал юм. ЭЗХАХБ-ын Усны зөвлөлийн туршлага, зөвлөмжүүдийг хэрэгжүүлэх төрөл бүрийн хөтөлбөр, арга хэрэгсэл бий. Зөвлөмжид "хариуцсан байгууллагын чадавхыг тулгарч буй усны асуудлыг шийдэж чадах хэмжээнд хүргэх, ажил үүргээ гүйцэтгэхэд шаардлагатай ур чадвар олгох" нь үр дүнтэй усны засаглалын урьдач нөхцөл мөн юм (Хайрцаг 4.3) (OECD, 2016[27]). СГЗ-дын чадавхыг бэхжүүлэх, усны засаглалыг хөгжүүлэхэд эдгээр зөвлөмжүүд үнэ цэнтэй санааа мөн.

Хайрцаг 4.3. Орон нутгийн түвшинд тулгарч буй усны асуудлыг шийдэхүйц түвшинд чадавхтай болох

1. Усны бодлогыг үр дүнтэй хэрэгжүүлэхэд ур чадвар, техникийн мэдлэг, туршлагаас гадна хүн хүч, цаг хугацаа зарцуулах зайлшгүй шаардлагатай. Төвлөрлийг задалж буй энэ нөхцөлд орон нутгийн түвшинд хангалттай чадавхтай байх нь онц чухал. ЭЗХАХБ-ын гишүүн хэд хэдэн орон чадавх сул байгаа асуудлыг шийдвэрлэх тодорхой арга, хэрэгслийг бий болгож ашиглаж байгаа билээ.

2. **Ирландад** Хөв цөөрмийн удирдлага, судалгаа шинжилгээний тасаг байгуулж, голын сав газрын ажилтнуудын менежментийн мэдлэг мэдээллийг бэхжүүлэх, нөөцийг үр ашигтай зарцуулах ажлыг хийжээ. 2017 онд **Австралийн** Холбооны Зөвлөлийн "Усны үндэсний санаачилга" (ҮҮС)-ын хүрээнд тус улс "Уур амьсгалын өөрчлөлт, байгалийн онц үзэгдлийг усны нөөцийн төлөвлөлт менежментэд тусгах нь", "Нутгийн уугуул иргэдийг усны нөөцийн төлөвлөлт, менежментэд оролцуулах нь" багц сургалтын хөтөлбөр боловсруулж, хэрэглэх болжээ. ҮҮС-ын үнэлгээг хийхдээ заавал зорилт, амлалтад гаргасан ахиц дэвшлийг тусгах ёстой. **Австрид** мэргэжлийн холбоод усны салбарын мэргэжилтнүүдийг чадавхжуулах асуудлыг хариуцан менежмент, нийгмийн олон бүлэгтэй харьцах гэх мэт "зөөлөн" ур чадварт илүү төвлөрсөн сургалт арга хэмжээг зохион байгуулдаг байна.

Эх сурвалж: Toolkit for Water Policies and Governance, OECD, 2021

Усны менежментэд олон талын оролцоог хангах асуудлыг тайланд сөхөж тавьжээ (German Development Institute, 2020[28]) (ADB, 2020[13]). Энэ асуудал ялангуяа уул уурхайн салбарт онц ач холбогдолтой. Олон талын оролцоог хангах чиглэлд СГЗ хязгаарлагдмал үүрэгтэй оролцдог байна. Бага тушаалын төрийн албан хаагчид олноороо төлөөлдөг, оролцогч талуудын хурал уулзалт хийх гм. үйл ажиллагааны санхүү хөрөнгө хангалттай бус, ялангуяа газар зүйн байрлалаас хамаарч холоос ирэх Зөвлөлийн гишүүний замын зардлыг даах боломжгүй байдаг нь хэвийн үйл ажиллагаанд сөргөөр нөлөөлдөг. Өдөрт 100 куб.метрээс илүү хэмжээтэй ус ашиглахад зөвшөөрөл авах шаардлагатай ба үүний тулд БОНҮ заавал хийлгэх ёстой байдаг. Уг зөвшөөрлийг нутгийн иргэд, олон нийттэй зөвшилцөж байж шийдвэрлэх нь иргэдийн оролцоог хангах өөр нэг механизм юм. Гэхдээ уг тайланд нутгийн иргэдтэй зөвлөлдөж буй хэлбэр, агуулга нь өөр өөр, гарсан шийдвэрийг БОАЖЯ-нд хүлээн авч, зөвшөөрөл олгохдоо нэг дүрэм баримтлахгүй байгааг дурджээ. Германы Хөгжлийн Институтын болон Азийн Хөгжлийн Банкны тайланд иргэдээр хэлэлцүүлсэн уг зөвлөлдөх механизмын талаар тодорхой баримт, тэмдэглэл байхгүй, ус ашиглах зөвшөөрөл олгох ажиллагаа олон нийтийн хяналтаас гадуур учраас ерөнхийдөө төрд итгэх итгэл сул, мэдээллийн ил тод байдал байхгүй байгааг онцолжээ. Үйл ажиллагааны тодорхой журам мөрдөж ил тод байдлыг хангах нь усны салбарын засаглалыг бэхжүүлэх, олон талын төлөөллийг нэмэгдүүлэх, устөрөгчийн үйлдвэрлэл зэрэг шинэ тутам салбар хөгжүүлэхэд нутгийн иргэдийн эсэргүүцэл, маргаах гарах эрсдэлийг бууруулах ач холбогдолтой.

Усны салбарыг боловсронгуй болгоход усны мэдээллийн системийг сайжруулах нь Монголын хувьд маш чухал байна. Орон нутгийн түвшинд шинжилгээ туршилт, хяналт тавьж чадахгүй байгаагаас улбаатай мэдээлэл дутмаг байдал, мэдээлэл цуглуулах, хадгалах, боловсруулах систем сул хөгжсөн нь үнэн бодитой мэдээлэл олоход хүндрэл учруулдаг (German Development Institute, 2020[28]). ЭЗХАХБ-ын боловсруулж буй Усны бодлогын хэлэлцүүлгийн тайланд энэ чиглэлийн өгөгдөл, мэдээллийн системийн талаар дэлгэрэнгүй өгүүлэх болно. ЭЗХАХБ-аас гүний усны хэрэглээнд хяналт тавих нь техник ур чадвар шаардсан өртөг өндөртэй ажил болохыг онцолсон (OECD, 2017[29]) бол иргэд олон нийт гүний усны нөөцийн хэмжээний талаар тодорхой мэдээлэл байхгүй, цаашид судлах, гидрологийн шинжилгээ хийх шаардлагатай гэдэгтэй санал нэгддэг. Гүний усны нөөцийн мэдээлэл нь мэдээллийн нууцлалтай холбоотой зохицуулттай тул нээлттэй байдаггүй (2030 Water Resources Group, 2021[30]). Усны мэдээллийн чанар, олдоц нь нотолгоонд суурилсан сайтар төлөвлөсөн бодлого боловсруулж, уг бодлогоо хэлбэрэлтгүй, тогтвортой хэрэгжүүлэх боломжийг хязгаарладаг төдийгүй төсөл хэрэгжүүлэгчдэд асуудал болдог. Басхүү усны асуудлаар олон олон оролцогч талууд нээлттэй, ил тодоор, мэдээлэлтэй хэлэлцүүлэг өрнүүлэхэд саад болдог. Гүний усны интерактив хяналтын цахим системийг нэвтрүүлэхээр БОАЖЯ-тай хамтран 2030 Усны нөөцийн бүлэг санаачлан ажиллаж байгаа нь энэ чиглэлд гарч буй ахиц дэвшил мөн. Газар зүйн мэдээллийн систем (GIS) болон зайнаас тандах арга хэрэгсэл ашиглах нь усны мэдээллийг сайжруулахад тустай.

Хайрцаг 4.4. Усны салбарын мэдээллийн систем

Усны нөөцийн төлөвлөлт, ашиглалт, менежментэд цаг уурын станцуудын мэдээлэл маш чухал. Энэ үйл ажиллагааг дэмжихийн тулд төрөөс гадаргуугын усны 154, гүний усны 325 станц ажилладаг ба эдгээрийн 68 нь автомат, 255 хагас автомат, хоёр нь гар ажиллагаатай. Гүний усны 325 станцын 28% Улаанбаатар хотод, 45% нь говийн бүсд, бусад 27% нь улс даяар тархан байрласан. Зургаан цаг тутамд хэмжилт хийдэг. Аймгийн цаг уур, орчны шинжилгээний станцад 1-6 хэмжилтийн техникч ажилладаг. Энэ нь 5000км2 талбайд нэг техникч ногдож байгаа үзүүлэлт ДЭМБ-ын зөвлөмжид заасан уулархаг нутагт 250км2-д, тал хээрийн бүсд 575км2-д нэг техникч хамран ажиллах стандартаас доогуур юм. Монголын өргөн уудам газар нутгийн 40% говь цөлийн бүс эзэлдэг гэдгийг тооцон үзвэл ДЭМБ зөвлөмж стандартыг биелүүлэх ач холбогдолгүй.

Системтэй өгөгдөл мэдээллийн сан бүрдүүлэхэд сав газрын 21 захиргааны олонхынх нь ажиглалт хийх чадавхыг сайжруулах, үүний тулд нэмэлт тоног төхөөрөмж, төсөв санхүү, мэргэжилтнүүд бэлтгэх шаардлагатай байна.

2024 онд Монгол Улсад болсон Усны үндэсний хэлэлцүүлгээр бодлого, мэдээллийн системээр дамжуулан өсөн нэмэгдэж буй усны хэрэгцээг хангах ажлыг сайжруулна гэж үзсэн. 2023-2024 онд Байгаль орчин, уур амьсгалын өөрчлөлтийн яам, Азийн Усны Зөвлөл, ЭЗХАХБ-с хамтран зохион байгуулсан уг хэлэлцүүлгээс:

- **Усны хяналт хэмжилтийн системийг орчин үежүүлэх**: Гидрологийн хяналтын сүлжээг шинэчлэн байгуулах, ажиллуулах стандарт тогтоох. Рийл тайм *ICм T* суурилсан систем нэвтрүүлж, хуучирсан дэд бүтцийг шинэчилснээр өгөгдлийн чанар сайжирч үер усны аюулыг урьдчилан тооцоолж, эрт мэдээлэх боломжтой болох юм.
- **Усны мэдээллийн цогц систем**: Үндэсний хэмжээний усны мэдээллийн систем, усны менежментийн төвийг хөгжүүлж, өгөгдлийг төвлөрүүлэн усны 'менежментийн үйл ажиллагааг нэгдсэн удирдлагаар хангах.
- **Чадавх бэхжүүлэх**: Ур чадвар хөгжүүлэх дунд болон урт хугацааны замын зураглал гарган усны мэргэжилтнүүдэд зориулсан цогц сургалтын хөтөлбөртэй болох. Цэнгэг усны нөөц, байгаль хамгаалах сургалтын төв сургалт явуулах, мэдээлэл түгээх гол байгууллага болох боломжтой.
- **Туршилтын төсөл**: Туршилтын хоёр төсөл хэрэгжүүлэх санал гаргасан. Эхнийх нь БОУАӨЯ-ны харьяанд Усны нөөцийн цогц менежмент (УНЦМ) -ийн төв байгуулах, нөгөөх нь Усны үйлчилгээг зохицуулах хороо (УҮЗХ)-ны Сургалтын төвд төвлөрөн сургалтын хөтөлбөр боловсруулах юм.

Эх сурвалж: Усны асуудлаарх Монгол Улсын Үндэсний хэлэлцүүлгэд үндэслэн Азийн Усны Зөвлөлөөс гаргах тайлан (ЭЗХАХБ, АУЗ, *удахгүй*).

Салбар дамнасан зохицуулалт, орон нутгийн түвшинд чадавх, нөөц нь зорилго зорилтоо хангахад хүрэлцэхүйц байх, бүртгэлжүүлэлт, өгөгдөл мэдээллийг сайжруулах зэрэг эдгээр өөр өөр бүрдэл хэсгүүд нь бүгд ус-устөрөгчийн салбарын хөгжлийг тодорхойлогч хүчин зүйл мөн. Оролцогч талуудтай хийсэн ярилцлагаас дүгнэхэд уул уурхайн оператор коампаниуд усны хайгуул, шинжилгээний ажлыг бие даан хийдэг, орон нутагт тулгарч буй усны асуудлыг тус тусдаа өөрийнхөө үзэмжээр шийдэж буй байдалтай. Устөрөгчийн салбарын хувьд шинэ тутам учраас орон нутагт уул уурхайн компаниудтай харьцуулахад нөөц бололцоо, мэдлэг, чадвар муу. Энэ нь шинээр хөгжиж буй бизнесийн хувьд өндөр эрсдэл дагуулдаг тул байгаль орчин тогтвортой хөгжлийн стандарт шаардлага хангах, нутгийн иргэдийн дэмжлэг боломжийн хэрээр авч эрсдэлээ бууруулах, ялангуяа усны асуудлаар сайтар ойлголцолд хүрэх нь нэн чухал. Сэргээгдэх устөрөгч хөгжүүлэх үндэсний стратегийн хүрээнд усны салбарын эрх бүхий байгууллагууд, Эрчим хүчний яам, аж үйлдвэрийн салбарын төлөөллийг оролцуулсан салбар хоорондын тусгай ажлын хэсэг байгуулах нь зүйтэй. Уг ажлын хэсэг устөрөгчийн станц барихад тохиромжтой байршилд ойр байгаа усны нөөцийн чанарын тухай мэдээлэл, мэдлэгээ нэгтгэн үйлдвэрлэлийн нөлөөллийг шинжлэн судалж (давсны уусмал гарах хэмжээ гм) үр дүнг нь танилцуулж, салбарын хөгжлийг дэмжих хууль дүрэм боловсруулах, усны нөөцийн тогтвортой байдлыг хангахад нь дэмжлэг үзүүлж болно.

Усны ашиглах эрх зүйн зохицуулалтыг боловсронгуй болгож усны хэрэгцээг шударгаар хангах, хэрэглээний үр ашиг, орлого нэмэгдүүлэх сэдэл бий болгох нь

Усны ашиглалтын чиглэлээр эрх зүйн орчин сайн бол бүх хэрэглэгчдийг шударга, тогтвортой, ил тодоор усаар хангах нөхцөлийг бүрдүүлдэг тул эдийн засаг, нийгмийн үр шимийг бүгдээрээ хүртэнэ. Ус ашиглалтын бодлого, хууль эрх зүй, хэн хэзээ хаана усны нөөц ашиглаж буйг тодорхойлох арга механизм, усны гачигдал үүсэх эрсдэл, хэрэглээг зохицуулахад онц чухал ач холбогдолтой (OECD, 2015[24]). ЭЗХАХБ-ын гишүүн орнуудын ус ашиглалтын чиглэлд хийж буй зохицуулалт нь усны хэрэглээнд өрсөлдөөн ширүүссэн, уур амьсгалын өөрчлөлт, устай холбоотой экологийн үйлчилгээний зорилго өнөөгийн асуудлыг шийдэж чадахгүй байгаа гэдгийг хүлээн зөвшөөрний илэрхийлэл мөн. Энэ бүлгийн эхэнд бичсэнчлэн сэргээгдэх ус төрөгч орон нутгийн түвшинд усны эрэлт хэрэгцээнд тулгарч буй нөхцөл байдлыг улам хүндрүүлэх магадлалтай. Говийн бүсийн усны хомс нөөцийг ашигладаг уул уурхайн салбартай Монголын хувьд энэ эрсдэл маш өндөр. Иймд хэрэв устөрөгчийн үйлдвэрлэл хөгжүүлэх бол усны хэрэглээг зохицуулах дүрэм журам, эрх зүйн орчныг тодорхой болгож эрсдэлээс урьдчилан сэргийлэхээс илүүтэй усан хангамж хамгийн чухал асуудал болно. Мөн салбар бүрийн хэрэглэгчдийг усаа хэмнэх сэдэл төрүүлэх шаардлагатай байна.

Усан хангамжийн асуудлыг голчлон зохицуулдаг эрх зүйн баримт бичигт Усны тухай хууль (хамгийн сүүлд 2012 шинэчлэн найруулсан), Байгалийн нөөц ашигласны төлбөрийн тухай хууль (2012), Ус бохирдуулсны төлбөрийн тухай хууль (2019) багтана. Эдгээр хуулиуд үйлдвэрлэл бизнес (аж үйлдвэр, үйлчилгээний компаниуд) болон ахуйн (иргэд, малчид, фермерүүд зэрэг ашгийн бус үйл ажиллагаа явуулдаг) зорилгоор ус хэрэглэгчид ус ашиглах, хэрэглэх, зайлуулахтай холбоотой харилцааг зохицуулна. Хууль зөрчсөн тохиолдолд ноогдуулах торгуулийн арга хэмжээг хуульд суулгасан нь хуулийг хэрэгжүүлэх эдийн засгийн хөшүүрэг, арга хэрэгсэл (2030 Water Resource Group, 2014[31]), Үүнд: ус хэрэглэсний, бохир ус зайлуулсны, ус бохирдуулсны төлбөр багтана. ЭЗХАХБ эдгээр арга хэрэгслийг ашиглах, үйл ажиллагааг боловсронгуй болгох чиглэлд олон ажил хийсэн, цаашид ч үргэлжлүүлэх ёстой гэж үзэж байна (OECD, *удахгүй*). Усны тухай хуулийн дагуу сэргээгдэх устөрөгчийн төсөл хэрэгжүүлэгчид нь үйлдвэрлэлийн зориулалтаар хэрэглэгч гэж тооцогдох болно.

Хэрэглэгч ус ашиглах зөвшөөрөл лицензээ засгийн газрын агентлагаас авна. Өдөрт хэрэглэх усны хэмжээнээс хамаарч хэрэглэгч (100м3-с их) БОАЖЯ-ны харьяа Монгол Ус Төрийн өмчит үйлдвэрийн газар (ТӨҮГ)-с, (50-100м3) СГЗ, (50м3 хүртэл) орон нутгийн байгаль орчны асуудал хариуцсан нэгжээс зөвшөөрөл авна. Усны хэрэглээ өдөрт 100 куб. метрээс их бол (сэргээгдэх устөрөгчийн үйлдвэрлэл үүнд хамаарна) БОНҮ заавал хийлгэх шаардлагатай, ус ашиглах тусгай зөвшөөрөл авахад нэг шалгуур болдог. Ус ашиглах зөвшөөрөлтэй үйлдвэрлэл үйлчилгээ эрхлэгч СГЗ-тай гэрээ байгуулна. Уг гэрээгээр ус ашиглах, хаягдал ус зайлуулах нөхцөлүүд, усны төлбөрийн хэмжээг тодорхойлдог. Хөндлөнгийн байгууллагын хийсэн үнэлгээгээр ус ашиглах зөвшөөрөл олгох үйл ажиллагааны дэс дараалал, стандарт нэгэн жигд биш учраас зөвшөөрөл авахад хугацаа алддаг болохыг тогтоожээ (ADB, 2020[13]).

Үйлдвэрлэл, үйлчилгээний зорилгоор ус ашиглах зөвшөөрлөөс гадна бохир ус зайлуулах зөвшөөрөл авах шаардлагатай. Уг зөвшөөрлийг СГЗ (бохир усны хэмжээ өдөрт 50м3-с их эсхүл хуульд заасан аюултай бодис агуулсан бол) эсхүл (50м3 хүртэл бохир ус гаргадаг) орон нутгийн байгаль орчны хэлтэс олгодог. Зөвшөөрөл олгох үйл ажиллагаа, хэрэглэгчид тавих шаардлага тодорхой бус, олон нийтэд мэдээлэл нээлттэй, ил тод бус гэж оролцогч талуудын төлөөлөл хэлж байлаа. Бохир ус хаях зохицуулалтыг устөрөгчийн үйлдвэрлэл эрхлэхтэй холбогдуулан өөрчлөх шаардлагатай. Учир нь үйлдвэрлэлийн явцад ус цэвэршүүлэх тул бохирдол үүсгэх, усны чанар өөрчлөгдөх магадлал өндөр юм.

Ус ашигласны төлбөрөөс орох орлогыг байгаль орчин хамгаалах үйл ажиллагаанд зарцуулах хуулийн зохицуулттай (German Development Institute, 2020[28]). Ус ашиглах төлбөрийн хэмжээ 29 СГЗ-ны хүрээнд өөр өөр байгаа нь СГЗ бүр усны нөөц хэрэглээний тэнцэл, үйл ажиллагааны төрлөөс хамаарч экологи-эдийн засгийн үнэ өртгийг өөрөөр тооцож гаргадгийг харуулж байна (OECD, *удахгүй)*. Орлогоо нэмэгдүүлэх, хаягдал усаа цэвэршүүлж, дахин ашиглахыг дэмжих үүднээс 2019 онд төрөөс Ус бохирдуулсны төлбөрийн тухай хууль батлан хэрэгжүүлж эхэлжээ. Гэвч хэрэгжилтийн шатанд хэд хэдэн асуудалтай тулгарсан нь орон нутгийн түвшинд бохирдлыг хэмжих, хяналт тавих чадавх сул, усны чанар байдалд газар дээр нь цэгцтэй, бүрэн дүүрэн шинжилгээ хийх боломж муу байгаатай холбоотой. ЭЗХАХБ-ын Усны үндэсний хэлэлцүүлэг баримт бичигт усны төлбөрийг боловсронгуй болгох талаар хэд хэдэн зөвлөмж өгчээ (OECD, *удахгүй*). Усны төлбөрөөр дамжуулан хэрэглэгчийн зан дадлыг өөрчлөн усаа хэмнэх сэдэлтэй болгох боломжтой ба Монголын эрх бүхий байгууллагууд үүнийг судалж үзэх нь зүйтэй. Ялангуяа, эрчим хүч, устөрөгч зэрэг үйлдвэрлэлд энэ арга чухал нөлөөтэй юм.

БОАЖЯ усны хайгуул, шинжилгээ хийх, ус ашиглах, үйлдвэрлэл (болон бусад хэрэглээ)-д зөвшөөрөл олгох шийдвэр гаргах эрх бүхий цор ганц байгууллага бол төсөл хэрэгжүүлэгчид үүнтэй холбогдож гарах зардлыг хариуцдаг. Оролцогч талын төлөөллүүд эрх бүхий байгууллагуудтай хамтран усны хайгуул шинжилгээг хийвэл устөрөгчийн станцад ашиглах усан хангамжийн найдвартай байдлыг хангах боломжтой болохыг илэрхийлж байлаа.

Өмнөговьд ус ашиглалтын төлөвлөлтийг цаашид хөгжүүлэх үүднээс ЭЗХАХБ-аас тодорхойлсон түлхүүр бүрдэл ойлголтыг төлөвлөлтдөө суулгаж өгөхийг зөвлөж байна. Эдгээр элементүүд өнөөгийн хууль эрх зүйн орчныг сайжруулахад тустай. Ус ашиглалтын сайтар боловсруулсан төлөвлөгөөнд эрх зүйн маргаан үүсэхгэх боломжгүй байдлаар усны эх үүсвэрийг тов тодорхой томьёолсон байх шаардлагатай. Байгалийн нөөцийн хувьд эх үүсвэрт тавих шалгуур, ашиглах хязгаар ойлгомжтой тодорхой байх нь тогтвортой хэрэглээг дэмжинэ. Усны хэрэглээнд ээлхүүнээр тооцсон хэмжээг хуулиар тогтоож, ихэнхдээ ашиглалтад суурилсан үнэд суурилсан тодорхой системийг нэвтрүүлснээр усны нөөцөө үр дүнтэй, үр ашигтай хэрэглэнэ. Гүний усны хувьд онцгой шинжтэй тул ус ашиглалт, хэрэглээний хуваарийг хэрхэн яаж хийх талаар сайтар бодож тооцох нь зөв (OECD, 2017[29]). ЭЗХАХБ-аас ус ашиглалтын төлөвлөгөө, хэрэгжилт үүргээ гүйцэтгэж чадаж байгаа эсэхийг тогтмол давтамжтайгаар шалгаж үзэж байхыг зөвлөж байна. Тус байгууллага Өмнөд Солонгосын засгийн газрын тусламжтайгаар Усны үндэсний хэлэлцүүлгийн хүрээнд тодорхой төсөл хэрэгжүүлж, усны менежментийг сайжруулах, ус ашиглалт хэрэглээний хуваарь, төлөвлөлтийг санхүүгийн арга механизм ашиглан сайжруулах чиглэлд багц зөвлөмж өгөхөөр ажиллаж байгаа юм (Хайрцаг 4.5). Цагаа олсон энэ төсөл сэргээгдэх устөрөгчийн салбар зэрэг ирээдүйд бий болох аж үйлдвэрийн хэрэгцээг хэрхэн хангах талаар хэрэгтэй санаа, зөвлөгөө санал болгоно.

Хайрцаг 4.5. Монгол Улсад зохион байгуулсан усны асуудлаарх үндэсний хэлэлцүүлгийн гол үр дүнгээс: Усны хэрэглээ, хуваарилалтын менежментийг сайжруулах

Өсөн нэмэгдэж буй усны хэрэглээг хангахад бодлого зохицуулалтыг сайжруулж, усны нөөцийн хэт өндөр ашиглалтыг бууруулж, усан хангамжид тулгарч буй өрсөлдөөнт хэрэглээг хооронд нь зохицуулах. Ус ашигласны төлбөр, ус бохирдуулсны төлбөр, цэнгэг ус ашиглах зөвшөөрөл зэрэг эдийн засгийн хөшүүргээс гадна усны мэдээлэл, зөвшөөрөл, нөөцийн төлөвлөлтөөс бүрдсэн усны хуваарилалтын систем нэвтрүүлж усны хэрэглээг зохицуулна.

'**Усны хуваарилалт**' гэх ойлголт албан ёсоор бодлогод тусгагдаагүй боловч Монгол Улсад энэ чиглэлийн сайн арга ажиллагаа бий. Усны асуудлаарх үндэсний хэлэлцүүлгээр ус хуваарилалтын тогтолцоог хөгжүүлэхэд хэд хэдэн арга хэмжээ авах шаардлагатайг тодорхойлжээ. Үүнд:

- **Үндэсний бодлогын хүрээг тодорхойлон** Усны менежментийн цогц төлөвлөгөө, сав газрын ашиглалтын төлөвлөгөө, дүрэм журамд усны хуваарилалтын асуудлыг суулгах. Мөн үндсэн зарчим, үйл ажиллагааны дараалал, арга ажиллагаа, шаардлагатай дэд бүтэц, чадавх бэхжүүлэх ажлыг тусгах хэрэгтэй.
- **Түр болон бүтцийн хувьд усны хомсдол нүүрлэж байгаа болон ирээдүйд нүүрлэх сав газар, усан санд ус хуваарилах горим тэргүүн ээлжинд нэвтрүүлэх**. Далан зэрэг багашаархан усны байгууламжид мөн нэвтрүүлэх боломжтой. Усны нөөцийн талаар гүн гүнзгий мэдлэгтэй байх нь энд онцгой чухал юм.
- **Урт, богино хугацаанд ус олборлох хязгаарлалт тогтоох** ингэхдээ сав газрын төлөвлөлт, зөвшөөрлийг усны баланс, байгаа нөөцтэй уях. Хэмжилт хийж хэрэглээг хянах чиглэлд усны мэдээллийг сайжруулах хэрэгтэй.
- **Усны хомсдолтой үед богино хугацаанд ус олборлоход хязгаар тогтоох горимыг журамлах** (ө.х. тухайн улирлын хувьд). Ус хэрэглэгчид хязгаарлалт тогтоосон үед дасан зохицох хугацаа олгох ба онцгой тохиолдолд усаар хангах дэглэм тогтооно.
- **Усны хуваарилалтын горимыг дэмжих саарал, ногоон усны дэд бүтэц бий болгон хөгжүүлэх**дээ гадаргуугийн ус түлхүү ашиглах, саарал ус ариутгах байгууламжид түлхүү анхаарч нөөцлөх, боловсруулах, хангах.
- **Ус ашиглах зөвшөөрлийн зах зээлд тулгуурлан усны хуваарилалтын горим тогтоох** ("усны зах зээл") нь усны нөөцийн хатуу төлөвлөлт, мэдээлэл, хэмжилтийн систем тогтсон үед урт хугацаандаа үр дүнтэй байж болно.

Ус ашиглашны болон бохирдуулсны төлбөр нь усны хуваарилалтын тогтолцооны гол түлхүүр бүрэлдхүүн мөн. Өмнөх жилүүдэд Монгол Улс усны төлбөр тогтоох, хураах чиглэлд онцгой амжилт гаргасан ба цаашид улам сайжруулах юм. Үүнд:

- Ус хэрэглэгчид, өрх айл, төрийн байгууллага, амиа тээх өрхийн аж ахуй эрхлэгчид зэрэг бизнесийн ашиг олохоос бусад хэрэглэгчдийг ус ашигласны төлбөрөөс Усны тухай хуулийн дагуу чөлөөлдөг (Goverment of Mongolia, 2012[32]). Ус нь шавхагддаг нөөц гэдгийг ойлгуулах, усны менежментийн зардлыг олоход дэмжих зорилгоор **бүх хэрэглэгчдээс ус ашигласны төлбөр авах асуудлыг судалж үзэх хэрэгтэй**. Татаас өгөх зэргээр бага орлоготой өрх, амиа тээдэг ногоочид зэрэг өрхийн аж ахуй эрхлэгчид зэрэг эмзэг бүлэгт чиглэсэн тусгайлсан арга хэмжээ авах хэрэгтэй.
- Сав газрын захиргааны санхүүжилтийг сайжруулснаар усны менежмент сайжрах бололмжтой. Усны менежментийн цогц төлөвлөгөөнд жил бүрийн санхүүжилтийн зорилтот түвшинг тодорхой заасннаар хэрэгжүүлнэ.

- **Төлбөр хураалтыг сайжруулах** хураах төлбөрийн хэмжээг Усны менежментийн цогц төлөвлөгөөнд зааж өгснөөр төрийн байгууллагууд төлбөр хураах, хяналт шалгалт явуулахад ажлын уялдаа холбоо, хамтын ажиллагааг сайжруулж, шинээр нэвтрүүлсэн цахим зөвшөөрлийн системтэй холбох юм.

Эх сурвалж: Усны асуудлаарх үндэсний хэлэлцүүлгийн тайлан (ЭЗХАХБ, АУЗ, *удахгүй)*

Устай холбоотой хууль эрх зүйн зохицуулалт сэргээгдэх устөрөгчийн төсөл хэрэгжүүлэгчдэд чухал. Хэрэв устөрөгчийн төсөл үйлдвэрлэл болж өргөжих бол төсөл хэрэгжүүлэгч хэд хэдэн зөвшөөрөл холбогдох эрх бүхий байгууллагаас зайлшгүй авах шаардлагатай. Монгол Улсад хүчин төгөлдөр мөрдөгдөж буй хуулийн дагуу ус ашиглах зөвшөөрөл авч гэрээ байгуулсан байх шаардлагатай ба эдгээрт үндэслэн ус ашиглах гэрчилгээ олгодог. Ерөнхийдөө төсөл хэрэгжүүлэгчид хууль эрх зүйн зохицуулалтын талаар санал сэтгэгдэл байхгүй боловч шинэ төсөлд шаардлагатай усны шинэ эх үүсвэр хайх ажилд оролцох боломж муу байгааг анхааруулж байсан юм. Устөрөгч-усны хамаарлыг зохицуулах, усны хэрэглээг эдийн засагт оруулж буй хувь нэмрээр нь үнэлэн хэрэглэгчдэд шударгаар хуваарилах арга хэрэгслийг сайжруулах, үйлдвэрлэгчид байгаль орчны өртөг зардлыг хариуцуулах нь чухал үүрэг гүйцэтгэнэ. Ус ашиглалтын төлөвлөгөөг сайжруулснаар усны үнэ шударгаар тогтож, ус хэмнэх зан дадлыг салбарт мөрдөх хөшүүрэг болно.

Усан хангамжийн дэд бүтцэд баримтлах бодлого дотоодын устөрөгчийн салбар хөгжих эсэхийг шийдвэрлэх гол түлхүүр болох нь

Энэ бүлэгт дээр өгүүлсэнчлэн гадаргын усны нөөц болон усны эрэлт хэрэгцээ өндөртэй бүс нутаг газар зүйн хувьд давхцдаггүй өгөдөл зөвхөн устөрөгчийн үйлдвэрлэлд ч хамаатай хэрэг биш, хөдөө аж ахуй, уул уурхай, өрхийн хэрэглээ гээд бүх хэрэглэгчдэд нөлөөлдөг ажээ. Нэг талаасаа хэрэв устөрөгчийн үйлдвэрлэл эрхлэгчид усны дэд бүтцийн зардлаа хариуцахаар зохицуулбал цаашдаа Монгол Улс устөрөгч үйлдвэрлэгч орон болох боломж байхгүй. Гэхдээ усан хангамжийн дэд бүтцийн асуудлыг сайтар төлөвлөн шийдэж чадвал зөвхөн энэ салбарт төдийгүй бусад хэрэглэгчдэд мөн ач тусаа өгнө.

Усан хангамжийг сайжруулах, усан цахилгаан станц барих төрийн бодлого хэрэгжүүлэх төсөл нь Хөх морь юм. Уг төсөл айл өрх, хөдөө аж ахуй, үйлдвэрлэлийн салбарын усан хангамжийг сайжруулахад хойд нутгийн гадаргуугийн усыг хэрэгтэй байршил руу нь татна. Үндсэндээ далан, хиймэл нуур барьж, говийн бүс рүү ус татан уул уурхайн салбарын усны эрэлт хэрэгцээг хангах зорилготой. Монголын бодлого тодорхойлогчид, эрдэм шинжилгээний салбарынхан 2030 оноос эхлэн гүний ус үйлдвэрлэлд ашиглах явдлыг хязгаарлах, зогсоох тухай ярьж байгаа юм. Гэвч байгаль орчныхон ЮНЕСКО-д дэлхийн өвөөр бүртгэлтэй хил дамнасан дагуурын бүс нутгийг дайран өнгөрөх тул шүүмжлэлд өртөж буй (Simonov, 2021[33]). Хөх морь төслийн хүрээнд хэрэгжих зарим арга хэмжээг хөрш орнуудтай тохирох шаардлагатай.

Хөх морь төслийн хүрээнд Монгол орны томоохон 12 голд техникийн шийдэл нь боломжтой 33 байршил олж тогтоожээ, Энэ судалгааны ажлын тайланд эдгээр 33 байршилд далан, хиймэл нуур байгуулж, нийт 52 тэрбум куб метр ус цуглуулах боломжтой гэж тодорхойлжээ. Үүний 10 байршил нь нийгэм, эдийн засаг, экологийн хувьд ач холбогдолтой бөгөөд нийлээд 3.6 тэрбум куб метр ус нөөцлөх боломж бүрдэнэ. Монголд хэрэгжиж буй туршилтын нэгэн төсөл Хөх морь төслөөс ус авахгүй гэж ЭЗХАХБ-тай хийсэн уулзалтын үеэр мэдэгдсэн юм. Уг шийдвэр нь усны урсац өөрчлөн үйлдвэрлэлд ашиглах нь нийгмийн эмзэг сэдэв болж магадгүй гэх болгоомжлолоос улбаатай. Дээр нь орон нутгийн усны эх үүсвэрээр хэрэгцээгээ тогтвортой хангах боломжтой гэх итгэл үнэмшилтэй нь холбоотой.

Өмнөговьд уул уурхай, сэргээгдэх устөрөгчийн үйлдвэрлэлийн хэрэгцээнд ашиглах усны чиглэлээр хоёр төсөл төлөвлөгджээ. Үүний нэг Хэрлэн-Тооно төсөл 6мВт усан цахилгаан станц, 1.6 сая м3 багтаамжтай усан сан Хэнтийн аймгийн нутагт, Тооно уулын бэлд барих төсөл юм. Уг төсөл хэрэгжсэнээр Сайншандын аж үйлдвэрийн цогцолбор руу насос станцаар тоноглогдсон цайрдсан усны хоолойгоор дамжуулан 120-130 сая м3 ус хүргэх боломж үүснэ. Бор хөөвөр, Долоодын говь, Цагаанцавын гүний усыг говь руу татаж үйлдвэрлэл, уул уурхайд ашиглах өөр нэг төсөл бий. Татсан усыг Сайншандын орчимд 200 000 м3 багтаамжтай хоёр усан санд хураана.

Орхон-Онги төслийн хүрээнд Өвөрхангай аймагт 598 сая м3 багтаамжтай усан сан, 2-4мВт-ын усан цахилгаан станц барина. Энэ хүрээнд Орхон голоос Майхан толгойг сэтлэн суваг татаж усан сан үүсгэн усны урсцад тохируулга хийн Онги гол руу нийлүүлнэ. Онги голоос Улааннуур руу далд шугам татан говийн сумд, уул уурхайн компаниудыг усаар хангана. Усны сувгийн нийт урт 535 км.

Хөх морь төслийг БОАЖЯ баталсан ба Монгол Улсын Их Хурлаас 2021 онд баталсан "Шинэ сэргэлтийн бодлого"-ын хэсэг юм. Одоогийн байдлаар уг төслийг хэрэгжүүлэх шатны тодорхой төлөвлөгөө байхгүй. Том хэмжээний төсөл учраас хэрэв хэрэгжүүлэхээр шийдвэл байгаль орчинд үзүүлэх нөлөөтэй холбоотойгоор сайтар судалгаа хийх, олон нийтийн хэлэлцүүлэг өрнөх шаардлагатай. ЭЗХАХБ-ын мэргэжилтнүүдтэй хийсэн ярилцлагын үеэр салбарын мэргэжилтнүүд, үүний дотор сэргээгдэх устөрөгчийн төсөл хэрэгжүүлэгчдийн зүгээс энэ төслийн талаар итгэлгүй байгаагаа илэрхийлж, төсөл хэрэгжсэн тохиолдолд нийлүүлэх ус ашиглахгүй гэдгээ хэлж байлаа. Хөх морь төслөөр хангах ус хэрэглэхгүй гэх энэ шийдвэр нь хоёр үндэслэлтэй байна. Нэгд төсөл хэрэгжүүлэгчид орон нутгийн усны нөөц устөрөгчийн үйлдвэрлэл эрхлэхэд хангалттай гэж үзэж буй. Хоёрт хэрэв үйлдвэрлэлэд холоос татаж авчирсан ус хэрэглэх нь нийгэм, улс төрийн хувьд эмзэг асуудал гэдгийг ойлгож байгаа юм. Үйл ажиллагаа нь тогтворжсон аж ахуйн нэгжүүд ч энэ санааг мөн илэрхийлж байсан болно.

Дэд бүтцийнн ийм далайцтай төсөл хөгжүүлэх нь олон асуудалтай тулгарах нь ойлгомжтой. Том хэмжээний, төвөгшил ихтэй, өртөг өндөртэй байхаас гадна энэ тохиолдолд нийгмийн эмзэг сэдвийг хөндөж буй юм. Хөх морь төсөл гол мөрний ай савыг холбон, урсцын чиглэлийг өөрчлөх учраас эдийн засаг, байгаль орчин, нийгмийн олон асуудлыг хамардаг. Гол мөрний байгалийн урсцыг өөрчлөх нь тохирох хууль эрх зүйн орчин, үнэ тарифын шинэ арга механизм хэрэгтэй. Говьд усны ууршилт их тул голын усны томоохон хувь шинээр татсан чиглэлд урсах явцдаа ууршиж алга болно. Үүнээс гадна усны эх болон усны адагт байгаа бүс нутгийн хооронд маргаан үүсгэж, хил дамнасан асуудал гаржболзошгүй. Гол усны урсац өөрчилснөөс улбаалан Өмнөд Солонгосын Бусан болон хөрш мужуудын хооронд ийм маргаан гарч байсан. Бусан хот усны хомсдолын асуудлаа шийдэх төлөвлөгөө нь усны хангамжид санаа зовсон хөрш мужуудын эсэргүүцэлтэй тулгарсан юм (OECD, 2018[34]). Эдгээр жишээнээс харахад иймэрхүү том хэмжээний төслийг хэрэгжүүлэхдээ сайтар төлөвлөж бүхий л эрсдэл, гарах үр нөлөөг тодорхойлж, нутгийн иргэдийн дуу хоолойг сонсон нийгэмд өргөн хэмжээний хэлэлцүүлэг зохиох шаардлагатай. Солонгосын туршлагаас харахад гол усны урсац шилжүүлэхдээ эдийн засгийн хөшүүрэг ашиглах нь урт хугацаандаа үр ашиггүй. Учир нь цэнгэг усны үнэ цэн цаг хугацаандаа усны олдоц, хэрэглээний харьцаа өөрчлөгдөх тусам нэмэгддэг (OECD, 2018[34]).

Хаягдал ус ашиглах зэрэг бусад боломжууд бол орон нутагт ус нөөцлөх дэд бүтэц барьж байгуулах асуудал, байгалийн тогтцод суурилсан шийдлүүд усны хомсдол, гажигдалтай бүсийн усан хангамжийг сайжруулахад эдийн засаг нийгмийн хувьд илүү оновчтой байж болох юм. Эдгээр боломжуудыг Монгол Улс усан хангамжийг нэмэгдүүлэх бодлого төлөвлөгөөндөө тусгасан ба энэ талаар Хэсэг 4.3.2 -нд өгүүлсэн билээ (Хайрцаг 4.4). Усны үндэсний хэлэлцүүлгийн хүрээнд ЭЗХАХБ-аас санхүүгийн хувьд тогтвортой ажиллах усан хангамжийн дэд бүтцийг барьж байгуулах хэд хэдэн чиглэлийг санал болгож байна (OECD, *удахгүй*). Усан хангамжийн дэд бүтэц барьж байгуулах нь орон нутагт устөрөгчийн үйлдвэрлэлийг хөгжүүлэх суурь нөхцөл, боломж нээх гарц мөн. Сэргээгдэх устөрөгчийн үйлдвэрлэл хөгжүүлэх үндэсний стратеги боловсруулах ажил урагшлахын хэрээр шинэ тутам энэ салбарын хөгжилд усан хангамжийн дэд бүтцийн гүйцэтгэх үүргийг тооцож үзэх нь чухал. Үр дүнтэй хэрэгжилтийг хангахын тулд эдгээр асуудлыг төлөвлөлтийн явцад стратеги төлөвлөгөөнд суулгаж өгөх нь зөв юм.

Хайрцаг 4.6. Саарал дэд бүтцийг өөрчлөх асуудал

Ус нөөцлөх саарал том дэд бүтцэд хийх хөрөнгө оруулалт төлөвлөхөөс гадна Монгол улс байгалийн, барьж байгуулсан, хосолмол аргаар ус нөөцлөх шийдлийг нэвтрүүлж ус нөөцлөх багтаамжаа нэмэх боломжтой. Эхлээд эдгээр аргуудын тус бүрийн шинж чанар, давуу сул талыг судлан үзнэ. Байгалийн цэнгэг ус, багалийн аргыг усны дэд бүтцийн шийдэл болгон ашиглаж болно. Хөв цөөрөм, нуур, усан сан, бусад байгалийн эх үүсвэр сайтар хамгаалж, арчилгаа үйлчилгээ тогтмол хийсэн нөхцөлд уснөөцлөх том боломж олгоно (Burke et al., 2023[35]).

Монголд хэдийнээ арчилгаатай усан сан байгуулах асуудал эхэлсэн ба дизайн шийдлээс хамаарч хосолмол шийдэл байх боломжтой юм. Арчилгаатай усан сан цэнэглэж, тогтоол ус үүсгэн таатай орчин үүсгэнэ. Гүний усны гүн хамаарлаа бууруулах, саарал ус цэвэршүүлж, дахин ашиглан тойрог хэрэглээ үүсгэхэд тустай (Fan et al., 2023[36]). Багануур дүүрэгт Хэрлэн голын савд АХБ-ны санхүүжилтээр туршилтын төсөл хэрэгжүүлсэн нь гүний усны нөөцийг сайжруулах хамгаалах боломжтой гэд нотлон харуулсан билээ.

Байгалийн аргаар нөөцлөх шийдэл айл өрх, уул уурхай, үйлдвэрлэлийг тогтмол усаар хангаж чадахгүй боловч усан хангамжийн тогтмол үйлчилгээнд нэлээд сайн нөлөөтэй. Байгалийн усны нөөцийн чадавхыг шаардлагатай цэгт нь элсэн далан барьж хөрсний нэвчилтийг сайжруулах боломжтой. Байгалийн усны нөөцийн шийдэл ашиглахад сайтар тооцож судалсан хөрсний бүтэц, нэвчилтийн өгөгдөлд суурилсан идэвхтэй, стратегийн удирдлага, зохицуулалт шаарддаг. Үүнд хамаарах талбайг (ялангуяа усны ундрага) хамгаалах, (экосистемийн үйлчилгээ үзүүлсний төлбөрийн систем нэвтрүүлэх замаар) сайн арга ажиллагаа ялангуяа бэлчээр ашиглах сайн дадал эзэмших явдлыг хөхиүлэн дэмжих зэргээр малчид тариаланчдын оролцоог нэмэгдүүлж болно.

Борооны уснаас тэжээгддэг горхи, шанд хамгаалах зэрэг байгалийн өгөгдөлд суурилсан шийдлийг Монголд ашиглах боломжтой. Жишээлбэл Улаанбаатар орчмын хамгаалалтын бүсд байгаа ундны усны эх үүсвэрт хөрөнгө оруулбал ундны усны эдийн засгийн өгөөж 2032 он гэхэд мөнгөн дүнгээр 224.4 тэрбум төгрөг (165.1 сая ам. доллар)-т хүрнэ гэж тооцоолжээ (Flores, Gonchigsumlaa and Surenjav, 2015[37]). Энэ тооцоо хамгаалалтын бүс тогтоох зардлаас хамаарч ус ашигласны төлбөрийг байгалийн нөөц хамгаалах ажилд зарцуулах үндэслэл болж байна (2030 Water Resource Group, 2014[31]).

Эх сурвалж: Усны асуудлаарх үндэсний хэлэлцүүлгийн тайлан (ЭЗХАХБ, АУЗ, *удахгүй*)

Ашигласан материал

2030 Water Resource Group (2014), *Mongolia: Targeted Anaysis on Water Resources Management Issues*, https://www.2030wrg.org/wp-content/uploads/2014/07/2030WRG_MONGOLIA.pdf. [31]

2030 Water Resources Group (2021), *Digital Water Platform: Development of groundwater monitoring portal using disruptive technology*, https://2030wrg.org/wp-content/uploads/2019/06/2030-WRG-Mongolia-Groundwater-Predictions-Report.pdf. [30]

2030 Water Resources Group (2019), *Building trust, growing resilience*, https://documents1.worldbank.org/curated/en/099113024053114453/pdf/P181147122840f0f21a2ec176210878c696.pdf. [41]

ADB (2020), *Overview of Mongolia's Water Resources System and Management*, https://doi.org/10.22617/TCS200202-2. [13]

Anna Nilsson, G. (2021), *Green Hydrogen Applications in Mongolia, Technology Potential and Policy Options*. [14]

Asian Development Bank (2020), *Making Water in Mongolia Available at the Right Time, at the Right Place, and in the Right Quality*, http://www.adb.org/publications/series/adb-briefs. [22]

Asian Development Bank (2020), *Overview of Mongolia's Water Resources System and Management: A Country Water Security Assessment*, Asian Development Bank, https://doi.org/10.22617/tcs200202-2. [3]

Becker, H. et al. (2023), "Impact of impurities on water electrolysis: a review", *Sustainable Energy & Fuels*, Vol. 7/7, pp. 1565-1603, https://doi.org/10.1039/d2se01517j. [7]

Beswick, R., A. Oliveira and Y. Yan (2021), "Does the Green Hydrogen Economy Have a Water Problem?", *ACS Energy Letters*, Vol. 6/9, pp. 3167-3169, https://doi.org/10.1021/acsenergylett.1c01375. [2]

Burke et al. (2023), *Lost Water: Challenges And Opportunities*, S&P Global, https:// www.spglobal.com/_assets/documents/ratings/_research/101585883.pdf. [35]

Duranton, G. and D. Puga (2004), "Chapter 48 Micro-foundations of urban agglomeration economies", in *Handbook of Regional and Urban Economics, Cities and Geography*, Elsevier, https://doi.org/10.1016/s1574-0080(04)80005-1. [40]

Elsevier (ed.) (2020), *Dewatering mechanism of gasification fine slag by coupled mechanical force fields and its potential guidance for efficient dewatering process*, Fuel Processing Technology, No. 205, https://doi.org/10.1016/j.fuproc.2020.106459. [10]

Fan et al. (2023), "Groundwater Sensitivity to Climate Variations Across Australia", *Advancing Earth and Space Sciences*, https://doi.org/10.1029/2023WR035036. [36]

Flores, M., G. Gonchigsumlaa and K. Surenjav (2015), *Valuation of contribution of ecosystem services of the Gorkhi Terelj National Park to sectoral economic development*, https://www.researchgate.net/publication/291692737_Valuation_of_contribution_of_ecosystem_services_of_the_Gorkhi_Terelj_National_Park_to_sectoral_economic_development. [37]

German Development Institute (2020), *Forums, Fees and Data Flows: Coordinating Mining and Water Policy in Mongolia*, https://doi.org/10.23661/bp20.2020. [28]

Goverment of Mongolia (2012), *Law of Mongolia on Water*, https://faolex.fao.org/docs/pdf/mon154470.pdf. [32]

Government of Mongolia (2023), *Decision N°58 of the 8 February 2023*, https://legalinfo.mn/mn/detail?lawId=16758850092381. [23]

IEA (2023), *Global Hydrogen Review 2023*, https://www.iea.org/reports/global-hydrogen-review-2023. [1]

IEA (2023), *Tracking Clean Energy Progress*. [17]

IRENA and Bluerisk (2023), *Water for hydrogen production*, https://mc-cd8320d4-36a1-40ac-83cc-3389-cdn-endpoint.azureedge.net/-/media/Files/IRENA/Agency/Publication/2023/Dec/IRENA_Bluerisk_Water_for_hydrogen_production_2023.pdf?rev=7e9c17aa097340f4834f7df1c710ca72. [6]

Maddaloni, M. et al. (2023), "Exploring the Viability of Utilizing Treated Wastewater as a Sustainable Water Resource for Green Hydrogen Generation Using Solid Oxide Electrolysis Cells (SOECs)", *Water*, Vol. 15/14, p. 2569, https://doi.org/10.3390/w15142569. [20]

Madsen, H. (2022), *Water treatment for green hydrogen: what you need to know*. [38]

Marin, D. et al. (2023), "Hydrogen production with seawater-resilient bipolar membrane electrolyzers", *Joule*, Vol. 7/4, pp. 765-781, https://doi.org/10.1016/j.joule.2023.03.005. [19]

Muñoz, I. and A. Fernández-Alba (2008), "Reducing the environmental impacts of reverse osmosis desalination by using brackish groundwater resources", *Water Research*, Vol. 42/3, pp. 801-811, https://doi.org/10.1016/j.watres.2007.08.021. [39]

Nilsson, A. et al. (2021), *Green Hydrogen Applications in Mongolia: Technology potential and policy options*, New Climate Institute, https://newclimate.org/sites/default/files/2021/10/NewClimate_Green_Hydrogen_Applications_in_Mongolia.pdf. [4]

OECD (2024), *Environment at a Glance Indicators*, OECD Publishing, Paris, https://doi.org/10.1787/ac4b8b89-en. [12]

OECD (2024), *Mainstreaming Biodiversity into Renewable Power Infrastructure*, OECD Publishing, Paris, https://doi.org/10.1787/357ac474-en. [16]

OECD (2023), *Mining Regions and Cities in the Region of Antofagasta, Chile*, https://doi.org/10.1787/499ed299-en. [25]

OECD (2021), *Toolkit for Water Policies and Governance: Converging Twoards the OECD Council Recommendation on Water*, https://doi.org/10.1787/ed1a7936-en. [26]

OECD (2018), *Managing the Water-Energy-Land-Food Nexus in Korea: Policies and Governance Options*, OECD Studies on Water, OECD Publishing, Paris, https://doi.org/10.1787/9789264306523-en. [34]

OECD (2017), *Groundwater Allocation: Managing Growing Pressures on Quantity and Quality*, OECD Studies on Water, OECD Publishing, Paris, https://doi.org/10.1787/9789264281554-en. [29]

OECD (2016), *OECD Council Recommendation on Water*, https://www.oecd.org/environment/resources/council-recommendation-on-water.pdf. [27]

OECD (2015), *Water Resources Allocation: Sharing Risks and Opportunities*, OECD Studies on Water, OECD Publishing, Paris, https://doi.org/10.1787/9789264229631-en. [24]

Saygin, D. and M. Lee (2023), *Financing cost impacts on cost competitiveness of green hydrogen in emergin and developing economies*, OECD Environment Working Papers, No. No. 227, OECD, Paris, https://www.oecd-ilibrary.org/fr/environment/financing-cost-impacts-on-cost-competitiveness-of-green-hydrogen-in-emerging-and-developing-economies_15b16fc3-en. [9]

Simonov, E. (2021), *A wetland refuge on the Russia-Mongolia border*, The Third Pole, https://www.thethirdpole.net/en/nature/landscapes-of-dauria-wetland-russia-mongolia-border/. [33]

Tonelli, D. et al. (2023), "Global land and water limits to electrolytic hydrogen production using wind and solar resources", *Nature Communications*, Vol. 14/1, https://doi.org/10.1038/s41467-023-41107-x. [5]

Tong, W. et al. (2020), "Electrolysis of low-grade and saline surface water", *Nature Energy*, Vol. 5/5, pp. 367-377, https://doi.org/10.1038/s41560-020-0550-8. [18]

U.S. Department of Energy (2013), *Reverse Osmosis Optimization*. [8]

UNICEF (2023), *Time is now to revolutionize water usage, Op-ed dedicated to World Water Week 2023*, https://www.unicef.org/mongolia/stories/time-now-revolutionize-water-usage. [15]

Water Services Association of Australia (2021), *Water Fuelling the Path to a Hydrogen Future*, https://www.wsaa.asn.au/sites/default/files/publication/download/Water%20fueling%20the%20path%20to%20a%20hydrogen%20future%20Nov%202021.pdf. [21]

WRI Aqueduct (2024), , http://aqueduct.wri.org. [11]

Тодруулга

[1] Бор хөөврийн урд үзүүрт байх худгийн усны дээжид хэмжилт хийхэд эрдэсжилтийн хэмжээ 2,186 мг/дм3 байлаа.

[2] Далайн ус цэвэршүүлэхэд ердөө 0.072 кВт.цаг эрчим хүч, электролиз 53.8 кВтц/кгН2 хэрэглэнэ (Tonelli et al., 2023[5]).

[3] ОУСЭХА ус дахин ашиглах боломжийг авч үздэггүй, өөрөөр хэлбэл устөрөгчийн үйлдвэрт нөхөн сэргээгдэхгүй баялаг боловсруулахад ашигласан усыг дахин хэрэглэх боломжгүйд тооцдог.

[4] https://londonminingnetwork.org/2022/01/mongolian-herders-protest-at-rio-tintos-oyu-tolgoi-mine/

[5] https://ikon.mn/opinion/32fj

5 Зөвлөмж

Энэ бүлэгт ЭЗХАХБ-ын "Монгол Улс: Сэргээгдэх устөрөгч хөгжүүлэх стратеги" тайлангийн зөвлөмж танилцуулж байна. Уламжлалт түлш олборлож хүрсэн эдийн засгийн өсөлт нь Монгол Улсын Засгийн газрын урт хугацааны тогтвортой хөгжлийн зорилгод бэрхшээл учруулж, үйлдвэрлэлийн өсөлтийг бага нүүрстөрөгчийн зорилготой уялдуулах технологи, хөрөнгө оруулалтын шийдвэрт бодлогын дэмжлэгийн ач холбогдлыг нэмэгдүүлж байна. Сэргээгдэх устөрөгч нь Монгол Улсын аж үйлдвэрийн салбарын урт хугацааны тогтвортой байдлыг хангах технологийн боломжит хувилбаруудын нэг юм. Сэргээгдэх устөрөгчийн дотоодын үйлдвэрлэл нь экспортыг төрөлжүүлэх, аж үйлдвэрийг хөгжүүлэх зэрэг Засгийн газрын бусад олон зорилгыг хангахад түлхэц болох боломжтой. Гэвч өнөөгийн нөхцөл байдалд сэргээгдэх устөрөгчийн үйлдвэрлэлийг хөгжүүлэхэд шаардлагатай хөрөнгө оруулалтыг татах нь бэрхшээлтэй. Энэхүү тайлангийн зөвлөмж нь Монгол Улсад сэргээгдэх устөрөгчийн үйлдвэрлэлийг бий болгоход төрөөс ямар дэмжлэг үзүүлж болох, урт хугацааны тогтвортой байдал, нийгэм, эдийн засгийн хөгжлийн зорилтоо хангахад яаж хувь нэмэр оруулах боломжтойг судалсан болно.

Зөвлөмж бичсэн агуулга

Энэхүү тайлангийн зөвлөмжүүд нь Монгол Улсын бодлого боловсруулагчдад сэргээгдэх устөрөгч хөгжүүлэх стратегийг боловсруулахад дэмжлэг үзүүлэх зорилготой юм. Зөвлөмжийн зорилго нь Монгол Улс устөрөгч хөгжүүлэх бодлогын шийдвэр гаргахдаа бага нүүрстөрөгчийн, тогтвортой эдийн засгийн өсөлттэй нийцүүлэх чиглэлд дэмжлэг үзүүлэхэд оршино. Зөвлөмж дүн шинжилгээ, ЭЗХАХБ-ын гишүүн орнуудын туршлага, мөн ЭЗХАХБ-ын Азийн тогтвортой дэд бүтцийн хөтөлбөрийн (SIPA) Монгол Улсад 2023-24 онд зохион байгуулсан төр, хувийн хэвшлийн оролцогч талуудыг өргөнөөр оролцуулсан хэлэлцүүлэг, хурал зөвлөгөөнд тулгуурласан болно. Зөвлөмжийг баталгаажуулж, эдгээрийг дэмжих дүн шинжилгээг Монгол Улсын Эдийн засаг, хөгжлийн яамтай хамтран 2024 оны дөрөвдүгээр сард Улаанбаатарт зохион байгуулсан уулзалтын үеэр хэлэлцэж, баталсан. Уг уулзалтад Эрчим хүчний яам болон тус улсын Үндэсний устөрөгчийн зөвлөл зэрэг хувийн хэвшлийн төлөөлөгчид мөн оролцсон болно.

Монгол Улсын устөрөгч хөгжүүлэх туршилтын төсөл нь сэргээгдэх устөрөгч хөгжүүлэхэд хувийн хэвшил сонирхож буйг илтгэж байна. Иймээс аливаа стратеги нь хувийн хэвшлийг хариуцлагатай, тогтвортой байдлаар сэргээгдэх устөрөгч хөгжүүлэх боломжийг судлахад нь дэмжлэг үзүүлэх, эхлэлийн шатандаа байгаа төслүүдээс туршлага хуримтлуулж, Засгийн газрын өмнөө тавьсан тогтвортой эдийн засгийн хөгжлийн зорилтуудыг урагшлуулах, Монгол Улсад бага нүүрстөрөгчийн шилжилтийг дэмжих боломжтой бусад технологийн орон зайг хязгаарлахгүй байх х эрэгтэй юм. Устөрөгчийн асуудлаар төр, хувийн хэвшлийн оролцоотой аж үйлдвэрийн бодлогын хэлэлцүүлэгт оролцох энэхүү боломж нь Монгол Улсын ирээдүйн тогтвортой эдийн засгийн өсөлтөд чухал ач холбогдолтой. Уг боломж нь арилжааны өндөр амжилтад хүрэхгүй байсан ч (шинэчлэлтийн хувьд амжилт хэзээд баталгаатай байдаггүй) бодлогын зөв үйл явцыг хэрэгжүүлэх боломжийг нээх төдийгүй Дани Родрик (Rodrik, 2004[1]) хэлснээр инстүүт мэдлэг болон чадавхыг хөгжүүлэхэд хувь нэмрээ оруулж, Монгол Улсын өсөлтийн загварыг өөрчлөхөд шаардлагатай мэдлэгийг бий болгох боломж бий болно.

Бага нүүрстөрөгчийн өөрчлөлт нь бүхэлдээ системийн шинжтэй байдаг тул зөвлөмж зарим бүлэгт биш, харин тайлангийн ерөнхий агуулгад үндэслэсэн (Зураг 5.1) болно. Зарим нэг онцгой тохиолдолд тухайлбал усны асуудалтай холбоотой зөвлөмж байж болох юм. Нэгдсэн зөвлөмж нь хэдий тодорхой, сайн тодорхойлсон бодлогын арга хэмжээнд хамаардаг, тайлангийн бусэд бүлгийн дүгнэлтийг агуулсан байж болох юм. Стратегийн төлөвлөлт, удирдлагын зөвлөмжүүдийг зориуд хөндлөн чиглэлтэй байдлаар санал болгосон бөгөөд Монгол Улс сэргээгдэх устөрөгчийн стратегийг хэрэгжүүлэхэд замын зураглал болж чадна.

Зөвлөмжүүдийг гурван үндсэн сэдвээр багцалж бүлэглэв. Эхний багц зөвлөмж (Зөвлөмж 1 болон 2) нь Монгол Улсын сэргээгдэх устөрөгчийн стратеги боловсруулах болон хэрэгжүүлэх явцтай холбоотой. Хоёр дахь багц зөвлөмж (Зөвлөмж 3-5) нь Монгол Улсад бага нүүрстөрөгчийн технологи, тухайлбал устөрөгчийн эрэлт хэрэгцээг бий болгох, бага нүүрстөрөгчийн салбарт гадаадын шууд хөрөнгө оруулалт татахад өрсөлдөх чадвар дээшлүүлэх нөхцлийг сайжруулах үйл ажиллагаанд хамаарна. Гурав дахь багц зөвлөмж (6-8) нь сэргээгдэх устөрөгчийн стратегийг хэрэгжүүлж, тогтвортой эдийн засгийн хөгжлийг хангахад хатуу болон зөөлөн дэд бүтэц хөгжүүлэхтэй холбоотой юм.

Монгол Улсын Засгийн газар нь үндэсний хэмжээнд сэргээгдэх устөрөгчийн хөгжлийн стратеги боловсруулах, хэрэгжүүлэхдээ дэс дараатай ажиллах нь чухал. Энэхүү тайланд судалж үзсэн үндэсний стратеги баримт бичгийн олонх нь тухайн улсын Засгийн газрын сэргээгдэх устөрөгчийн үйлдвэрлэл, хэрэглээний чиглэлд анхдагч болох амбицыг тусгасан байна. Монголын төр ч бас энэ чиглэлд ажиллах боломжтой тул зөвлөмжүүд нь өөр өөр хугацаа, зорилтод нийцэх боломжтой байхаар бүтэцтэй боловсруулав. Тухайлбал, Монгол Улс сэргээгдэх устөрөгчийн үйлдвэрлэлээр анхдагч болохоор шийдвэл тодорхой зөвлөмжүүдийг хэрэгжүүлэх ажил ойрын хугацаанд хийх хэрэгтэй болно. Үүний зэрэгцээ олон зөвлөмж Засгийн газар устөрөгчийн хөгжүүлэх чиглэлд бага анхаарсан, тэр байтугай стратеги боловсруулаагүй тохиолдолд ч бодлого боловсруулагчдад хэрэгтэй зөвлөмж байж болох юм. Учир нь энэхүү тайланд багтсан зөвлөмжүүд Монгол Улсад сэргээгдэх устөрөгчийн үйлдвэрлэлийг хөгжүүлэхэд шаардлагатай, тэдгээрийг хэрэгжүүлснээр эдийн засагт нүүрстөрөгч халахад өөр бусад бага нүүрстөрөгчийн технологи, чадавх, дэд бүтцийг хөгжүүлэхэд дэмжлэг үзүүлнэ.

Зураг 5.1. Монгол Улсын сэргээгдэх устөрөгчийн стратегийн чиглэлд: Тайлангийн тойм (эргэн сануулах нь)

Зураг 5.2. Монгол Улсын сэргээгдэх устөрөгчийн стратегийн чиглэлд: Зөвлөмжийн тойм

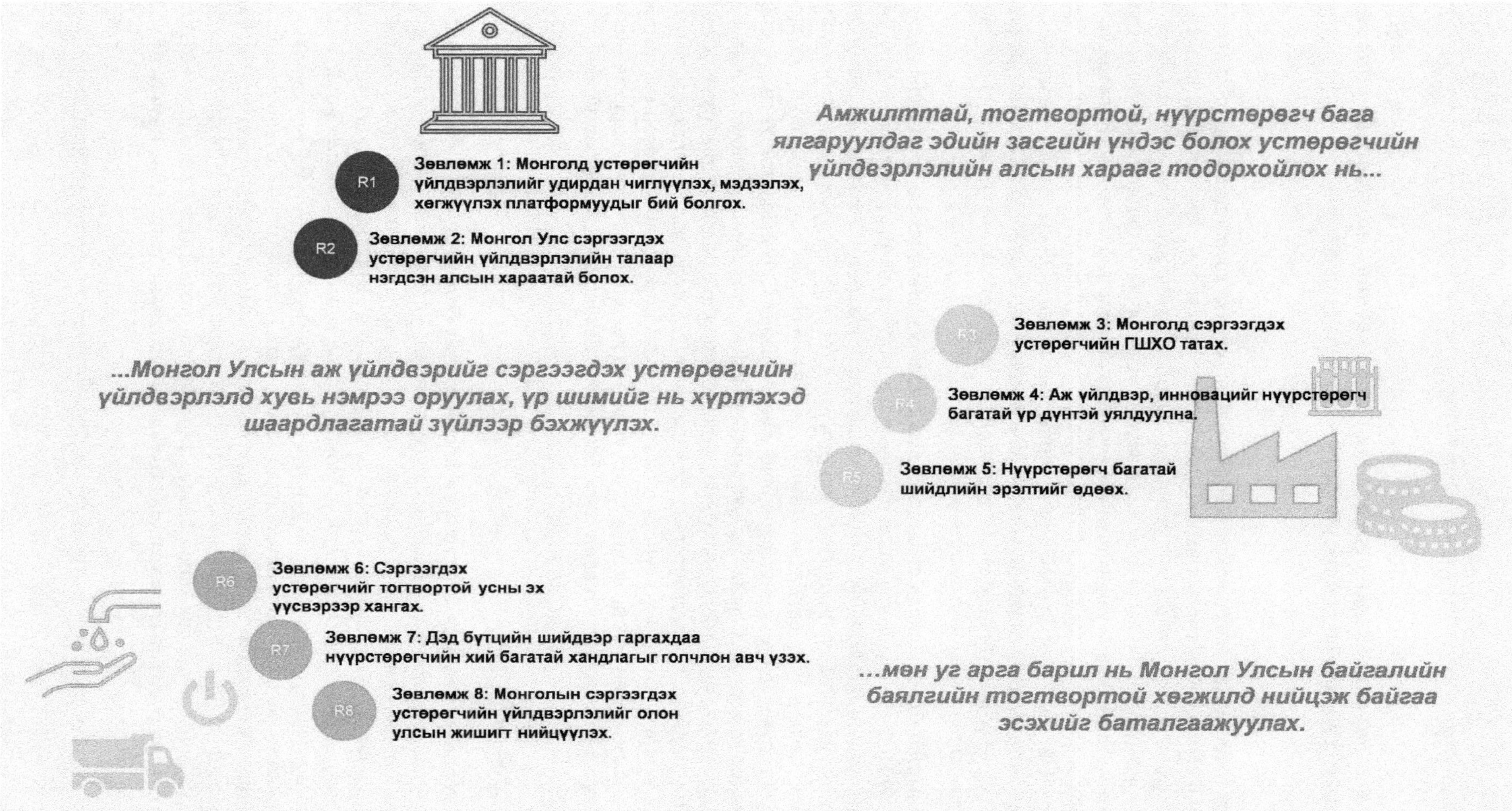

Зөвлөмж

Зөвлөмж 1: Монгол Улсын сэргээгдэх устөрөгчийн стратегийг удирдах платформ, хэрэгжүүлэх байгууллагуудыг бий болгох

Тойм

Бага нүүрстөрөгчид шилжих шилжилтийг амжилттай хийхэд хоорондоо холбоо хамааралгүй байсан бодлогын чиглэлүүдийг уялдуулах шаардлагатай. Эрчим хүч, аж үйлдвэр, санхүү, боловсрол, шинжлэх ухаан зэрэг салбарын харилцан холбоог хамарсан бага нүүрстөрөгчийн технологи хөгжүүлэх, нэвтрүүлэхтэй нэгэн ижил арга замаар устөрөгчийн стратеги хэрэгжилжүүлнэ. Одоогоор Монгол Улсад устөрөгчийн үйлдвэрлэлийг хөгжүүлэх талаар төр засаг, аж үйлдвэрийн салбарт олон чиглэлээр яриа хэлэлцүүлэг өрнөж байна. Тухайлбал, Аж үйлдвэржилтийн бодлогын байнгын хороо, Эрчим хүчний яам, Уул уурхай, хүнд үйлдвэрийн яам, Эдийн засаг, хөгжлийн яам, хувийн хэвшлийнхэн тэргүүтэй "Үндэсний устөрөгчийн зөвлөл" зэрэг байгууллагууд хамтран ажиллаж буй. Ирээдүйд устөрөгчийн үйлдвэрлэлийг Монголд бий болгох боломжууд байгаа ч салбар тус бүр бие биеэсээ хамааралгүйгээр үйл явц өрнөж буй.

Үзэл баримтлал болон аливаа стратегийг амжилттай хэрэгжүүлэх нь олон талын удирдах чадвар, түүнчлэн удирдан чиглүүлэх үүрэг хүлээсэн хүмүүс цаг тухай бүрт, нотолгоонд суурилсан санал, дүгнэлтээр хангагдах боломж, нөхцөл, чадараас хамаарна (Стратегитай холбоотой өөр өөр технологийн хувьсал болон бодлогын асуудлуудын талаар). Төсвийн хөрөнгө оруулалт, бодлогын дэмжлэгийг чиглүүлэхэд салбарын яамд чухал ач үүрэгтэй тул давхардал, үрэлгэн байдлаас зайлсхийхэд зохицуулалт чухал байх болно. Хувийн хэвшлийнхэн Монгол Улсад устөрөгчийн төсөл хөгжүүлэх сонирхолтой байгаа нь тус улсыг бизнес эрхлэгчид, шинийг санаачлагч, хөрөнгө оруулагчид устөрөгчийн төсөл хөгжүүлэх өндөр боломжтой байршил гэж үзэж байгаагийн илрэл мөн. Иймд бодлого боловсруулагчид устөрөгчийн стратеги хэрэгжүүлэхдээ хувийн хэвшлийн туршлага, тулгарч буй сорилт, хүрсэн амжилт зэрэг доороос дээш чиглэсэн мэдээллийн урсгалыг нэгтгэх боломж хэрхэн яаж бүрдүүлэх бүрдүүлэх, төр хөндлөнгөөс оролцохдоо хамгийн их хэрэгцээ шаардлагатай байгаа хэсэгт төвлөрүүлэх боломжийг баталгаажуулах хэрэгтэй юм.

3.1.1: Нүүрстөрөгчийг бууруулах, халах шилжилтийг удирдах төр, хувийн хэвшлийн оролцоотой Удирдах хороо байгуулах.

Удирдах хороо нь Зөвлөмж 2-т тусгасан алсын харааг боловсруулах ажлыг хариуцах бөгөөд хэд хэдэн асуудлаар холбогдох ажлын хэсэг (тухайлбал, устөрөгчийн ажлын хэсэг, нүүрстөрөгчийг тэглэх технологийн ажлын хэсэг, нүүрсийг үе шаттайгаар халах ажлын хэсэг байгуулна). Удирдах хороо нь нэмэлт хүнд суртал үүсгэх шат дамжлага бий болгох биш, харин одоо байгаа платформуудыг оновчтой болгох ёстой. Монгол Улсад хэд хэдэн салбарын яамд, яамд хоорондын хороод бага нүүрстөрөгч, тэр дундаа устөрөгч, сэргээгдэх устөрөгчийн бүтээн байгуулалтад нэгдсэн арга барилаар хандах нь давхардлаас зайлсхийх, төсөл боловсруулагчид болон хөрөнгө оруулагчдад ойлгомжтой байх, холбогдох салбарын яамд болон бусад төрийн байгууллагууд өөрсдийн оролцоо, дэмжлэгийг хамгийн үнэ цэнтэй, хэрэгцээтэй талбарт төвлөрүүлэх боломж олгох гол түлхүүр болно. Удирдах хороо энэхүү тайланг бэлтгэхдээ ЭЗХАХБ болон НҮБХХ-ийн зохион байгуулах төрөл бүрийн ажлын хэсгийн гишүүдийн туршлагад тулгуурлан ажиллах боломжтой.

R1.2: Нүүрстөрөгчийг халах Засгийн газрын зорилго, сэргээгдэх устөрөгч зэрэг бага нүүрстөрөгчийн гүйцэтгэх үүргийн талаар төр, хувийн хэвшлийн мэдлэг мэдээллийг дээшлүүлэх сургалт явуулах

Монгол Улсад нүүрстөрөгч тэглэх эдийн засгийн зайлшгүй шаардлагын талаарх ойлголт тэгш бус байна. Зарим томоохон аж ахуйн нэгж, дотоод, гадаадын байгууллагын аль алинд нь нүүрстөрөгчийг тэглэх үйл ажиллагааг дэмжих хөрөнгө оруулалтын ач холбогдлын талаар ахисан түвшний, урт хугацааны алсын хараатай байдаг бол бусад бизнесийн байгууллагын мэдлэг харьцангуй доогуур байна. Устөрөгчийн салбарын шилжилтэд хувь нэмрээ ижил тэгш оруулах чадвар нь бага нүүрстөрөгчийн технологи, устөрөгч зэрэг түлшний хэрэглээтэй холбоотой өнөөгийн болон ирээдүйн аж үйлдвэрийн өртгийн сүлжээнд аж ахуйн нэгж, ялангуяа ЖДҮ-үүдэд ямар боломж бүрдүүлэхээс хамаарна. Төрийн байгууллагууд тэр дундаа аливаа стратеги амжилттай хэрэгжихэд чухал үүрэгтэй салбарын яамд, бага нүүрстөрөгчийн шилжилтийн нөлөөгөөр илүү өргөн хүрээнд үүрэг хариуцлага хүлээх нь тодорхой. Иймд бага нүүрстөрөгчийн технологийг төрийн бодлогоор дэмжих үндэслэл, түүнчлэн бага нүүрстөрөгчийн төлөөх Засгийн газрын зорилготой холбоотой арилжааны боломж, сорилтын талаар төр, хувийн хэвшилд техникийн, бодлогын түвшинд мэдлэг мэдээллийг дээшлүүлэх, хөгжүүлэх зайлшгүй шаардлагатай.

R1.3: Орон нутгийн төрийн байгууллагуудын устөрөгчийн хөгжилтэй холбоотой бий болох боломж, сорилтын талаарх мэдлэг, мэдээллийг дээшлүүлэх

Сэргээгдэх устөрөгчийн төсөл, энэ чиглэлээр төрөөс баримтлах бодлогын талаарх мэдлэг мэдээллийг орон нутгийн засаг захиргааны түвшинд нэмэгдүүлэх онцгой шаардлагатай. Сэргээгдэх устөрөгчийг хөгжүүлэх төсөл нь дэд бүтэц хөгжүүлэх, ажлын байр бий болгох зэрэг орон нутгийн хөгжлийн тэргүүлэх чиглэлд чухал үүрэг гүйцэтгэх боломжтой. Энэ нь ирээдүйд нүүрснээс бүрэн татгалзах, эсвэл ядаж нүүрсний хэрэглээг бууруулах зэргээс шалтгаалан ажлын байраа алдах, шилжих хөдөлгөөн хийх зэргээр урт хугацаанд нөлөөлж болзошгүй газарт онцгой ач холбогдолтой юм. Үүний зэрэгцээ, усны нөөц, газар ашиглалт, тухайлбал, электролизийн аргаар үйлдвэрлэх сэргээгдэх эрчим хүчний дэд бүтэц хөгжүүлэх зэрэг нь орон нутгийн иргэдэд том нөлөө үзүүлж болзошгүй. Ийм төсөл орон нутгийн хөгжлийн хэрэгцээг хангах, нийгэм, улс төрийн хувьд тухайн нутагт ашигтай байхын тулд сэргээгдэх устөрөгчийн төслийг зөвшилцөх, боловсруулах, хэрэгжүүлэхэд орон нутгийн засаг захиргааны оролцоог нэмэгдүүлэх тодорхой үндэслэл бий. Монголд орон нутгийн засаг захиргаа, нутаг дэвсгэрийн ихэнх нэгж аж үйлдвэрийн томоохон төслүүдийг удирдах чиглэлээр туршлагатай байдаг тул үйл явц нөгөө чиглэлд мөн явагддаг. Энэ утгаараа нүүрстөрөгч бага үйлдвэрлэл, тэр дундаа сэргээгдэх устөрөгчийн талаар үндэсний хэмжээнд шийдвэр гаргахад мэдээлэл өгөх орон нутгийн засаг захиргааны туршлагаас олон зүйлийг олж авах боломжтой.

R1.4: Бага нүүрстөрөгчийн үйлдвэрлэлийг хөгжүүлэх дэд бүтцийн хэрэгцээг зураглах төр, хувийн хэвшлийн ажлын хэсэг байгуулах

Монгол Улсаас устөрөгчийн экспортын дэд бүтцийн хэрэгцээг тойрсон тодорхойгүй байдал нэлээд өндөр байгаа бөгөөд энэ нь үйлдвэрлэлийн байршил, дотоодын хэрэглэгчдийн байршил, Хятадын хилийн ойролцоо, үйлдвэрлэл болон эрчим хүчний дэд бүтцийн төвлөрөл, дэд бүтцийн хөгжил зэргээс ихээхэн хамаардаг (Хятад). Үүний нэгэн адил шинэ дэд бүтэц тавих, шинэчлэх, аж үйлдвэр хөгжүүлэх төлөвлөлт, зөвшөөрөл, байршил, холбогдох дэд бүтцийн байршил зэрэг ерөнхийдөө бага нүүрстөрөгчийн үйлдвэрлэлийн дэд бүтэц тойрсон тодорхойгүй байдал бий. Дэд бүтцийн хөгжилд үзүүлэх салбар хоорондын хамаарал, холбогдох санхүүжилтийн хэрэгцээ нь эдгээр асуултад онцгой анхаарал хандуулах ёстойг харуулна. Ажлын хэсэг салбарын хөрөнгө оруулалтын төсөл төлөвлөхдөө хувийн хэвшил болон төрийн аль алинд хүртээмжтэй, чанартай мэдээлэлд үндэслэх ёстой.

Зөвлөмж 2: Монгол Улсын сэргээгдэх устөрөгчийн үйлдвэрлэлийн нэгдсэн алсын харааг тодорхойлох нь

Тойм

Монгол Улсын Засгийн газар сэргээгдэх устөрөгчийн үйлдвэрлэл хөгжүүлэх асуудлыг хэлэлцэж байгаа бөгөөд нийгэм эдийн засаг, аж үйлдвэрлэл, тогтвортой байдлыг хангах өргөн хүрээний зорилтуудтай уялдуулан энэ салбарыг хөгжүүлэхэд хэрхэн дэмжих асуудлыг судалж байгаа болно. Сэргээгдэх устөрөгч хөгжүүлэх үндэсний стратеги нь хэрэгжүүлэлтийн эхний шатанд яваа бусад орны туршлагад тулгуурлан Монгол Улс үндэсний стратеги боловсруулахдаа тодорхой дэс дараалалтайгаар хандах ёстой. Эхний шатанд сэргээгдэх устөрөгчийн үйлдвэр нь Монгол Улсын иргэд, төрд юу өгч чадах, ямар хэрэгтэй, энэ салбар улс орны тогтвортой хөгжил, тэр дундаа шударга шилжилтэд хэрхэн хувь нэмэр оруулах тухай нийгэм, улс төрийн хувьд хүлээн зөвшөөрөгдсөн алсын харааг тодорхойлох ёстой (Нийтлэг түлш, үйлдвэрлэл, ашиглалтаас татгалзах). Энэ үе шатанд, ялангуяа шинээр хөгжиж буй зах зээл дээр устөрөгчийн төсөл бодитоор хэрэгжих боломж, чадвар, хүртээмжид нөлөөлөх, сэргээгдэх устөрөгчийн бүтээн байгуулалттай холбоотой эхэн үеийн учрах голлох эрсдэлт хүчин зүйлс тодорхой, нотолгоонд суурилсан дүн шинжилгээнд үндэслэсэн байх ёстой. Үүний дараа сэргээгдэх устөрөгчийг хөгжүүлэх үндэсний стратеги боловсруулах боломжтой.

R2.1: Сэргээгдэх устөрөгчийн үйлдвэрлэлийн нэгдсэн “Алсын хараа” боловсруулах

Энэхүү алсын хараа нь Монгол Улсад устөрөгчийн стратеги боловсруулах эхний алхам болох бөгөөд тус улсын сэргээгдэх устөрөгчийн үйлдвэрлэл улс орны нийгэм эдийн засаг, байгаль орчин, уур амьсгалын чиглэлээр явуулж буй бодлогын зорилтод яаж нөлөөлөх талаар тодорхойлно. Энэ нь сэргээгдэх устөрөгчийн үйлдвэрлэлийг төлөвлөх, хэрэгжүүлэхэд төр, хувийн хэвшлийн хүлээх гол үүрэг, хэрэгцээг тодорхойлж болно. Үйлдвэрлэл байгуулахад төрөөс үзүүлэх дэмжлэгт учирч болох эрсдэл, боломжийг тодорхой тусгах шаардлагатай. Тухайлбал:

- Бусад сэргээгдэх технологийн зорилтын хамт нүүрстөрөгчийг халахад устөрөгч ямар хувь нэмэр оруулах талаар тодорхой зорилго тавьсан байх.
- Сэргээгдэх устөрөгч үйлдвэрлэх хамгийн сайн байршлыг тодорхойлох нөөцийн зураглал, мэдээлэл цуглуулах.
- Сэргээгдэх устөрөгчийн аж үйлдвэрийг хөгжүүлэхэд нийгэм, орон нутгийн оролцоог хангах тухайлбал, ажлын байр бий болгох, аж үйлдвэрт хөрөнгө оруулах, эсвэл эрчим хүч, түүний дэд бүтэц шинэчлэх замаар хэрхэн хувь нэмрээ оруулж болохыг тодорхойлох.
- Монгол дахь устөрөгчийн үйлдвэрлэлийн байгаль орчин, нөөц баялагт үзүүлэх үр нөлөөг өөр өөр цар хүрээгээр тодорхойлон тогтоох.
- Сэргээгдэх устөрөгчийн дотоодын хэрэгцээг тодорхойлох, тэр дундаа хөгжлийн эхэн үед нь дэмжих. Ялангуяа бага нүүрстөрөгч шингээх замаар нэмүү өртөг бий болгож, ялгарал бий болгох магадлалтай аж үйлдвэрийн бүтээгдэхүүнийг тодорхойлохтой уялдуулах ёстой. Бусад орны экспортод чиглэсэн устөрөгч үйлдвэрлэлийн туршлагаас харахад хэд хэдэн улс орон устөрөгч экспортлохын оронд сэргээгдэх устөрөгчийг үйлдвэрлэлийн өртгийн сүлжээнд шууд оруулахыг эрмэлзэж байгаагаас харж болно. Монгол Улсад зэсийн олборлолтоо нэмэгдүүлэхээр төлөвлөж байгаа нөхцөлд сэргээгдэх устөрөгчийн үйлдвэрлэл шинэ, ирээдүйтэй, стратегийн ач холбогдол өндөр, эрс ялгаатай бүтээгдэхүүн болох нүүрстөрөгч бага эсхүл тэг ялгаралтай үйлдвэрлэлтэй хослуулах боломж бий. (зэс).
- Олон улсын түншүүдийн дэмжлэгтэйгээр “Алсын хараа” урт хугацааны хөтөлбөрт тусгагдсан нүүрстөрөгчийг багасгах, тэглэх Засгийн газрын зорилт болон Монгол Улсын Үндэсний хэмжээнд тодорхойлсон хувь нэмрийн хүрээнд хүлээсэн үүрэг амлалттай уялдуулах.

- Сэргээгдэх устөрөгчийн үйлдвэрлэл хөгжүүлэхэд дотоодын шинжлэх ухаан, технологи, инновацын тогтолцоонд тодорхой үүрэг оролцоог бий болгох.
- Богино хугацааны, технологитой хамааралгүй зорилго болон урт хугацааны технологийн тусгай зорилтыг тодорхойлж, хэрхэн хүрэх замын зураглалыг гаргах.

Зөвлөмж 3: Сэргээгдэх устөрөгчийг хөгжүүлэхэд гадаадын шууд хөрөнгө оруулалтыг Монгол Улсад татах

Тойм

Монгол Улсын сэргээгдэх устөрөгчийн амбиц нь тухайн улс гадаад эх үүсвэрээс хөрөнгө оруулалт татах чадвараас ихээхэн шалтгаална (ялангуяа бусад хөгжиж буй орнууд ГШХО-г шинэ тутам устөрөгчийн салбартаа татахаар өрсөлдөж байгаа нөхцөлд). Иймд төрийн гол үүрэг нь Монгол Улсыг бага нүүрстөрөгчид хөрөнгө оруулагчдын сонирхол татахуйц орон болгон сурталчлах, санхүүгийн болон санхүүгийн бус бодлогын аль алиныг нь ашиглан ийм хөрөнгө оруулалтыг эрсдэлийг арилгах, хөрөнгө оруулагчдын итгэлийг алдаж болзошгүй бизнесийн орчны асуудлыг шийдвэрлэх явдал юм. Бага нүүрстөрөгчийн аж үйлдвэрийн ирээдүйн төлөө тууштай байна гэсэн эдийн засгийн тодорхой дохиог өгөхийн тулд төр хөрөнгө оруулалтын одоогийн бодлого, зохицуулалтын тогтолцоог сайжруулах шаардлагатай.

R3.1: Нүүрстөрөгч бага хөрөнгө оруулалтын хэрэг явдлыг Монгол Улсын Хөрөнгө оруулалт, худалдааны агентлагт хариуцуулах

Төр өмнө ажиллаж байсан хөрөнгө оруулалтыг дэмжих агентлаг (Эдийн засаг, хөгжлийн яамны харьяа "Монгол Улсын Хөрөнгө оруулалт, худалдааны газар")-ийн бүрэн эрхэд нүүрстөрөгчийн хий багатай хөрөнгө оруулалт татах асуудлыг хариуцуулах, дипломат төлөөлөгчийн газрын бүтэц бүрэлдэхүүнд ажиллаж байгаа худалдааны төлөөлөгчдийг татан оролцуулж болно. Сэргээгдэх устөрөгч хөгжүүлэх амбицыг таниулах хэрэгтэй. Энэхүү тайланд тусгасан төслүүд дээр үндэслэн уг агентлаг гадаадын хөрөнгө оруулагчдад санал болгож буй төслийн шугамыг тодорхойлж, төсөл боломжит хөрөнгө оруулагчдын хоорондын яриа хэлэлцээг дэмжих тэтгэх асуудлыг хэрэгжүүлж болно.

R3.2: Сэргээгдэх устөрөгчийн нөөц сайтай Монгол Улсад итгэх хөрөнгө оруулагчдын итгэлд сөргөөр нөлөөлж болзошгүй бизнесийн орчны асуудлуудыг тодорхойлж, шийдвэрлэх.

Бизнесийн орчинд хөрөнгө оруулагчдын Монголд итгэх итгэлд сөргөөр нөлөөлж болзошгүй хэд хэдэн асуудал байдаг. Тухайлбал, сэргээгдэх эрчим хүчний салбарт эрчим хүч худалдан авах гэрээтэй холбоотой маргаан үүсээд байгаа гэж энэхүү тайланд бичсэн. Сэргээгдэх устөрөгчийн төсөлтэй хамаатай өндөр эрсдэлийг харгалзан үзэхэд ийм шийдэгдээгүй асуудал Монгол Улсын хөрөнгө оруулалтад нээлттэй, либерал хууль эрх зүй, зохицуулалтын тогтолцооны найдвартай, тогтвортой байдалд хөрөнгө оруулагчийн итгэх итгэлийг багасгаж болзошгүй юм. Бизнесийн орчинд тулгамдаж буй асуудал, маргааныг төр шуурхай, ил тод шийдвэрлэх боломжтой байх нь зөвхөн шинээр бүрэлдэж буй устөрөгчийн үйлдвэрлэлд төдийгүй Монгол Улсад нүүрстөрөгчийг халах шилжилт хийхэд эрчим хүч, дэд бүтцийн салбарын хөрөнгө оруулагчдын итгэл нэмэхэд чухал үүрэг гүйцэтгэнэ. Үндсэндээ бага нүүрстөрөгчийн хөрөнгө оруулалтын төсөлд гадаадын хөрөнгө оруулалт татах асуудлын ач холбогдол нь хөрөнгө оруулалтын орчныг сайжруулах хэрэгцээг хоёр дахин нэмэгдүүлдэг.

R3.3: Нүүрстөрөгчийн хий багатай, тогтвортой үйлдвэрлэлд технологи нэвтрүүлэхийн тулд импортын татвар, татварын хөнгөлөлт үзүүлэх талаар

Нүүрстөрөгч багатай аж үйлдвэрлэлийн шилжилт, инновацыг тэтгэх хөрөнгө оруулалтыг дэмжих хэд хэдэн салбарын хуулийн заалт нь Монголд аль хэдийнээ хэрэгжиж байна. Тухайлбал 2013 оны Хөрөнгө оруулалтын тухай хуулийн 12.1.4 заалтад инновац санхүүжүүлэх зорилгоор экспортын баримжаатай инновацын бүтээгдэхүүн үйлдвэрлэхэд татвараас чөлөөлөх нөхцөл, 2012 оны Гаалийн болон НӨАТ-аас чөлөөлөх тухай хуулийн 12.1.4-д шинэлэг бүтээгдэхүүнийг хамруулан заасан байдаг. Монгол Улс нүүрстөрөгчийн ялгарал багатай үйлдвэрлэл, бүтээгдэхүүний ангилал зүйг уг заалтад хэрэглэх, тухайлбал, устөрөгчийн үйлдвэрлэлд шаардлагатай хөрөнгө, дамжуулах, түгээх дэд бүтэц бий болгоход шаардлагатай орцыг уг заалтад хамруулах талаар авч үзэх боломжтой. Энэ нь төр нүүрстөрөгчийг халах, багасгах зорилтуудыг дэмжин хөрөнгө оруулалтын давуу эрх олговол зах зээлд тодорхой дохио өгч, байгаа хөрөнгө оруулагчид өөрсдийн үйл ажиллагаа, төлөвлөгөөгөө өөрчлөхөд түлхэц болно.

R3.4: Монгол Улсад сэргээгдэх устөрөгчийн үйлдвэрлэл, хэрэглээнд тулгарч буй тодорхой зохицуулалт, бодлогын саад бэрхшээлийн талаар төр, хувийн хэвшлийн хэлэлцүүлэг зохион байгуулах.

Тэргүүлэгч технологи учраас сэргээгдэх устөрөгчийг үйлдвэрлэлийн уламжлалт хэрэглээнээс гадна шинэлэг хэрэглээний боломж бололцоог судлан үзэх, тодорхой бус зохицуулалт, бодлогын саад тотгор тодорхойгүй байна. Гуравдугаар бүлэгт дурдсанчлан эдгээр тодорхойгүй байдлын ихэнх нь устөрөгчийн үйлдвэрлэл, түүний дериватив баталгаажуулалттай холбоотой стандарт шаардлага, түүнчлэн ашиглалт, тээвэрлэлтийн аюулгүй байдлын стандарттай холбоотой юм. Хувийн хэвшлийн төслүүд үргэлжлэн төр устөрөгчийн амбицаа илэрхийлэхийн хэрээр устөрөгчийн үйлдвэрлэл, Монголд нэвтрүүлэхэд тулгарч буй зохицуулалт, бодлогын саад тотгорыг тодорхойлж, шийдвэрлэх тусгай үүрэг бүхий төр, хувийн хэвшлийн ажлын хэсэг байгуулснаар хөрөнгө оруулагчдыг итгэлийг улам бэхжүүлэх боломжтой. Энэ нь өндөр далайцтай ногоон аж үйлдвэрийг бий болгоход дэмжлэг үзүүлэхэд Засгийн газрын бэлэн байгааг илтгэнэ.

R3.5: Сэргээгдэх эрчим хүчний салбарт сонирхлыг нь татан шинэчлэлийг хурдасгах, хувийн хэвшилд зориулсан хөшүүрэг бий болгох, улсын төсөв, санхүүжилтийг урт хугацаанд тогтвортой байлгах хэрэгцээг тэнцвэржүүлэх.

Монгол Улс сэргээгдэх устөрөгчийн үйлдвэрлэл хөгжүүлэхээр шийдсэн эсэхээс үл хамааран ҮТХН-д заасан амлалтаа биелүүлэхийн тулд Монгол Улс сэргээгдэх эрчим хүчний салбараа хөгжүүлэх ёстой. Гэвч тус улсын сэргээгдэх эрчим хүчний нөөц устөрөгчийн үйлдвэрлэгчийн хувьд өрсөлдөхүйц гол давуу талуудын нэг бөгөөд үнэхээр хямд өртөгтэй, цэвэр эрчим хүч үйлдвэрлэх боломж Монгол Улсын эдийн засагт нүүрстөрөгчийг халах, аж үйлдвэрт нүүрстөрөгч тэглэх боломж эрэлхийлж буй хөрөнгө оруулагчдыг татах боломжтой юм. Хэдийгээр Монгол Улсын сэргээгдэх устөрөгч нь сэргээгдэх эрчим хүчний салбарыг хөгжүүлэх хэрэгцээг өөрчлөхгүй ч эдийн засгийн нэмэлт үндэслэлийг бий болгоно. Түүнчлэн, одоогийн цахилгаан эрчим хүчний сүлжээ нь нүүрстөрөгчийн эрчим хүч өндөр юм.

Зөвлөмж 4: Монгол Улсын аж үйлдвэрлэлийн хөгжлийг нүүрстөрөгч багатай үйлдвэрлэлийн гарцтай уялдуулах

Тойм

Монгол Улсын бага нүүрстөрөгчийн шилжилт хийх үе шатанд хөрөнгө оруулалтыг дэмжих бодлого, зохицуулалтын тогтолцоо хөгжлийн эхэн үедээ байна. Аж ахуйн нэгжүүдэд үйлдвэрлэлийн үйл ажиллагаагаа нүүрстөрөгч багатай гарцтай уялдуулах, шинэ шийдэл нэвтрүүлэхэд мэдлэг, технологи, сэдэл дутмаг байдаг. Гэвч бага нүүрстөрөгчийн инновац, технологи нэвтрүүлэхэд хувийн хэвшлийн оруулах хувь нэмрийг мэдэгдэхүйц нэмэгдүүлэх хэд хэдэн шинэчлэл, бодлогын арга хэмжээ бий. Ийм шинэчлэл технологийн хувьд аль нэгийг онцгойлолгүй төвийг сахисан, аливаа шийдлийг урьдчилан тодорхойлолгүйгээр аж ахуйн нэгжийн түвшний хөрөнгө оруулалт, инновацын шийдвэрт чиглэл өгөх замаар нүүрстөрөгч багатай шилжилт хийх зорилтуудтай нийцүүлэх боломжтой. Монгол Улс сэргээгдэх устөрөгчийн үйлдвэрлэл хөгжүүлэх хэтийн төлвийг мэдэгдэхүйц нэмэгдүүлэхийн зэрэгцээ ийм үйлдвэрлэл хөгжүүлэх нь дотоодын аж үйлдвэрийн экосистемд ашигтай тусах хоёр үндсэн чиглэл бий.

Эхнийх нь бизнесийн байгууллага хөрөнгө оруулалт, нөөцөө нүүрстөрөгч бага үйлдвэрлэлийн гарцыг дэмжих үйл ажиллагаанд чиглүүлэхэд нь дэмжих инновац системийг илүү сонирхол татахуйц болгох тухай асуудал юм. Энэ нь бага нүүрстөрөгчийн технологи, инновац, хөрөнгө оруулах эдийн засгийн тодорхой үндэслэл байгаа гэсэн дохиог инновац, аж үйлдвэрийн бодлогын хүрээнд өгнө гэсэн үг. Үүний зэрэгцээ энэ төрлийн хөрөнгө оруулалтыг илүү сонирхолтой төдийгүй хялбар болгох шаардлага байна.

Үйл ажиллагааны хоёр дахь гол талбар бол аж үйлдвэрт нүүрстөрөгчийн ялгарал бууруулах технологи, инновацыг ашиглахад хялбар болгох, бага нүүрстөрөгчийн өртгийн сүлжээн дэх шинэ боломжуудыг ашиглах тухай асуудал юм. Монгол Улсын аж үйлдвэрийн салбарыг хамарсан, бага нүүрстөрөгчийн шилжилтийг эхлүүлэхийн тулд аж ахуйн нэгжүүд, ажилчдыг нүүрстөрөгч багатай технологи, инновац нэвтрүүлэх боломжийг нэмэгдүүлэх ур чадвар, мэдлэг, чадавхаар хангах шаардлагатай. Ингэснээр одоо үйл ажиллагаа явуулж буй болон Засгийн газрын үйлдвэржилтийн бодлогын дагуу бий болох аж ахуйн нэгжүүд шинэ, ногоон үйлдвэрлэлд өрсөлдөхүйц байр сууръ эзлэх боломж олгохын зэрэгцээ өнөөгийн үйл ажиллагаагаагаа зохицуулалтын өөрчлөлт, хэрэглэгчийн эрэлт хэрэгцээнд дасан зохицуулах боломж олгоно. Энэ нь нэг талаасаа технологи, ноу-хауг аж ахуйн нэгж байгууллага, ажилчдад нэвтрүүлэхийг дэмжих нийлүүлэлтийн инновац, технологийн бодлого шаарддаг. Нөгөө талаасаа дотоодын зах зээлд бага нүүрстөрөгчийн инновацын эрэлтийг бий болгох хэрэгцээтэй уялдсан, зах зээлд тохирсон бодлого шаардна.

R4.1: Монгол Улсад бага нүүрстөрөгчийн инновацын бодлого, технологи хөгжүүлэх төрийн өмчит лаборатори байгуулах

Лаборатори нь бага нүүрстөрөгчийн төслүүд төвлөрөх цэг болж, тэдгээрийн чиглэл, зорилгын талаарх мэдээллийг төвлөрүүлж, бага нүүрстөрөгчийн инновац, хөрөнгө оруулалт, төрөл бүрийн технологийн онцлог, технологийн чиглэлд төвийг сахихад учрах саад бэрхшээлийн үр нөлөө, технологи дамжуулалтын төлөв байдлыг хянах боломжтой болно. Чиг үүргийн давхардал үүсэхээс сэргийлж уг лабораторийг Шинэ сэргэлтийн бодлогын хурдасгуур зэрэг одоо байгаа төсөл боловсруулах бүтцийн нэгжид харьяалуулж болно. Энэ нь стратегийн чухал ач холбогдолтой аж үйлдвэр, бага нүүрстөрөгчийн хөгжлийн эхний шатанд дэмжих үйл ажиллагааг салбар дундын чиг үүрэг бүхий өндөр үр нөлөөтэй, идэвхтэй зохион байгуулалтын бүтцэд оруулах боломж олгоно.

R4.2: Хувийн хэвшил, төрийн өмчит аж ахуйд хэрэгжиж байгаа бага нүүрстөрөгчийн технологи хөгжүүлэх, нэвтрүүлэх чиглэлийн эрдэм шинжилгээ, судалгааны ажилд татварын хөнгөлөлт үзүүлэх асуудлыг авч үзэх

Бага нүүрстөрөгчийн эрдэм шинжилгээ, судалгааны ажилд татварын хөнгөлөлт үзүүлэх нь хувийн болон төрийн өмчит аж ахуйд Засгийн газар аж үйлдвэрийн салбарт нүүрстөрөгч багасгах шилжилтийг дэмжих хөрөнгө оруулалтад урамшуулал олгоход бэлэн байгааг илэрхийлэх тод дохио болно. Ийм хөнгөлөлт, зээл нь ерөнхийдөө хэвтээ, зорилтот бус байдаг ч Монгол Улсын ТХЗ-ын санхүүжилтийн хүрээнд тодорхойлсон нөхцөлт байдлыг ашиглан аж ахуйн нэгжийн түвшинд инновацын үйл ажиллагааг бага нүүрстөрөгчийн зорилтод чиглүүлэх боломжтой.

R4.3: Монгол Улсын бага нүүрстөрөгчийн хэрэгцээнд нийцсэн зорилтот инновацын санхүүжилтийг дэмжихийн тулд гадаадын хөгжлийн түнш болон дотоод санхүүжилтийг дайчлах

ЭЗХАХБ-ын хийсэн судалгаанаас үзэхэд тогтвортой байдлын өндөр чадавхтай боловч зах зээлээс алслагдмал байгаа шинэ технологид чиглэсэн, буцалтгүй тусламжийн санхүүжилтийг инновацад ашиглах нь илүү оновчтой ажээ (OECD, 2023[1]). Дэлхийн Банкны эрчим хүчний салбарын хөгжлийн менежмент (ESMAP), ЭЗХАХБ, Дэлхийн дэд бүтцийн байгууламж, Устөрөгчийн зөвлөлөөс шинээр гарч ирж буй болон хөгжиж буй эдийн засагтай орнуудад устөрөгчийн үйлдвэрлэлийн "гэрэлт цамхаг" болох чиглүүлэгч төслүүдийг эхлүүлэх зэрэг саналууд олон улсын анхаарал татахад тустай. Устөрөгчийн бүтээн байгуулалтад зориулсан санхүүжилтийн цар хүрээ нь цаашид Монгол Улс санхүүжилт авах боломжтойг харуулж буй (OECD, World Bank, ESMAP, GIF, Hydrogen Council, 2024[2]). Тогтвортой хөгжлийн зорилгодоо хүрэхийн тулд хөгжлийн санхүүжилтийг баталгаажуулж байсан туршлага Монгол Улсад бий.

Тухайлбал, Японы хамтарсан кредит олгох механизмыг ашигласнаар нийгэмд хүчтэй нөлөө үзүүлж чадах боловч хязгаарлагдмал арилжааны боломж бүхий бага нүүрстөрөгчийн бүс нутагт хөгжлийн санхүүжилтийг инновацад чиглүүлэх илүү тодорхой бодлогын гаргалгааг хэрэглэх нь зүйтэй. Мөн Монголд ногоон санхүүжилтийн хэд хэдэн хөнгөлөлттэй санхүүгийн механизм бий ч (жишээлбэл, Монголын Ногоон Санхүүгийн Корпорацын үйл ажиллагааг харна уу) энэ санхүүгийн арга хэрэгсэл ихэвчлэн орон сууцны салбартай холбоотой байдаг. Аж үйлдвэрлэлд бага нүүрстөрөгчийн технологи нэвтрүүлэх тодорхой зорилго бүхий хөнгөлөлттэй санхүүгийн арга хэрэгслийн хүртээмжийг өргөжүүлэх боломж бий.

R4.4: Бага нүүрстөрөгчийн технологи дамжуулалтыг дэмжих, идэвхжүүлэх чиг үүрэг бүхий Монгол Улсын дээд боловсрол, эрдэм шинжилгээний байгууллагуудад технологи дамжуулах нэгж байгуулах

Дээд боловсролын байгууллагын харьяа, эсхүл консорциумын хүрээнд үйл ажиллагаа явуулдаг тусгай нэгж нь бага нүүрстөрөгчийн технологийг дотоод, гадаадаас дотоодын үйлдвэрлэлд дамжуулах боломжийг тодорхойлох нь Монгол Улсын аж үйлдвэр, шинжлэх ухаан, судалгааны салбар хоорондын мэдээллийн тэгш бус байдлыг даван туулах, үндэсний үйлдвэрүүд, хөгжиж яваа ногоон үйлдвэрүүд, эсвэл өнөөгийн үйл ажиллагаанд нүүрстөрөгч тэглэх шилжилтийг ашиглахад дэмжлэг үзүүлэх хөнгөвчлөхөд чухал юм. Тус нэгжийн үйл ажиллагааг өргөжүүлэх ажлыг дотоодын их дээд сургууль, судалгааны байгууллагуудын чиг үүргийн нэг хэсэг болгон өргөжүүлж болно.

R4.6: Технологи дамжуулалтыг хөнгөвчлөхийн тулд ялгаруулалт ихтэй салбаруудад шинжлэх ухааны салбар инстүүт байгуулах асуудлыг судлах

Олон бизнесийн байгууллага, тэр дундаа ЖДҮ болон зарим төрийн өмчит аж ахуйн нэгжүүдэд бүтээмж, инновац, нүүрстөрөгчийг халах үйл ажиллагаанд шиннэ технологи нэвтрүүлэх, ашиглах дотоод хүч, санхүү, мэдлэг, чадвар дутмаг байдаг. Төр тусгай технологи, инновацыг эзэмших, ашиглахад нь дэмжлэг үзүүлэх зорилгоор докторант буюу зохих туршлагатай төгсөх ангийн оюутнуудыг аж ахуйн нэгжид ажиллахад урамшуулах эсвэл судалгааны тэтгэлэг олгох тусгай эрдэм шинжилгээний хөтөлбөрийг авч үзэж болно.

Зөвлөмж 5: Бага нүүрстөрөгчийн технологийн эрэлтийг өдөөх төрийн үүргийг тодорхойлох

Тойм

Монгол Улсад нүүрстөрөгч багатай аж үйлдвэрийн төслийг хөгжүүлэхэд тулгарч буй томоохон бэрхшээлүүдийн нэг нь зах зээлийн хэмжээ, түүний бэлэн байдал юм. Тус улсад нүүрстөрөгч багатай бүтээгдэхүүн, үйлчилгээний эрэлт хомс байдаг. Дотоодын аж үйлдвэрийн зах зээл жижиг хэдий ч өсөж байгаа бөгөөд Засгийн газар нүүрстөрөгч багатай түлш, технологийг хөгжүүлэх, өрсөлдөх чадварыг бий болгоход, олон аж үйлдвэрийн үйл ажиллагааг нэгтгэж тогтвортой хөгжлийг залуурдах зайлшгүй шаардлагатай. Гадаад зах зээл нь нүүрстөрөгчийн төрөгч багатай аж үйлдвэрийн үйлдвэрлэлийн хөдөлгөгч хүч болох боломж байгаа нь үнэн ч улс орны төдийгүй бүс нутгийн туршлагаас харахад хөрөнгө оруулалтын эцсийн шийдвэр гаргахад дотоодоосоо худалдан авах нь чухал болохыг нүүрстөрөгчийн үйлдвэрлэлийн төслүүд харуулж байна.

Сүүлийн жилүүдэд хэрэгжиж буй нүүрстөрөгч багатай технологийн нийлүүлэлт талыг дэмжсэн олон бодлого нь эрэлт талын бодлогын интервенцтэй тэнцвэржүүлэх амлалтыг хараахан хангаагүй гэж ЭЗХАХБ-ын хүрээнд үзэж байна. Нүүрстөрөгч багатай бүтээгдэхүүн, үйлчилгээний эрэлтийг өдөөх нь юуны түрүүнд ийм бараа, үйлчилгээний хэрэгцээг бий болгоход зах зээлийн доголдол, тухайлбал, байгаль орчин, уур амьсгалын сөрөг нөлөөлөх үйлдвэрлэл, хэрэглэглээний үнэ тарифын бүтэлгүйтлийг арилгахаас ихээхэн шалтгаална. Бизнесийн гадаад нөлөөлөл нь ердийн хувилбараар - төр бага нүүрстөрөгчийн технологи, ялангуяа нүүрстөрөгч халахад хэцүү салбаруудад хэрэглээг нэвтрүүлэхэд тодорхой үүрэг гүйцэтгэх эдийн засаг, байгаль газар зүйн тодорхой шалтгаан бий. Гэвч энэ үүргийн цар хүрээг тухайн Засгийн газрын санхүүгийн чадавхаар тодорхойлох бөгөөд хөгжиж буй эдийн засагтай улсуудад ЭЗХАХБ-ын ихэнх гишүүн орнуудынхаас доогуур байдаг.

Монголын төр ийм үүрэг гүйцэтгэх шаардлага байгаа төдийгүй хязгаарлагдмал нөөцийг үр дүнтэй ашиглах үүднээс илүү нарийн тодорхойлох шаардлагатай. Мөн бодлого боловсруулагчид анхаарах ёстой хоёр үндсэн чиглэл бий. Эхнийх нь "ердийн бизнесийн" бодлого, зохицуулалтын тогтолцоо нь дотоодын эрэлт хэрэгцээг уян хатан болгоход үүрэг гүйцэтгэнэ. Тухайлбал, аж үйлдвэр, эрчим хүчний салбарын хөгжилд нүүрсний хэрэглээтэй холбоотой бодлого, үнэ тарифын шинэчлэл нь бага нүүрстөрөгчийн Монгол зах зээлд хөрөнгө оруулагчдыг татах, түүнчлэн нүүрстөрөгч багатай үйлдвэрлэл нь бохирдол, ялгаруулалт ихтэй хувилбаруудтай харьцуулахад өрсөлдөх чадварт хэрхэн нөлөөлж байна вэ гэдгийг бодолцох хэрэгтэй. Хоёрдугаарт, ирээдүйн тогтвортой байдал, өрсөлдөх чадвараа хангахын тулд бага нүүрстөрөгчийн шийдэл хамгийн их хэрэгцээтэй байгаа салбаруудад нүүрстөрөгч багатай үйлдвэрлэлийн технологийн эрэлтийг идэвхжүүлэхийн тулд Засгийн газраас ямар арга хэмжээ авч болохыг тодорхойлох тухай асуудал юм.

R5.1: Нийтлэг уламжлалт түлшний хэрэглээ, өгч буй татаас нь бага нүүрстөрөгчийн технологийн хөрөнгө оруулалт, эрэлтэд үзүүлэх нөлөөллийн нийгэм, эдийн засгийн үнэлгээг хийх

Татаасны шинэчлэлийг хийхэд эрчим хүчний нийлүүлэлт, нийлүүлэлтийн явцад гажуудалд орж тэнцвэргүй байдалд үүсгэхгүй байх асуудал чухал бөгөөд энэ нь үнэ тарифын өсөлтийг өдөөж, нийгмийн нэн ядуу давхаргад хамгийн хүндээр тусах эрсдэлтэй. Гэхдээ олон улсын ихэнх байгууллага, судалгаанууд энэ өөрчлөлтийг оновчтой, аажмаар хийх ёстой гэдэгтэй санал нэгддэг. Нийтлэг түлшний хэрэглээ, татаасыг бууруулах нь бага нүүрстөрөгчийн эдийн засаг руу хийх шилжилт амжилттай болох үндсэн бүрэлдэхүүн хэсэг юм. Монгол Улсад, ялангуяа нүүрсний том татаас цахилгаан эрчим хүчний үнэ тарифыг маш хямд барьж, эргээд сэргээгдэх эрчим хүчний салбарын хөрөнгө оруулалтын сонирхол, бага нүүрстөрөгчийн үйлдвэрлэлд хийх өөрчлөлтийг дэмжих технологид сөргөөр нөлөөлж болзошгүй юм. Бүх шууд болон шууд бус нийтлэг түлшний агуулахын тооллого хийх нь эхлэлийн чухал ажил болно.

R5.2: Монгол Улсын аж үйлдвэрийн салбарт бага нүүрстөрөгчийн технологийн эрэлт хэрэгцээг нэмэгдүүлэх бодлогын арга хэмжээг боловсруулах

Монгол Улсад бага нүүрстөрөгчийн технологийн эрэлтийг өдөөх бодлогын хэрэгсэл дутмаг байна. Сэргээгдэх эрчим хүчний төслийн хөрөнгийн зардлыг бууруулах (R3.3) төсөв, гаалийн хяналтын хүрээнд тодорхой заалт байдаг стратегийн хувьд үүнийг ашигладаггүй. Мөн бага нүүрстөрөгчийн технологитой холбоотой "зах зээл бүрдүүлэх" бодлого байхгүй. Зөвхөн сэргээгдэх устөрөгчийг үйлдвэрлэх стратеги боловсруулаад зогсохгүй үүнийгээ ашиглах, бага нүүрстөрөгчийн бусад технологийг аж үйлдвэрт ашиглах стратеги боловсруулахдаа тусгах хэд хэдэн бодлогын шийдэл бий. Үүнд тодорхой технологийн тусгай квот байж болно. Одоогийн үйлдвэрлэлийн үйл ажиллагаанд "хүрэн" устөрөгчийг сэргээгдэх устөрөгчөөр солих, эсвэл нийтийн тээвэр, уул уурхай зэрэг зарим салбарт тодорхой хэмжээний сэргээгдэх устөрөгчийг ашиглах зорилт дэвшүүлсэн. Хэрэв тэдгээр нь санхүүгийн хувьд тогтвортой, Засгийн газрын стратегийн зорилттой нийцэж байвал төр сэргээгдэх устөрөгч ашиглахад хүндрэлтэй салбаруудад шууд татаас олгох асуудлыг авч үзэж болно.

Татварын хөнгөлөлт, сэргээгдэх устөрөгчийн үйлдвэрлэл, ашиглалтын хөрөнгийн болон үйл ажиллагааны зардлын татаас, эсвэл нүүрстөрөгчийн зөрүүний гэрээ зэрэг технологийн төвийг сахисан арга хэрэгсэл ашиглаж болно.

R5.3: Төсвийн худалдан авалт, түүний дотор Монгол Улсын төрийн өмчит аж ахуйн нэгжид нүүрстөрөгч багатай нөхцөл тавих

Тус улсын нүүрстөрөгч халахад хэцүү зарим салбар төрөөс ихээхэн хамааралтай учраас төсвийн худалдан авалт нь бага нүүрстөрөгчийн технологийн эрэлтийг төр нэн даруй өдөөж болох юм. Монгол Улс "ногоон" худалдан авалтыг олон жил судалж ирсэн боловч бага нүүрстөрөгчийн технологийн эрэлтийг бий болгох, зах зээлд тодорхой дохио өгөхөд төр, төрийн өмчит аж ахуйн нэгжийн томоохон худалдан авалт хийх чадвар боломжийг Засгийн газар хараахан ашиглаж чадаагүй байна. Засгийн газрын нүүрстөрөгч бууруулах, халах зорилтын талаар аж үйлдвэрийн салбар, хөрөнгө оруулагчдад ойлгуулж болно. Төсвийн худалдан авалтад бага нүүрстөрөгчийн технологийн талаар тухайлан заах арга зүй нь уул уурхай, эрчим хүч зэрэг стратегийн ач холбогдолтой салбарт устөрөгч арилжааны хэлбэрт шилжих эхэн үед дэмжлэг болно.

R5.3: Дотоодын устөрөгчийн үйлдвэрлэл бий болгоход дэмжлэг үзүүлэх, хоёр талын худалдааны гэрээ, хэлэлцээрийг голлох улс орнуудтай байгуулах

Монгол Улсын сэргээгдэх устөрөгчийн үйлдвэрлэлийг эдийн засгийн үр ашигтай болгоход гадаад нөлөөн дор байдаг эрдэс баялаг олборлогчид чухал ач холбогдолтойг харгалзан хоёр талт хэлэлцээрээр дамжуулан ирээдүйд хийх гэрээ байгуулах ажлыг хөнгөвчлөх, дэмжихэд төр тодорхой үүрэг гүйцэтгэж болох юм. Тухайлбал, ойрын жилүүдэд сэргээгдэх устөрөгчийн эрчим хүчний хэрэгцээ их байгаа Хятадын хувьд холбогдох худалдан авах байгууллага, аж ахуйн нэгжүүдтэй гэрээ байгуулах, гэрээг сунгах замаар нийлүүлэлтийг нэмэгдүүлэх, Монголын устөрөгч үйлдвэрлэгчдэд Хятадын зах зээлд экспортлох ямар боломж байгааг тодорхой болгоход төр чухал үүрэг гүйцэтгэх боломжтой. Энэ төрлийн олон улсын яриа хэлэлцээ нь Монгол Улс ирээдүйд устөрөгч экспортлох тохиолдолд заавал байх шаардлагатай экспортыг дэмжих дэд бүтцийг хөгжүүлэхэд чухал ач холбогдолтой байж магадгүй.

Зөвлөмж 6: Устөрөгчийн үйлдвэрлэлд Монгол Улсын усны нөөцийг зохистой ашиглах

Тойм

Сэргээгдэх устөрөгчийн үйлдвэрлэлд усан хангамж нь бодлого боловсруулагчид болон боломжит хөрөнгө оруулагчдын хувьд Монгол, цаашлаад уур амьсгалын өөрчлөлтийн нөлөөгөөр усны хомсдолтой тулгараад буй Төв Азийн бүс нутагт нэн чухал асуудал юм. Монгол Улсын хувьд манай улсын хойд хэсэгт төвлөрсөн усны нөөц, хэрэглээний төвүүд, ялангуяа Улаанбаатар хот болон өмнийн говийн цөлөрхөг нутагт төвлөрсөн усны нөөцийн байршлын үл давхцал гол асуудал мөн. Өмнийн говийн бүс нь сэргээгдэх устөрөгчийн үйлдвэрлэлийн хамгийн ирээдүйтэй бүс гэж тооцогддог тул энэ салбарыг өргөн хүрээнд хөгжүүлснээр говьд усан хангамжид учирч буй дарамтыг улам хурцатгах эрсдэл өндөр байна.

Лабораторийн нөхцөлд хийсэн цөөн хэдэн судалгаанд тулгуурлаж гаргасан өгөгдөл, тоо баримтаас харахад Монгол Улсын өмнийн говь цөлд 1 кг устөрөгч үйлдвэрлэхэд 40 гаруй литр гүний ус олборлох шаардлагатай бөгөөд үүний 70% (ойролцоогоор 28 литр) зарцуулж, үлдсэн хэсэг нь (12 литр) давсны уусмал (электролизэд шаардлагатай ус цэвэршүүлснээс) болон бүлээн ус (электролизийн дараах хөргөлтөөс гарах) хэлбэрээр гадагшилна. Хэдийгээр туршилтын төсөл боловсруулахад шаардагдах усны хэмжээ бусад салбарын хэрэглээтэй харьцуулахад харьцангуй хязгаарлагдмал хэвээр байгаа ч сэргээгдэх устөрөгчийн салбарт их хэмжээний ус хэрэглэдэг. Энэ тооцооллоор сэргээгдэх устөрөгч үйлдвэрлэлд 1 МТ-ын хүчин чадал бий болгоход (устөрөгчийн үйлдвэрлэлийн төлөвлөлтөд олон улсын хандлагыг харгалзан үзэхэд харьцангуй стандарт, дундаж хугацаанд бий болгодог хүчин чадал) жилийн хугацаанд 30,000 мянган м3 усны хэрэглээг бий болгоно. 2030 оны говийн бүсийн уул уурхайн үйлдвэрлэлийн усны хэрэгцээг тооцоход энэ салбар тус бүс нутгийн үйлдвэрлэлийн үндсэн хэрэглэгч болно.

Устөрөгч ба усны менежментэд "салбарын уялдаа холбоог зангидах" аргыг ашиглах, өөрөөр хэлбэл нэг салбарын бодлого нөгөө салбарт нөлөөлнө гэдгийг ойлгон хоёр салбарын салшгүй уялдаа холбоог хүлээн зөвшөөрөх нь уялдаа холбоогүй байдлаас үүдэлтэй эрсдэлийг арилгах, хамтын ажиллагааны боломжуудыг илрүүлэхэд тустай. Хөрөнгө оруулалтын хүрээнд усны тогтвортой хүртээмжтэй байдалтай холбоотой тодорхойгүй байдал (сэргээгдэх устөрөгчийн төслийн хувьд урт хугацааных) нь энэ салбарт санхүүжилт татахад саад учруулж болзошгүй. Усны гачигдал, байгаль орчны эрсдэл, усны эргэн тойронд гарч болзошгүй нийгмийн зөрчилдөөнийг зохицуулсан тодорхой, найдвартай усны бодлогын тогтолцоо салбарт хийх хөрөнгө оруулалтын эрсдэлийг бууруулахад нэмэртэй. Нөгөөтэйгүүр, ус болон устөрөгчийн холболтыг төлөвлөх нь жишээлбэл, саарал усыг сэргээгдэх устөрөгчийн үйлдвэрлэлд ашигладаг тойрог буюу битүү эдийн засгийн загварыг хөгжүүлэх боломжтой.

R6.1: Усны тогтвортой байдлыг үндэсний сэргээгдэх устөрөгчийн стратегийн гол тулгуур болгон нэгтгэх

Монгол Улс устөрөгч хөгжүүлэх бодлогодоо усны асуудлыг голчлон анхаарах хэрэгтэй. Энэхүү тайлангийн дүн шинжилгээг хийхдээ усны нөөцийн өнөөгийн болон ирээдүйн хүртээмж, түүнчлэн ашиглах нийт усны ирээдүйн хэрэгцээг ойлгох, үндэсний хэмжээнд хүлээгдэж буй үнэ цэнд үндэслэн орон нутгийн эдийн засагт устөрөгчийн үйлдвэрлэлээс ямар үр шим хүртэх боломжийг үнэлэх шаардлагатай байна. Энэхүү хэлэлцүүлэг, мөн усны үр ашгийг дээшлүүлэх шаардлагыг сэргээгдэх эрчим хүчний салбарыг хөгжүүлэхэд чиглэсэн аргачлалд тусгах нь энэ тайланд сэргээгдэх устөрөгчийн стратеги боловсруулахад удирдлагаар хангах платформын дагуу тусгай ажлын хэсэг байгуулан гүйцэтгэж болно. Сэргээгдэх устөрөгчийн хөгжилд усны тогтвортой байдлыг авч үзэхдээ дараах зүйлийг тусгана. Үүнд:

- Сэргээгдэх устөрөгчийн үйлдвэрлэлийн зорилтын талаарх хэлэлцүүлэгт аж үйлдвэрийн цар хүрээг өргөжүүлэхэд усны салбарт үзүүлэх нөлөөг оруулах. Богино хугацаанд усны нөөц, хангамжийг баталгаажуулж, бусад хэрэглээнд дарамт үүсгэхгүй байх, усны хомсдолд оруулахгүй байх нөхцөлийг бүрдүүлэхийн зэрэгцээ туршилтын төсөл хэрэгжүүлэхэд чиглэж болно. Урт хугацаанд, сэргээгдэх устөрөгчийн үйлдвэрлэлийг үр дүнтэй, тогтвортой явуулахад шаардлагатай усны хэмжээг сайтар тооцож, энэ нь сэргээгдэх устөрөгчийн салбарыг хөгжүүлэх цар хүрээг хэрхэн хязгаарлаж болохыг ойлгох шаардлагатай байна. Үндэсний аж үйлдвэржилт, бүсчилсэн хөгжил, орон нутгийн хөгжлийн төлөвлөгөө, стратегитэй уялдуулж үзэх нь зүйтэй. Тодорхой хэмжээний ус зарцуулдаг үйлдвэрлэлийн үйл ажиллагааг багасгах төлөвлөгөө нь бусад хэрэгцээнд зориулж нийт усны нөөцөд нөлөөлж болзошгүй учраа үүнийг хийх ёстой.
- Сэргээгдэх устөрөгчийн төслийн усны хэрэгцээг сайтар хянах. Байгаа ихэнх өгөгдөл мэдээлэл, дүн мэдээ нь бодит амьдралаас илүүтэй лабораторийн нөхцөлд гарсан цөөн тохиолдолд тулгуурладаг. Бодит амьдрал дээр төслийн үр дүнтэй усны параметр, хэмжигдхүүнийг хянах, Монголд туршилтын төсөл хэрэгжихийн хэрээр орон нутгийн нөхцөл байдлыг тусгасан мэдлэг бий болгоход тусална.
- Дотоодын стандарт, жишиг, инновацад ашигласан устөрөгч-усны хэмжилтийн мэдээллийн санг боловсруулах. Стандартууд нь үйлдвэрлэлийн процесс дахь усны хэмнэлт, түүнчлэн бохир ус, саарал ус, давсны уусмалын хэрхэх талаарх менежментийг хамрах ёстой.
- Сэргээгдэх устөрөгчийн бүтээн байгуулалттай холбоотой инновац, технологи дамжуулах арга хэмжээний гол бүрэлдэхүүн хэсэгт усны үр ашигтай байдлыг тусгах. Үүнд уул уурхайн салбартай зөвлөлдөж, шаардлагатай бол устөрөгчийн сэргээгдэх эрчим хүчний салбарт энэ салбарын ус ашиглалтын технологийг нутагшуулах боломжтой.
- Сэргээгдэх устөрөгчийн төслийг үнэлэх, батлах, урамшуулал олгох шалгуурт усны хэрэглээний үр ашгийг нэгтгэх. Ялангуяа байгаль орчны стратегийн үнэлгээ (БОСҮ) болон Байгаль орчинд нөлөөлөх байдлын үнэлгээг (БОНБҮ) ашиглаж, үр дүнтэй хэрэгжүүлэх ёстой бөгөөд эхнийх нь сэргээгдэх устөрөгчийн бодлого, хөтөлбөр, төлөвлөгөөг үнэлэхэд, сүүлийнх нь сэргээгдэх устөрөгчийн төсөлд хэрэглэх ёстой.
- Ус болон сэргээгдэх устөрөгчийн хооронд саарал усны хэрэглээг голлон хамт хийх, салбар дундын хамтын ажиллагаа, мөн усан цахилгаан станцын дэд бүтэц, сэргээгдэх устөрөгчийн үйлдвэрлэлийг хамтад нь барих боломжийг судлах. Эдгээр боломжийг эхлээд техник эдийн засгийн үндэслэл, эдийн засгийн нарийвчилсан шинжилгээгээр үнэлж, дараа нь туршилтын төсөл хэрэгжүүлэн туршин үзэж нэвтрүүлэх боломжтой.

R6.2: Усны тогтвортой хангамж, ашиглалтыг дэмжих үйлдвэрлэлийн ус ашиглалтын бодлогыг үндэсний усны менежментийн тогтолцоонд тусгах

Устөрөгчийн төсөл хэрэгжүүлэгчид нь Монгол Улсын усны тухай хуульд заасны дагуу үйлдвэрийн ус хэрэглэгч юм. Усны салбарын менежментийн өнцгөөс харьцах хандлагыг хэрэгжүүлэх нь эрх баригчид усны шинэ хэрэглээг удирдан чиглүүлэх мэдлэг, чадавхыг бүрдүүлэх зэргээр мэдлэгтэй, бэлэн байх ёстой гэсэн үг мөн. Усны хэмнэлт, усны тогтвортой хэрэглээг дэмжихэд чухал үүрэг гүйцэтгэдэг усны менежментийн тогтолцооны тодорхой арга хэрэгслийг бэхжүүлэх боломжтой. Ялангуяа ус ашиглалтын эдийн засаг, нийгмийн үнэ цэнийг харгалзан усны нөөцөд хүртээмжтэй ус хуваарилалтын зохистой горим нэн чухал байх болно. Үүний тулд Монгол Улсын Засгийн газар дараах арга хэмжээг авах боломжтой. Үүнд:

- Усны үндэсний зөвлөлийн үүргийг бэхжүүлж, усны бодлогын уялдааг хангах замаар Засгийн газрын түвшин дэх салбар дундын зохицуулалтыг сайжруулна. Тус улс сэргээгдэх устөрөгчийн үйлдвэрлэлийг хөгжүүлэх төлөвлөгөөтэй болохын хэрээр уг салбарыг Зөвлөлийн үйл ажиллагаанд хамруулах шаардлага гарч ирнэ.

- Зорилтот сургалт, чадавх бэхжүүлэх сургалт, хангалттай санхүүгийн эх үүсвэрээр дамжуулан байгууллагын чадавхыг, ялангуяа холбогдох байгууллагуудын чадавхыг сайжруулах. Энэ нь сэргээгдэх устөрөгч бий болох тохиолдолд орон нутгийн түвшинд сав газрын захиргаад нэмэлт ус ашиглах асуудлыг шийдвэрлэх чадавхтай байх ач холбогдолтой. Устөрөгчтэй холбоотой усны асуудлын талаар тодорхой мэдлэгийг бий болгох шаардлагатай юм.
- Усны асуудалд олон оролцогч талын яриа хэлэлцээ хийхдээ олон чиглэл, салбарын төлөөллийг хангах, үйл явцыг ил тод, олон нийтэд нээлттэй болгох. Устөрөгчийн хувьд энэ нь БОСҮ болон БОНБҮ-г илүү сайн хэрэгжүүлэхэд оролцож, зөрчилдөөн маргаанаас урьдчилан сэргийлэх, сэргээгдэх устөрөгчийн төсөл боловсруулахад орон нутгийн засаг захиргааны дэмжлэг авахад чухал үүрэгтэй
- Нотолгоонд суурилсан бодлого боловсруулах, дүрэм журмын хэрэгжилт, түүнчлэн үйлдвэрлэлийн зориулалтаар ашиглах усны нөөцийн зураглалыг гаргах ажлыг хөнгөвчлөхийн тулд усны мэдээллийн системийг сайжруулах. Монгол Улсад хэдий хэмжээний ус байгаа, энэ усыг нөхөн сэргээх боломжтой эсэх талаар мэдлэгийн хомсдол байгаа тул гүний усны нөөцөө илүү сайн үнэлэх шаардлагатай хэвээр байна. Энэ чиглэлд ахиц дэвшил гарч байгаа ч мэдлэгийг бий болгох ажлыг хурдасгах нь сэргээгдэх устөрөгчийн үйлдвэрлэлийг өргөн хүрээнд хөгжүүлэх боломжийг үнэлэхэд тусална. Зөвлөмж 6.1-д дурдсанчлан аж үйлдвэрийн хөгжлийн боломжит зорилтын талаар тодорхой, мэдээлэлтэй яриа хэлэлцүүлэг өрнүүлэхэд өгөгдөл, мэдээллийг сайжруулах нь чухал. Энэ нь мөн усны салбарт уур амьсгалын өөрчлөлтийн нөлөөллийг хянахад үндэс суурь болно.
- Усны хэмнэлтийг нэмэгдүүлэх, усны алдагдлыг арилгах зорилгоор усны үнэ тарифын тогтолцоог шинэчлэх асуудлыг авч үзэх. Ялангуяа усны хэрэглээ өсөн нэмэгдэж буй өмнийн говийн бүс нутагт маш чухал. Усны үнэ сүүлийн жилүүдэд өсөх хандлагатай байгаа ч хэрэглээний эдийн засаг, нийгмийн үнэ цэнийг тусгаж, усны хэрэглээний үр ашгийг дээшлүүлэхэд чиглэсэн ялгаатай арга ашиглах боломж байсаар байна. Хэрэв энэ чиглэлд хөгжих бол энэ утгаараа ирээдүйд сэргээгдэх устөрөгчийн үйлдвэрлэлд хамаатай болно. Үүнтэй холбогдуулан усны үнэ тарифт хандах хандлага ойлголтыг сайжруулах талаар Монгол Улсын Усны үндэсний бодлогын яриа хэлэлцээний хүрээнд ЭЗХАХБ-аас гаргасан зөвлөмжийг хэрэгжүүлэх нь чухал.

Зөвлөмж 7: Дэд бүтцийн том бүтээн байгуулалт нь ирээдүйн нүүрстөрөгч багатай эдийн засгийн хөгжлийг дэмжнэ

Тойм

Монгол Улс сэргээгдэх устөрөгчийн үйлдвэрлэл хөгжүүлэх эсэхээс үл хамааран тогтвортой, нүүрстөрөгчийн хэрэглээ бага эдийн засгийн өсөлтийг хангахын тулд шинэ, сайжруулсан “хатуу” дэд бүтцэд их хэмжээний хөрөнгө оруулалт шаардлагатай. Монгол Улсын бодлого боловсруулагчдын өмнө тулгамдаж буй асуудал, боломж бол дэд бүтцийн төлөвлөлт, хөрөнгө оруулалтын талаар гаргаж буй шийдвэр бүр тогтвортой өсөлтийн төрөл бүрийн чиглэлээр нэгэн зэрэг дэмжих, дэд бүтцийн шинэ бүтээн байгуулалтын үр ашгийг нэмэгдүүлэх тухай асуудал юм. Энэ нь зарим талаар төлөвлөлт, стратегийн шийдвэр гаргах асуудал мөн. Иймд том эдийн засагтай, хүн ам шигүү суурьшсан улсад хэрэглэдэг шинэ дэд бүтэц хамгийн олон хүн амд хамгийн үр дүнтэй үйлчилдэг тогтолцоог Монгол Улс хэрхэн ашиглах вэ?

Үүний зэрэгцээ, энэ тайланд дурдсанчлан, ирээдүйн устөрөгчийн үйлдвэрлэлд онцгой ач холбогдолтой хэд хэдэн дэд бүтцийн хэрэгцээ байгаа бөгөөд эдгээр хэрэгцээ хаана байгаа, энэ дэд бүтэц дотоодын хэрэглэгчдийг хэрхэн дэмжихийг ойлгох нь устөрөгчийн үйлдвэрлэлд шаардлагатай хөрөнгө оруулалтыг татах, хөрөнгө оруулалт орон нутгийн эдийн засагт эерэг нөлөө үзүүлэхэд гол түлхүүр болно. Сэргээгдэх эрчим хүч үйлдвэрлэх, дамжуулах шинэ дэд бүтэц үүний тод жишээ мөн.

Гуравдугаар бүлэгт дурдсанчлан, сэргээгдэх устөрөгчийг өргөн цар хүрээтэй үйлдвэрлэхийн тулд томоохон хүчин чадалтай шинэ үйлдвэрлэл байгуулах шаардлагатай, иймд цахилгаан эрчим хүчний өсөн нэмэгдэж буй хэрэгцээг хангах, хувьсах сэргээгдэх эрчим хүчийг илүү өндөр түвшинд нэгтгэх үүднээс үндэсний эрчим хүчний сүлжээнд шинээр үйлдвэрлэх, дамжуулах хүчин чадлаа нэмэх шаардлагатай болно. Дөрөвдүгээр бүлэгт дурдсанчлан, ус ашиглах шинэ дэд бүтэц бий болгох өөр нэг жишээ, дотоодын аж үйлдвэрийн парк бага нүүрстөрөгчийн технологи, нүүрстөрөгч шингээх чадалтай дэд бүтцийг компаний түвшинд шинэчлэх шаардлагатай тулна.

R7.1: Аж үйлдвэрийн салбарын бодлого төлөвлөлтөд нүүрстөрөгч багатай түлшний үндсэн боломжит дэд бүтэц, аж үйлдвэрийн кластер шаардлагатай.

УИХ-ын Аж үйлдвэржилтийн бодлогын байнгын хороо болон Засгийн газрын холбогдох төрийн байгууллагуудын үйл ажиллагаа нь аж үйлдвэрийн бодлогыг тодорхойлох, хэрэгжүүлэх зорилготой. Ирээдүйд Монгол Улсын аж үйлдвэрт нүүрстөрөгч багатай түлшний ач холбогдлыг экспортлох боломжтой экспортын бүтээгдэхүүн болон худалдаалах боломжгүй аж үйлдвэрийн бүтээгдэхүүний аль алинд нь авч үзвэл аж үйлдвэрийн бодлого төлөвлөлтийн бодлого боловсруулахдаа нүүрстөрөгч багатай түлш ашиглах, түүнийг тээвэрлэх дэд бүтцийг тодорхой тусгах үндэслэлтэй байна. Монгол Улсад ган, газрын тос боловсруулах, цементийн үйлдвэрлэл хөгжүүлэх талаар удаан хугацааны туршид ярьж хэлэлцэж байгаа боловч үйлдвэрлэл дэмжих дэд бүтцэд бага нүүрстөрөгчийн асуудлыг суулгах тодорхой төлөвлөгөө байхгүй байна (Жишээлбэл, гангийн үйлдвэрийн хайлуулах зуухыг устөрөгч рүү шилжүүлэх эсвэл устөрөгч, аммиактай хамт шатаах боломжтой эсэхийг баталгаажуулах). Энэ нь аж ахуйн нэгж нүүрстөрөгчийн хэрэглээ бага, байгаль орчинд ээлтэй технологийн шийдэл эрэлхийлэхгүй байна гэсэн үг биш. Жишээлбэл, уул уурхай, цемент үйлдвэрлэх салбарт "өндөр" өртөгтэй технологи, дэд бүтцийн хувилбарыг үйл ажиллагаандаа нэвтрүүлсэн бизнесийн байгууллагууд бий. Компани хөрөнгө оруулалтыг ямар нэг бодлогын дэмжлэггүйгээр хийж байгаа нь дайчин хөгжил боловч бодлого боловсруулах, стратеги төлөвлөлтөөр дамжуулан илүү нэгдсэн хүчин чармайлт гаргах нь хөрөнгө оруулалтын шинэ төслүүдээ жишиг болгоход тусална.

R7.2: Сэргээгдэх эрчим хүчний дэд бүтцээ үйлдвэрлэлийн эрэлт хэрэгцээтэй хослуулахыг дэмжнэ.

Төрөөс сэргээгдэх эрчим хүчний дэд бүтцээ үйлдвэрлэл хэрэгцээт газруудтай хамтад нь байгуулах явдлыг дэмжих тодорхой үндэслэл, шалтгаан бий. Хувьсах сэргээгдэх эрчим хүчийг нэгдсэн сүлжээнд холбоход эрх баригчдад тулгамдаж буй гол бэрхшээллийн нэг нь сүлжээний уян хатан бус, хөшүүн чанар юм. Үүний нэг үр дагавар эрчим хүч их хэрэглэдэг аж үйлдвэрт цахилгаанжуулалтаар дамжуулан үйл ажиллагаандаа нүүрстөрөгчийг халахад хүндрэлтэй байгаа учир зарим үйлдвэрлэгчид үйлдвэрээ айлсуулан барьж сэргээгдэх эрчим хүчний дэд бүтцэд хөрөнгө оруулалт хийхэд хүргэсэн. Устөрөгчийн үйлдвэрлэлийн өөр нэг өвөрмөц үр дагавар нь устөрөгчийн станцад электролиз төхөөрөмжийг эрчим хүчээр хангахад үндэсний сүлжээгээр тэжээх боломж одоогоо байхгүй байгаа явдал мөн. Урт хугацаанд энэ нь хамгийн өрсөлдөх чадвар сайттай хувилбар байх болно. R7.1-тэй уялдуулан стратеги төлөвлөлт, хөрөнгө оруулалтын бодлого, зохицуулалтаар дамжуулан тодорхой дохиог зах зээлд өгч, улмаар аж үйлдвэрлэлийн салбарын хэрэглэгчидтэй ойр байрлах сэргээгдэх эрчим хүчний дэд бүтцэд төр, хувийн хэвшлийн түншлэлийн арга хэмжээ, хөрөнгө оруулалтыг дэмжих боломжтой. Улаанбаатар хотын өрхийн хэрэглээтэй зэрэгцээд үйлдвэрлэлийн салбар эрчим хүчний хамгийн том эрэлтийг бий болгож, хэрэглээний өсөлтийн эх үүсвэр болдог. Одоогийн байдлаар үндэсний эрчим хүчний систем энэ хэрэгцээг хангахад бэрхшээлтэй байгаа нь ОХУ-с өндөр өртөгтэй цахилгаан импортлоход хүргэдэг нь аж үйлдвэрт зориулсан эрчим хүчний дэд бүтцийг түлхүү анхаарах шаардлага тулгаж буй. Энэ нь эрчим хүч их шаарддаг аж үйлдвэрийн салбарын хэрэглэгчдийн эрэлтийг бууруулж, улмаар хувьсах сэргээгдэх эрчим хүчийг үндэсний сүлжээнд аажмаар холбох боломж олгох (эрчим хүчний системд нүүрстөрөгч халах үйл ажиллагааг дэмжин эрчим хүчний сүлжээний хүчин чадлыг нэмэгдүүлэх болно). сэргээгдэх устөрөгчийг үйлдвэрлэхэд ашигладаг), шууд цахилгаанжуулалтаар үйлдвэрлэлд нүүрстөрөгч халах үйл явцыг дэмжих болно.

R7.3: Усны дэд бүтцэд зориулсан “хаб” буюу зангилааны загвартай танилцах.

Нүүрстөрөгч багатай аж үйлдвэрийн салбарын өсөлтийг дэмжих, бусад дэд бүтцийн салбарын нэгэн адил загвараар аж үйлдвэр, эрчим хүчний салбарын эрэлт хэрэгцээнд тулгуурлан усны дэд бүтцийг шинээр айлсуулан барих эдийн засаг, байгаль орчны тодорхой үндэслэл бий. Усны дэд бүтцийг хөгжүүлэх "төвлөрсөн" загвар нь устөрөгч үйлдвэрлэлд шаардлагатай усны тээвэрлэлт, боловсруулалтын зардлыг бууруулж, үйлдвэрлэлийн үйл явцын дагалдах бүтээгдэхүүнээс (жишээлбэл, шинээр үйлдвэрлэсэн хүчилтөрөгчийг ашиглан) шинэ үнэ цэнэ бүтээх боломжийг бий болгож чадна. Устөрөгчийн станцын электролиз (ус цэвэршүүлэхэд орц болгон ашигладаг) нь тойрог буюу битүү эдийн засгийн үр шимийг хүртэх боломж бий болгодог.

Зөвлөмж 8: Монгол Улсын сэргээгдэх устөрөгчийн үйлдвэрлэлийг олон улсын стандарт, баталгаажуулалт, зохицуулалтын шаардлагад нийцүүлэх

Тойм

Хэрэв Монгол Улс сэргээгдэх устөрөгч экспортлох амбицаа хэрэгжүүлэх хүсэлтэй байгаа бол хөгжүүлэгчид тус улсад боловсруулсан устөрөгчийн төслийг олон улсын устөрөгчийн зах зээлийг зохицуулахаар шинээр гарч ирж буй дүрэм, стандартад нийцэж байгаа эсэхийг баталгаажуулах ёстой. Өнөөгийн байдлаар Монгол Улсад устөрөгчийн бодлого, зохицуулалтын асуудлыг хариуцан ажиллаж байгаа төрийн албан хаагчид, аж үйлдвэрийн салбарын ажилтнуудад эдгээр дүрэм, стандартын талаарх ойлголт дутмаг байна. Тиймээс устөрөгчийн судалгаа, хөгжүүлэлтэд зориулж байгаа томоохон хөрөнгө оруулалт нь эдгээр олон улсын стандарттай нийцэхгүй байх үр дүнд хүргэж, улмаар ирээдүйд Монгол Улс устөрөгчийн үйлдвэрлэлийн зах зээлд өрсөлдөх чадварыг хязгаарлах эрсдэлтэй. Үүний зэрэгцээ, одоогийн байдлаар тус улсад устөрөгчийн хэрэглээ хязгаарлагдмал байгаа хэдий ч сэргээгдэх устөрөгч үйлдвэрлэх, дамжуулах, түүнчлэн үйлдвэрлэлийн шинэ үйл ажиллагаанд ашиглах нь устөрөгчийн үйлдвэрлэлийн зохицуулалтын тогтолцоог дахин үнэлэх, харьцуулах шаардлага үүсгэнэ.

R8.1: Сэргээгдэх устөрөгчийг олон улсад баталгаажуулалт, стандартын бодлогыг боловсруулахад хяналт тавих, хамтран ажиллах төрийн байгууллага байгуулах

Устөрөгчийн баталгаажуулалт, стандартчилалд хяналт тавих шинэ байгууллага нь дотоодын үйлдвэрлэгчдэд мэдээллийн нэг цэгийн үйлчилгээ үзүүлэх боломжтой. Сэргээгдэх устөрөгчийн стандартчилал, баталгаажуулалтын асуудлаар олон улсын хэмжээнд шийдэгдээгүй асуудлаар томоохон маргаан хэлэлцүүлэг өрнөж буй. Эдгээр мэтгэлцээнээс гарах шийдэл сэргээгдэх устөрөгчийн үйлдвэрлэл, тээвэрлэлт, хадгалалт, ашиглалтын арга, өртгийн сүлжээнд чухал нөлөө үзүүлнэ. Иймд Монгол Улс устөрөгчтэй холбоотой зохицуулалтыг хэрэгжүүлж, хяналт шалгалтыг хариуцаж байгаа Эрчим хүчний үндэсний төв, үндэсний стандартчиллын байгууллага зэрэг төрийн байгууллагууд устөрөгчийн үйлдвэрлэлийн төсөлд хангалттай хэмжээнд хяналт тавьдаг, магадлан итгэмжлэх чиг үүрэг бүхий нэгжүүдээ дээрх олон улсын хэлэлцүүлэгт оролцуулах, шаардлагатай мэдлэг мэдээллийг дотооддоо түгээх сувгийг бий болгох хэрэгтэй.

R8.2: Сэргээгдэх устөрөгчийн үйлдвэрлэл, тээвэрлэлт, хадгалалт, ашиглалттай холбоотой дотоодын хууль эрх зүйн зохицуулалтыг уялдуулахын тулд салбар дундын зохицуулалтаар цогц хяналт тавих.

Монгол Улсад сэргээгдэх устөрөгч үйлдвэрлэх, түүнчлэн илүү өргөн хүрээнд ашиглахын тулд устөрөгч болон бусад аюултай материалыг хянан зохицуулдаг эрх зүйн тогтолцоог томоохон хэмжээнд шинэчлэх шаардлагатай. Монгол Улсад тулгарч буй бэрхшээл нь ЭЗХАХБ-ын олон орны бодлого боловсруулагчдад тулгардагтай адилгүй тул устөрөгчийн зохицуулалтын талаарх олон улсын хэлэлцүүлэгт оролцох, туршлага судлах томоохон боломж бий. Устөрөгчийн үйлдвэрлэл, ашиглалтын салбар дундын зохицуулалтын шинж чанарыг харгалзан үзсэнээр олон салбарын бодлогод нөлөөлж байгаа тул устөрөгчийн тухай хууль эрх зүйн орчныг шинэчлэх шаардлагатай. Энэ чиглэлээр төр чармайлт тавин ажиллах хэрэгтэй. Гэвч энэ арга хэмжээ өөрөө устөрөгчийг Монголд ашиглах, түүнийг үйлдвэрлэх ирээдүйд чухал ач холбогдолтой болох учраас Монгол Улсын устөрөгчийн үйлдвэрлэлийг хөгжүүлэх төрийн аливаа бодлогын үндсэн бүрэлдэхүүн хэсэг байх ёстой.

Ашигласан материал

ASDIT (2023), *ASDIT*, https://www.asdit.cl/en/inicio-english/. [15]

Diario Fianciero (2023), *Los detalles de la readjudicacion del Instituto de Tecnologias Limpias de Corfo al consorcio Asdit*, https://www.df.cl/df-lab/innovacion-y-startups/los-detalles-de-la-readjudicacion-del-instituto-de-tecnologias-limpias. [14]

Government of Canada (2020), *Canada Hydrogen Strategy*, Government of Canada, https://natural-resources.canada.ca/climate-change-adapting-impacts-and-reducing-emissions/canadas-green-future/the-hydrogen-strategy/23080. [10]

Government of Chile (2021), *Chile's Green Hydrogen Strategy and investment opportunities*, https://energia.gob.cl/sites/default/files/documentos/green_h2_strategy_chile.pdf. [11]

Government of Chile (2021), *Hidrogeno Verde, una oportunidad para la descarbonización de la industria mineria*, https://energia.gob.cl/sites/default/files/documentos/20211019_hidrogeno_y_mineria.pdf. [12]

Government of Morocco (2021), *FEUILLE DE ROUTE HYDROGÈNE VERT*, https://www.mem.gov.ma/Lists/Lst_rapports/Attachments/36/Feuille%20de%20route%20de%20hydrog%C3%A8ne%20vert.pdf. [7]

Government of Namibia (2022), *Namibia Hydrogen Strategy*, Governmen of Namibia, https://www.ensafrica.com/uploads/newsarticles/0_namibia-gh2-strategy-rev2.pdf. [13]

Government of Oman (2022), *Oman's Net Zero National Strategy for an Orderly Transition*, https://www.ea.gov.om/media/aaslyc3l/oman-net-zero-report-2022_screen.pdf. [9]

IEA (2023), *Mongolia*, Greenhouse Gas Emissions from Energy, IEA, Paris, https://www.iea.org/countries/mongolia. [3]

IEA (2023), *Renewable Hydrogen from Oman*, IEA, https://www.iea.org/reports/renewable-hydrogen-from-oman. [8]

IEA (2018), *Mongolia Renewable Energy Feed-in Tariff*, IEA, Paris, https://www.iea.org/policies/6469-mongolia-renewable-energy-feed-in-tariff. [18]

IMF (2021), *Energy Subsidy Template*, IMF, DC, https://www.imf.org/-/media/Files/Topics/Environment/energy-subsidies/fuel-subsidies-template-2022.ashx. [17]

National Statistics Office of Mongolia (2023), *National Accounts*, https://www.1212.mn/en/statistic/statcate/573052/table-view/DT_NSO_0500_001V1. [4]

OEC (2023), *Mongolia*, OEC, https://oec.world/en/profile/country/mng?depthSelector1=HS6Depth&tradeScaleSelector1=tradeScale2. [6]

OECD (2023), *Driving low-carbon innovation for climate neutrality*, OECD, Paris, https://www.oecd.org/sti/ind/policy-brief-driving-low-carbon-innovations-for-climate-neutrality.pdf. [1]

OECD (2022), *Green Hydrogen Opportunities for Emerging and Developing Economies*, OECD, Paris, https://www.oecd-ilibrary.org/docserver/53ad9f22-en.pdf?expires=1696414509&id=id&accname=ocid84004878&checksum=01FB008F220DF39E4DDDC822F7FFEB07. [16]

OECD, World Bank, ESMAP, GIF, Hydrogen Council (2024), *Scaling Hydrogen Financing for Development*, OECD, https://www.oecd-ilibrary.org/docserver/0287b22e-en.pdf?expires=1718379162&id=id&accname=ocid84004878&checksum=6EC64C640B197C21A893CD7B01B93124. [2]

Rodrik, D. (2004), *Industrial Policy for the Twenty-First Century*. [19]

World Bank (2023), *Mongolia Economic Updated April 2023*, World Bank, DC, https://documents1.worldbank.org/curated/en/099413204212338504/pdf/IDU0c9bb5b690643104ccf091520b7f0565236e4.pdf. [5]

Annex A. Хавсралт A: Төв Азийн устөрөгчийн туршилтын төслийн кэйс судалгаа

Оршил

Энэхүү хавсралтад Төв Азийн устөрөгчийн үйлдвэрлэлийн туршилтын зургаан төслийг жишээ болгон үзүүлэв. Эдгээрийн дөрөв нь Монголд, Казахстан, Узбекистанд тус бүр нэг хэрэгжиж буй. Энэхүү хавсралтад өгөгдсөн мэдээллийг төсөл боловсруулагчдаас асуулгын хуудсаар авсан бөгөөд боломжтой тохиолдолд олон нийтэд нээлттэй нэмэлт мэдээллээр баяжуулав. ЭЗХАХБ-ын Азийн тогтвортой дэд бүтцийн хөтөлбөр (SIPA) нь төсөл боловсруулагчдад энэхүү үйл ажиллагаанд оролцох хүсэл эрмэлзэлтэй байж, илэн далангүй, нээлттэй хандсанд гүнээ талархаж байна. Энэ хавсралтад үзүүлсэн жишээ төслүүдийг зөвхөн мэдээлэл тодорхойлох зорилгоор судалсан энд багтсан мэдээлэл нь 2024 оны 9-р сарын байдлаар шинэчлэгдсэн хувилбар мөн.

Байгаа мэдээллийг шинжлэх зорилго агуулаагүй боловч хэд хэдэн сэдвийг агуулгын үүднээс онцлон авч үзэх нь зүйтэй. Эхнийх нь бүх туршилтын төслүүд эцсийн дүндээ устөрөгч эсвэл устөрөгчийн деривативыг экспортлох зорилготой боловч үндсэндээ хоёр хэсэгт хуваагдаж байна. Туршилтын эхний хэсэг нь үзүүлэн болон ТЭЗҮ-ийн зорилгоор дотоодын олборлогчийг баталгаажуулахад чиглэгддэг; Өрсөлдөх чадвартай экспортын баримжаатай хөгжлийн стратеги хэрэгжүүлэх санхүүжилтийг хангах нь эхний ээлжид бага нүүрстөрөгчийн технологи нэвтрүүлэхэд дотоодын зах зээлд техник, эдийн засгийн үр ашигтай байдлыг нотлон харуулахаас шалтгаална гэдгийг бараг бүх төслүүд хүлээн зөвшөөрдөг.

Хоёрдугаарт, жишээ баримтад техникийн болон санхүүгийн хэд хэдэн гол үзүүлэлт дутуу байгаа нь эдгээр туршилтын төслүүд амбицтай боловч ерөнхийдөө хөгжлийн эхний шатандаа байгааг илтгэж байна. Гуравдугаарт, зохих бодлогын нөхцөлөөр бүх туршилтын төсөл боловсруулагчид 2-3 ам.доллар/кг-ын багтаамжтай сэргээгдэх устөрөгч үйлдвэрлэж чадна гэдэгтээ итгэлтэй байгаа бөгөөд энэ нь Олон Улсын Эрчим Хүчний Агентлаг болон ЭЗХАХБ-ын зүгээс шинэ технологийн түлшийг хатуу нөхцөлд өрсөлдөх чадвартай болгоход зайлшгүй шаардлагатай гэж үздэг. Дөрөвдүгээрт, Монгол Улсын туршилтын төслүүдийн хувьд хөгжүүлэгчид нэг экспортын зах зээлд чиглэхийн зэрэгцээ дотоодын аж үйлдвэрийн зах зээлийг хамтад нь чиглүүлж байгаа явдал юм.

Төсөл 1: “Sunsteppe Power/Wolfson Energy LLC, OECC”

Төслийн нэр	
Төслийн зураг эсвэл дүрслэл	*Төслийн байршил*
	Монгол Улс, Өмнөговь аймаг
Төслийн үндсэн техникийн болон санхүүгийн үзүүлэлт	
Ашиглалтын үед H2-ын жилийн тооцоолсон нийт үйлдвэрлэл (үе шаттай холболт)	Нийт үйлдвэрлэл хараахан эцэслэгдээгүй байна. Харин “Sunsteppe” урьдчилсан байдлаар 3МВт-ын дулааныг 2 цаг хүртэл хугацаанд үйлдвэрлэнэ
Төслийн төлөв байдал (урьдчилсан ТЭЗҮ, ТЭЗҮ, барилга байгууламж, үйл ажиллагаа)	Урьдчилсан ТЭЗҮ
Эхлэх огноо (хэрэв ашиглалтад ороогүй бол төлөвлөгөөт хугацааг бичнэ)	2026 он
Бууруулах зардал тонн CO2 эквивалент (tCO2-e)	Мэдээлэл байхгүй
Электролиз станцын үйлдвэрлэлийн хүчин чадал	1.5 МВт (1.5 MW)
Электролиз төхөөрөмж бүрийн ашиглалтын хугацаа	Цаг/жил
Нэгж электролиз төхөөрөмжийн цахилгаан зарцуулалт	Мэдээлэл байхгүй
Эрэлтийн гол эх үүсвэр	Аж үйлдвэр, төрийн байгууллага Алслагдсан бүс нутагт уурхай
Үйлдвэрлэлийн байршлын нөхцөл (тусгайлан төвлөрсөн эсхүл тархсан)	Уул уурхай
Төлөвлөсөн үйлдвэрлэлийн өртөг	Мэдээлэл байхгүй
Төлөвлөсөн дотоодын эрэлт	Мэдээлэл байхгүй
Нийт хөрөнгө оруулалтын хэрэгцээ	Мэдээлэл байхгүй
Түншилж буй аж ахуйн нэгжийн нэр.	“SunSteppe Power/ Wolfson Energy LLC, OECC“

Зөвлөлдсөн нэмэлт эх сурвалж: (Petro Matad Limited, 2024[1])

Танилцуулга, төслийн тойм

Петро Матад Лимитэд болон түншүүдийн хамтарсан “SunSteppe Renewable Energy (SRE)” нь Монголын анхны устөрөгчийн туршилтын төслийг Өмнөговь аймагт хэрэгжүүлж байна. Төслийн санхүүг 2024 оны төгсгөлд хааж, 2025 оны хавар барилгын ажлыг эхлүүлж, 2026 оны I улиралд ашиглалтад оруулахаар төлөвлөж байна. Нүүрс, зэсийн томоохон уурхайу ойролцоо байрладаг SRE нь Оюу Толгойд ногоон устөрөгч нийлүүлэх харилцан ойлголцлын санамж бичигт гарын үсэг зурсан (Дэлхийн хамгийн том зэс, алтны ордын нэг, холбоотой бааз).

Төслийн санхүүжилтийн бүтэц нь өөрийн болон зээлийн хөрөнгө гэсэн хоёр хэсгээс бүрднэ. Вольфсон Энержи болон Петро Матад гуравдагч этгээдийн санхүүжилтэд хамрагдах сонголттойгоор өөрийн хөрөнгөөр санхүүжүүлнэ. Цаашид боломжит зээлдэгчидтэй өрийн санхүүжилтийн талаар хэлэлцээ хийнэ. Технологийн ханган нийлүүлэгчдээр дамжуулан санхүүжүүлэх боломж байгаа хэдий ч одоогоор идэвхтэй хэлэлцээ хийгээгүй байгаа, төсөл урагшлах тусам хайгуулын ажил нээлттэй хэвээр байна.

Ур чадвар, чадавх, орон нутагт ажлын байр бий болгох

Төсөл нь үе шат бүрдээ тодорхой нарийн ур чадвар, туршлага шаарддаг ажлын байр бий болгоно. Хөгжлийн явцад эрчим хүчний төсөл боловсруулах, менежментийн туршлага чухал байдаг. Монгол Улсын эрчим хүч, санхүү, хууль эрх зүйн мэргэжилтэн, захиргааны ажилтнуудаас бүрдсэн есөн хүний бүрэлдэхүүнтэй баг ажиллаж байна. Барилга угсралтын үе шатанд устөрөгчийн технологи, эрчим хүчний байгууламжийн барилгын талаар мэдлэгтэй туршлагатай инженерчлэл, худалдан авалт, барилгын (EPC) гүйцэтгэгч шаардлагатай. Устөрөгчийн үйлдвэр барих, олборлох дэд бүтэц, зам харилцаа, цахилгаан дамжуулах шугам, дэд станц, баазын менежмент зэрэг 100 гаруй ажлын байр бий болно. Ашиглалтын үе шатанад өдөр тутмын үйл ажиллагаанд туршлагатай инженер техникийн ажилтнууд шаардлагатай, устөрөгчийн станцын үйлдвэрлэлийг удирдах 8-10 хүн тогтмол ажиллана.

Бодлого зохицуулалтад анхаарах зүйлс

Монгол Улсын Засгийн газар хууль тогтоомж, зохицуулалтаар эрчим хүчний шинэ нөөцийг дэмжиж буйг илтгэж байна. Өнөө явуулж буй бодлогын хүрээ нь ногоон хөгжил, эрчим хүчний эх үүсвэрийн солонгоруулалтыгг дэмжиж байгаа ч устөрөгчийн тусгай бодлого, стратеги байхгүй байгаа нь зах зээл, худалдан авагчдаа хөгжүүлэхийг шаарддаг. Устөрөгчийн ашиг тусын талаарх ойлголт бий болсоор байгаа учраас Эрчим хүчний яам устөрөгчийн бодлого, стратегиэ судалж, үнэлгээ хийж байна. Устөрөгчийн төсөл боловсруулахад Монголын Устөрөгчийн зөвлөл байгуулсан нь чухал үүрэг гүйцэтгэсэн.

Эрчим хүчний яам 2022 оны IX сард Ерөнхий сайдын Япон Улсад хийсэн айлчлалын үеэр Японы технологи нийлүүлэгчидтэй хамтран ажиллах зэрэг устөрөгчийн төслөө идэвхтэй сурталчилж ирсэн. 2022 онд “Wolfson Energy LLA” нь Эрчим хүчний яамтай хамтран устөрөгчийн асуудлаар семинар зохион байгуулжээ.

Энэхүү төслийг дэмжих тодорхойлолт, санамж бичигт гарын үсэг зурах зэргээр Эрчим хүчний яамнаас албан ёсны дэмжлэг авсан билээ.

Төслийн эрсдэлт хүчин зүйлийн талаарх төсөөлөл

Монгол Улсын салхи, нарны асар их нөөц нь эрчим хүчний төслийн түүхий эдийн эрсдэлийг бууруулдаг. Тодорхой бус байдлыг багасгахын тулд салхины нөөцийн мэдээллийг ашиглан үйлдвэрлэлийн талбайг хамгаалж, салхины цамхаг суурилуулсан.

Ус нь түүхий эдийн эрсдэл ихтэй байдаг ч SRE-д туршлагадаа үндэслэн эрсдэлийг бууруулах найдвартай стратеги боловсруулах боломж олгосон.

Олон улсад хүлээн зөвшөөрөгдсөн устөрөгчийн технологи худалдаж авсан Монголын анхны устөрөгчийн төслийн найдвартай ажиллагааг хангасан. Олон улсын зөвлөхүүдийн технологийн үнэлгээ, зээл санхүүжүүлэгчдийн хийсэн үнэлгээ зэрэг нь эрсдэлийг улам бүр багасгаж байна.

Монголд устөрөгчийн шинэлэг инновацаас үүдэн зохицуулалтын сорилт тулгарч болзошгүй ч төрөөс устөрөгч зэрэг эрчим хүчний шинэ нөөцийн олборлолтыг дэмжиж байгаа нь хөгжиж буй зохицуулалтын орчинд итгэх итгэлийг төрүүлдэг.

Төсөл 2: Евро Хан Сайншандын “Устөрөгчийн хаб” төсөл

Төслийн нэр	
Төслийн зураг эсвэл дүрслэл	*Төслийн байршил*
	*Монгол улс, Дорноговь аймгийн Сайншанд хот*
Төслийн үндсэн техникийн болон санхүүгийн үзүүлэлт	
Ашиглалтын үед H2-ын жилийн тооцоолсон нийт үйлдвэрлэл (холбогдох бол үе шаттайгаар)	Нэгдүгээр үе шат: 1.5 сая H2/жил
Төслийн төлөв байдал (урьдчилсан ТЭЗҮ, ТЭЗҮ, барилга байгууламж, үйл ажиллагаа)	Хоёрдугаар үе шат: 10Mt H2/жил
Эхлэх огноо (хэрэв ашиглалтад ороогүй бол төлөвлөгөөт хугацааг бичнэ)	Гуравдугаар үе шат: Жилд 20 сая тонн
Бууруулах зардал тонн CO2 эквивалент (tCO2-e)	Урьдчилсан байдлаар
Электролиз станцын хүчин чадал	Мэдээлэл байхгүй
Электролиз төхөөрөмжийн бүрийн ашиглалтын хугацаа	Мэдээлэл байхгүй

Нэгж электролиз төхөөрөмжийн цахилгаан зарцуулалт	Нэгдүгээр үе шат: 10 МВт
Эрэлтийн гол эх үүсвэр	Хоёрдугаар үе шат: 100МВт + 10МВт
Үйлдвэрлэлийн байршлын нөхцөл (тусгайлан төвлөрсөн эсхүл тархсан)	Гуравдугаар үе шат: 200МВт + 10МВт
Төлөвлөсөн үйлдвэрлэлийн өртөг	Мэдээлэл байхгүй
Төлөвлөсөн дотоодын эрэлт	Мэдээлэл байхгүй
Нийт хөрөнгө оруулалтын хэрэгцээ	Туршилтын үе шат: Монгол Улсын уул уурхайн салбар, олонх нь гадаад компани
Түншилж буй аж ахуйн нэгжүүдийн нэр.	Дараагийн үе шат: БНХАУ-ын Өвөр Монголын гангийн үйлдвэр

Танилцуулга, төслийн тойм

Уул уурхай, аж үйлдвэр, эрчим хүч, хөрөнгө оруулалт зэрэг олон төрлийн чиглэлээр үйл ажиллагаа явуулдаг Евро Хан компани нь Өмнөговь (*орч.Дорноговь*) аймгийн "Сайншандын ногоон устөрөгчийн төв" төслийн хайгуулын ажлыг хийж байна. Одоогоор ТЭЗҮ-ийн урьдчилсан шатанд байгаа уг төсөл түншүүдийнхээ сэргээгдэх эрчим хүч, устөрөгчийн үйлдвэрлэл, үйл ажиллагааг судалж байна.

Төсөл хоёр үе шатаас бүрдэнэ. Эхний шатанд Евро Хан Сайншандын салхин цахилгаан станцаас гарах хязгаарлагдмал сэргээгдэх эрчим хүч ашиглан ногоон устөрөгч үйлдвэрлэх болно. 10 МВт-ын хүчин чадалтай электролизийн төхөөрөмж суурилуулахаар төлөвлөж байгаа бөгөөд жил бүр 1.5 сая тонн устөрөгчийг дотоодын уул уурхайн салбарт нийлүүлнэ. Эхний үе шат нь олборлох талбайн ойролцоо байрлах Рио Тинтогийн эзэмшдэг Оюу Толгой зэрэг зэс, алт олборлодог компаниудыг ногоон устөрөгчөөр хангах зорилготой юм. Устөрөгчийн хэрэглээ уул уурхайн үйл ажиллагааны байр сууц, эрчим хүчний хангалтын хүрээнд эрэлт бий болно.

Хоёрдугаар үе шатанд үйлдвэрлэлээ өргөжүүлж БНХАУ-ын Өвөр Монголын Өөртөө засах орны аж үйлдвэрийн хэрэглэгчдэд, ялангуяа гангийн үйлдвэрт экспортолно. Энэ үе шатанд нэмэлт сэргээгдэх эрчим хүч, электролиз төхөөрөмжийн хүчин чадлыг нэмж, жилд 20 сая тонн устөрөгч үйлдвэрлэх төлөвлөгөөтэй байна. Сайншандын салхин паркийн 5-6 жилийн салхины мэдээллийг ашиглан Төслийн үйлдвэрлэлийн байршлыг сонгоно.

Төлөвлөгдсөн хүчин чадалдаа хүрсэн тохиолдолд хөгжүүлэгчид төслийн эцсийн шатанд нийлүүлэлтийн сүлжээг өргөтгөж, илүү хүчин чадлаар хэрэглэгчдэд үйлчлэх, үйлдвэрлэлээ H2-ын 20,000 TPA, 100,000 TPA-д хүргэх боломжтой гэж үзэж байна. Монголын нар, салхины эх үүсвэрээс үр ашигтайгаа цахилгаанаа хангасан бизнесийн жишээнд тулгуурлаж байна. Япон улс 2040 он гэхэд 15 mTPA устөрөгч импортлох шаардлагатай, Хятадын ногоон устөрөгчийн эрэлт нэмэгдэж байгаа нь зах зээлийн боломж юм.

Экспортын баримжаатай хувилбарын хувьд Хойд Хятадын түгээх сүлжээтэй холбогдох нэмэлт шугам хоолойг төсөлд тусгасан. Дамжуулах хоолойн хөрөнгө оруулалтын эдийн засгийн үр ашиг баталгаатай олборлолтоос шалтгаалж, жилд 40 сая тонноор нэмэгдүүлэх зорилт тавьсан. Төмөр замын тээвэр нь ӨМӨЗО-ны Эрээн хот болон аж үйлдвэрэлийн байршилтай одоо байгаа холболтыг ашиглах түр зуурын шийдэл юм. Сайншанд болон Тавантолгойн хооронд барьж буй төмөр замын бүтээн байгуулалт нь тээвэрлэлтийг улам нэмнэ. Тээвэрлэлтийн зардал 500 км-ийн зайд ойролцоогоор 0.5 ам.доллар/кг H2 байна. Үүн дээр вагон худалдан авах зардал нэмэгдэнэ.

Төслийн гол оролцогч талууд Монголын устөрөгчийн хөгжлийг дэмжих үндэсний Устөрөгчийн зөвлөлийн гишүүд юм. Төсөл нь салхин цахилгаан станцын илүүдэл эрчим хүч ашиглах замаар сүлжээний интеграцчлалын хязгаарлалтаас үүдэлтэй сэргээгдэх эрчим хүч ашиглахад үүсэж буй гацааг шийдвэрлэнэ. Гэрээний дагуу Евро Хан 15,000 МВт цаг хүртэл хязгаарлагдмал эрчим хүч худалдаж авахаар төлөвлөж, төслийн H2 үйлдвэрлэлийн өртгийг килограмм нь 2 ам доллар барих зорилготой.

Туршилтын үе шатны санхүүжилтийг ЕХОБ, ЕСБХБ зэрэг олон улсын байгууллагуудаас босгох ба дотооддоо офф-тэйк гэрээ байгуулахаас шалтгаална.

Төслийн нөхцөл, түүхий эдийн хэрэгцээ

Усны хэрэгцээг гүний усны хоёр дахь давхаргаас хангана гэж төсөл хэрэгжүүлэгчид төсөөлж буй ч хангамжийн тогтвортой байдал тодорхойгүй хэвээр. Төслийн усны хэрэгцээ нь томоохон уурхайн үйл ажиллагаатай харьцуулахад бага, нэг кг H2 тутамд 12 литр ионжуулсан ус шаардагдна. Жилд 10 сая тонн H2 үйлдвэрлэхээр тооцоолсон. Төсөл нь усны дэд бүтцийг хувийн хэвшлийн хөрөнгө оруулалтад түшиглэн, улсын төсвөөс санхүүжүүлэхээс зайлсхийж, урьдчилсан ТЭЗҮ боловсруулах явцад усны асуудал хариуцсан байгууллагуудтай хамтран ажиллахаар төлөвлөж байна.

H2-ийг тээвэрлэхэд эрчим хүчний хэрэглээний нягтрал бага, иймд томоохон дэд бүтэц шаардлагатай. Эхний ээлжинд H2-ийг 350-700 бар шахалтаар тээвэрлэнэ. Сайншандын төмөр замаар нэвтрэхэд вагоны зардлыг оруулаад 500 гаруй км-т 0.50 ам.доллар/кг H2 тээвэрлэх боломжтой гэж төсөл хэрэгжүүлэгчид тооцоолжээ. Монгол Улсын хамгийн том уурхай болох Оюу Толгой нь H2 ба хүчилтөрөгчийн боломжит томоохон хэрэглэгч юм. Электролизийн станц үйлдвэрлэж буй H2кг тутамд 9кг O2 ялгаруулдаг. Сайншандаас Таван толгойг холбосон шинэ төмөр замаар нягтруулж шахсан H2 ба O2-ын тээвэрлэх боломжтой.

Шугам хоолой ашиглалтын болон хөрөнгийн хамгийн бага зардалтайг боловч 300 км хоолойд 0.60 ам.доллар/кг H2 зардал гардаг. Гэвч уян хатан чанар багатай, нэг цэгээс нөгөө цэг хүртэл их хэмжээний эзлэхүүн шаарддаг. 10 NPS дамжуулах хоолой нь 70 бар-д 40,000тн H2 хүртэл дамжуулах боломжтой төдийгүй дамжуулах хоолой 20-70 бар шахалтын хурдтай агуулахын үүрэг гүйцэтгэдэг.

Салхи, нар зэрэг сэргээгдэх эрчим хүчний нэмэлт хүчин чадал нь цар хүрээтэй үйлдвэрлэлд зайлшгүй шаардлагатай. Одоо байгаа салхины дэд бүтэц, төлөвлөсөн өргөтгөл энэ өсөлтийг дэмжинэ. Евро Хан болон Сайншандын салхин цахилгаан станцын хооронд байгуулсан санамж бичиг зэрэг хамтын ажиллагааны гэрээ нь стр

атегийн түншлэлд анхаарлаа хандуулж байгааг илтгэж байна. Төрөөс бусад хэрэглэгчдийг татах нь хязгаарлагдмал эрчим хүчний хүртээмжийг уян хатан болгож, эдийн засгийн үр ашигтай уялдуулах замаар санхүүжилтийг баталгаажуулахад тусалдаг.

Ур чадвар, чадавх, орон нутагт ажлын байр бий болгох

“Евро Хан” Дэлхийн инженерийн түншлэл, тэр дундаа “Fichtner & Co” зэрэг компаниудтай хамтран ажиллаж, электролиз, устөрөгчийн төхөөрөмжийн дизайн, засвар үйлчилгээ, ашиглалтыг удирдахаар төлөвлөж байна. “Евро Хан” салхин цахилгаан үүсгүүр, нарны эрчим хүчний томоохон суурилуулалт удирдах талаар арвин туршлагатай.

Урьдчилсан ТЭЗҮ-ийн дагуу төслийн хүрээнд бий болох нийт ажлын байрны тоог тодорхойлсон боловч бүрэн хүчин чадлаараа ажиллах үед төрөл бүрийн чиг үүрэг бүхий дор хаяж 100 ажлын байр бий болно гэж тооцоолж байна. Эхний үе шат дэд бүтцийн өргөтгөл устөрөгчийн үйлдвэрлэл, хадгалалт, шаардлагатай усны дэд бүтцийг сайжруулахад чиглэнэ.

Бодлого зохицуулалтын анхаарах зүйлс

Засгийн газар дунд хугацааны хөтөлбөрийн хүрээнд шинэ сэргэлтийн бодлогоор дамжуулан ногоон устөрөгчийн төслүүдийг дэмжихээ илэрхийлсэн. Энэхүү санаачилга нь Өмнөговь аймгийн сэргээгдэх эрчим хүчний эх үүсвэрийн хүчин чадлыг үнэлэх, дэд станц, Зүүн хойд Азийн эрчим хүчний нэгдсэн сүлжээнд холбогдсон хил дамнасан хэт өндөр хүчдэлийн цахилгаан дамжуулах шугам, нар, салхины нөөцийг ашиглан ногоон устөрөгч үйлдвэрлэх техникийн шийдлийг судлахад чиглэж байна.

ЭЗХАХБ-ын Азийн тогтвортой дэд бүтцийн хөтөлбөр (SIPA)-өөс зохион байгуулсан дугуй ширээний уулзалтын үеэр засгийн газрын төлөөлөгчид байгаа сорилт бэрхшээлийг хүлээн зөвшөөрч, Хөгжлийн тухай хууль нь устөрөгчийн үндэсний иж бүрэн стратеги боловсруулахад хууль эрх зүйн саад тотгор учруулж байгааг тэмдэглэв. Ийм стратегийн баримт бичиггүй байгаа нь төрөөс ногоон устөрөгчийн хөгжлийг дэмжих асуудлаар тодорхойгүй нөхцөл үүсгэдэг, одоогийн бодлого хэт ерөнхий, хоёрдмол утгатай гэж үзэхэд хүргэж байна.

Төслийн эрсдэлт хүчин зүйлийн талаарх төсөөлөл

Сайншандын салхин цахилгаан станцын хязгаарлагдмал цахилгаанаас гадна сэргээгдэх эрчим хүчний хангамжийг сайжруулах явдал нэмэлт эх үүсвэр олж тодорхойлох, тогтвортой нийлүүлэх гэрээ хэлцлийг шаарддаг ба дундаж хэмжээний сорилт юм. Гэхдээ электролиз төхөөрөмж, салхи, нарны эрчим хүч зэрэг технологиуд нь нутагшин хөгжиж байна.

Чанартай гэрээ байгуулах нь төслийн эхний үе шатанд санхүүжилтийг баталгаажуулахад чухал үүрэгтэй. Зохицуулалтын тодорхой бус байдал хууль эрх зүйн орчныг сайтар судалж үзэхийг шаарддаг төдийгүй огт зохицуулалтгүй үеэс ч илүү эрсдэл дагуулдаг. Нэмж дурдахад, хөдөлмөрийн эрүүл ахуй, аюулгүй байдлын (ХАБЭА) эрсдэлийг зохицуулалтын хяналтын нэг хэсэг болгон аюулгүй байдлын хатуу арга хэмжээ, горимоор шийдвэрлэх ёстой.

Төсөл 3: MAK-UNICO Устөрөгчийн үйлдвэрлэл, деривативын төсөл

Төслийн нэр	
Төслийн зураг эсвэл дүрслэл	*Төслийн байршил*
	Жишиг үйлдвэрийг Монгол Улсын зүүн бүс, Дорнод аймагт байгуулна.
Төслийн үндсэн техникийн болон санхүүгийн үзүүлэлт	
Ашиглалтын үед жилийн тооцоолсон H2 нийт үйлдвэрлэл (тохирох үе шаттайгаар)	Загвар үйлдвэр
Төслийн төлөв байдал (урьдчилсан ТЭЗҮ, ТЭЗҮ, барилга байгууламж, үйл ажиллагаа)	I үе шат - Диметил эфир (DME) - 189,000 метр тонн/жил
Эхлэх огноо (хэрэв ашиглалтад ороогүй бол төлөвлөгөөт хугацааг бичнэ)	II үе шат – H2 – 39,000 тонн/жил

Төслийн нэр	
Бууруулах зардал тонн CO2 эквивалент (tCO2-e)	Дээр дурдсан үйлдвэрийн хүчин чадлын үзүүлэлтэд хамаарах судалгаанд үндэслэв. Бодит хүчин чадлыг эдийн засгийн үзүүлэлт, зах зээлийн хэмжээ, боломжит технологийн багцад үндэслэн урьдчилсан ТЭЗҮ боловсруулах замаар оновчтой болгож, эцэслэн гаргана.
Электролиз станцын хүчин чадал	Урьдчилсан ТЭЗҮ 2024 оны гуравдугаар сард дуусна
Электролиз төхөөрөмжийн ашиглалтын хугацаа	2022 оны есдүгээр сард Монгол Улсын Ерөнхийлөгчийн Тамгын газраас Ажлын хэсэг байгуулах тухай зарлиг гарсан. Ажлын хэсэгт орсон.
Нэгж электролиз төхөөрөмжийн цахилгаан зарцуулалт	Мэдээлэл байхгүй
Эрэлтийн гол эх үүсвэр	(Ажлын хэсэг байгуулагдсан)
Үйлдвэрлэлийн байршлын нөхцөл (тусгайлан төвлөрсөн эсхүл тархсан)	2023 оны наймдугаар сар (Урьдчилсан ТЭЗҮ-ийн гэрээнд гарын үсэг зурсан)
Төлөвлөсөн үйлдвэрлэлийн өртөг	Төслийн хөгжлийн үзэл баримтлалд Нүүрстөрөгчийн хуримтлалын хадгалалт (CCS-I үе шат) болон Нүүрстөрөгчийн хуримтлалын ашиглалтын хадгалалт (CCUS – II үе шат) технологийн нэгдэл орно. Технологийн үйлдвэрээс ялгарч буй CO2-ийг ойролцоох геологийн тогтцод хадгалах эсвэл газрын тосны нөхөн сэргээлтийг сайжруулах зорилгоор нийлүүлэх бөгөөд энэ нь агаар мандалд CO2 ялгарахаас сэргийлдэг.
Төлөвлөсөн дотоодын эрэлт	Мэдээлэл байхгүй
Нийт хөрөнгө оруулалтын хэрэгцээ	Мэдээлэл байхгүй
Түншилж буй аж ахуйн нэгжийн нэр.	Мэдээлэл байхгүй

Танилцуулга, төслийн тойм

Монгол Улсын “Монголын Алт (МАК)” ХХК болон Японы “Юнико Интернэшнэл Корпораци” компанийн хийсэн урьдчилсан ТЭЗҮ нь нүүрсний хийнээс нүүрстөрөгч ялган барих (CCS) аргаар “цэнхэр” устөрөгч гаргаж авах боломжийг судалж байна. Уг судалгаа устөрөгчийн зах зээл төлөвшихийн хэрээр дасан зохицох хоёр үе шаттай төсөл байхаар төсөөлж байна.

Нэгдүгээр үе шат нь метан хийнээс (synga) диметилийн эфир (DME) үйлдвэрлэхэд анхаарч, CO2-г ойр орчмын газрын тосны хайгуул хийж буй талбайгаас олборлон хадгалж, ахуйн хэрэглээний түлшинд ашиглана. Диметилийн эфир (DME) нь нүүрснээс гаргаж авсан тээвэрлэх боломжтой, утаа багатай түлш юм. Хоёр дахь үе шатанд метан хий олборлолтоос устөрөгчийн үйлдвэрлэлд шилжиж, экспортын зах зээлд чиглэнэ. Энэ үед загвар үйлдвэрт устөрөгчийн үйлдвэрлэл явуулж, ялгаж барьсан CO2-г шингээх, газрын тос нэрэх, эсхүл метанол үйлдвэрлэхэд зориулна.

Энэхүү төсөл Японы хямд, бага нүүрстөрөгчийн ул мөртэй устөрөгчийн импортын хэрэгцээг хангахын зэрэгцээ нүүрсийг аж үйлдвэрт ашиглах, устөрөгчийн үйлдвэрлэл хөгжүүлэх Засгийн газрын амбицтай нийцэж байгаа юм. Төсөл нь 2023 оны V сард байгуулсан Монгол Улсын Аж үйлдвэржилтийн үндэсний хороотой нягт холбоотой бөгөөд МАК компанийн гүйцэтгэх захирлаар ахлуулсан Ажлын хэсэг дэмжин ажиллаж байна.

Төслийн эхний хамрах хүрээ нь хар, хар хүрэн, хүрэн нүүрснээс H2 үйлдвэрлэхэд голлон анхаарч, дотоод, гадаад зах зээлд нүүрсэнд суурилсан өндөр үнэ цэнтэй бүтээгдэхүүн үйлдвэрлэх хамгийн оновчтой хувилбарыг тодорхойлоход чиглэгджээ. ЭЗХАХБ-ын олон орон ногоон устөрөгчийг нэн тэргүүнд тавьдаг бол Япон Улс нь нүүрснээс CCS аргаар "цэнхэр" устөрөгч үйлдвэрлэхийг дэмждэг. Экспортын баримжаатай хоёр дахь үе шат Монгол Улсын H2 тогтсон худалдааны сүлжээ, ялангуяа Япон, Австралитай хэр өрсөлдөх чадвартай байхаас хамаарна. Япон, Австралийн ижил төстэй төслийн хувьд 2030 он гэхэд нүүрснээс H2 олборлолт 2.51 ам.доллар/кг байхаар тооцоотой бол урьдчилсан судалгаагаар Монгол Улсын H2 үйлдвэрлэл 4.09-4.29 ам.доллар/кг өртөгтэй байна.

Одоогийн байдлаар МАК ХХК нь эргэлтийн хөрөнгө, зардлыг санхүүжүүлж байгаа бөгөөд урьдчилсан ТЭЗҮ гарсны дараа хөрөнгө оруулалтын хэрэгцээг тодорхой болгож, олон улсын санхүүгийн байгууллагуудаас санхүүжилт эрэлхийлэхээр төлөвлөж байна. 2023 оны Монгол-Японы бизнес форумын үеэр ЮНИКО хөрөнгө оруулалтын урьдчилсан хэрэгцээг танилцуулсан. Төслийг сайжруулж, оновчтой болгосоор байна.

Төслийн нөхцөл, түүхий эдийн хэрэгцээ

Шаардлагатай усны бодит хэрэглээг урьдчилсан ТЭЗҮ боловсруулах явцад тогтооно. Загвар үйлдвэрийн талбай нь Хэрлэн голоос ойролцоогоор 10км зайд байдаг, туршилтын үе шатанд усан хангамж хангалттай гэж МАК үзэж байна. МАК-аас 2012 онд хийсэн урьдчилсан судалгаагаар нүүрс шингэрүүлэх асуудалд анхаарлаа хандуулсан ба усан хангамжаа хэрхэн шийдэх талаар ойлголт өгдөг.

Хэрлэн голоос гадна хүрэн нүүрсний уурхайн хөрсний усны судалгаанаас үзэхэд томоохон үйлдвэрлэлд хүрэлцэхүйц байгаль орчинд нөлөөлөл багатай усны нөөц байгааг харуулж байна. Төслийн хүрээнд бор нүүрснээс гаргаж авсан ус ашиглан устөрөгчийн үйлдвэрлэл явуулах боломжийг судалж байна.

Төслийн цахилгаан эрчим хүчийг өргөтгөл хийхээр төлөвлөсөн Чойбалсангийн ДЦС-аас хангахаар төлөвлөж буй. Зүүн бүсийн хүрэн нүүрс үндсэн түүхий эд болох ба хэмжээг нь урьдчилсан ТЭЗҮ-ээр тогтооно. DME болон устөрөгчийн үйлдвэрлэлд зориулж бор нүүрсийг хийжүүлэхдээ тогтсон дэс дараалаар явдаг, ханган нийлүүлэгчийг сонгох, инженерийн нарийвчилсан зураг төсөл боловсруулах ажил төслийн дараагийн үе шатанд үргэлжилнэ.

Ур чадвар, чадавх, орон нутагт ажлын байр бий болгох

Загвар үйлдвэрт шаардлагтай мэргэжилтэй боловсон хүчин, ханган нийлүүлэлтийн сүлжээ, бизнесийн удирдлага, хүний нөөц, ажиллах хүчний тоог урьдчилсан ТЭЗҮ боловсруулах явцад тогтооно. Ажилчдад зориулсан сургалтыг Чойбалсан хотын МСҮТ-д зохион байгуулна.

Төсөл хэрэгжсэнээр Дорнод аймаг, тэр дундаа Чойбалсан хотод шууд болон дам ажлын байр бий болно.

Зүүн Ази руу устөрөгчийн экспортлоход чиглэсэн хоёр дахь үе шатанд тээврийн дэд бүтэц хөгжүүлэх нь онц чухал байх болно. Зүүн бүсд төмөр замын шугамын өргөтгөл хийхээр төлөвлөж байгаа нь Хятадын Жинжоу далайн боомтоор дамжин тээвэрлэлт хийх боломж бүрдүүлэх төдийгүй цаашид далайн тээврийг хөнгөвчлөх, бүс нутгийн эдийн засгийн хөгжил, холбоосыг дэмжих юм.

Бодлого зохицуулалтад анхаарах зүйлс

Үндэсний аж үйлдвэржилтийн хороотой нягт холбоотой ажиллах шаардлагатай. Төслийн удирдагч нь үндэсний устөрөгч хөгжүүлэх стратегитэй болох явдлыг сурталчлан таниулж устөрөгчийн дотоодын үйлдвэрлэл, ашиглалтыг дэмжих, аж үйлдвэржилтийн зорилттой нийцүүлэх, эдийн засгийн тогтвортой хөгжлийг дэмжин ажиллаж байна.

Төслийн эрсдэлт хүчин зүйлийн талаарх төсөөлөл

Загвар үйлдвэр нь Монгол Улсын зүүн хэсэгт, 1.7 тэрбум тонн хүрэн нүүрсний ордын нөөцтэй ойролцоо байрладаг. Устөрөгчийн дэлхийн эрэлт, үүний дотор хөх, ногоон төрлийн эрэлт өндөр байгаа ба устөрөгчийн зах зээл хөгжихийн хэрээр өсөх төлөвтэйтэй байна. Гэвч Монгол Улсад "CCS/CCUS"-ийг сайжруулсан аргаар газрын тос олборлолт (EOR) буюу CO2-г хөрсөнд нь барих геологийн хадгалалтыг ашиглах технологи туршигдаагүй, эдгээрийг зохицуулах эрх зүйн тогтолцоо дутмаг.

Устөрөгчийг олон улсын зах зээл рүү үр дүнтэй тээвэрлэх нь нэн чухал асуудал мөн. Төмөр замын цариг сонгох, тээвэрлэлтийн явцад хийнууршилтыг багасгах зэрэг ложистикийн асуудлыг нухацтай авч үзэх шаардлагатай. Шингэн устөрөгчийг хадгалах, тээвэрлэх нэмэлт технологи хөгжүүлэх нь дэлхийн зах зээлийн эрэлт хэрэгцээ, төслийн үр ашгийг хангахад чухал ач холбогдолтой.

Төсөл 4: Говь H2 төсөл

<table>
<tr><th colspan="2">Төслийн нэр</th></tr>
<tr><td>Төслийн зураг, дүрслэл</td><td>Төслийн байршил</td></tr>
<tr><td>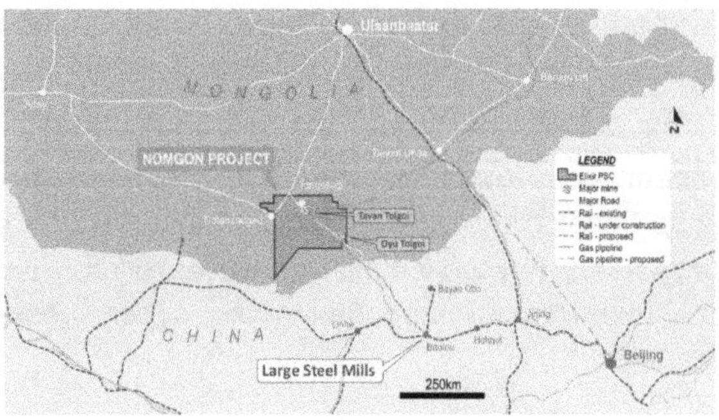
</td><td>Монгол Улсын өмнийн говийн бүс нутагт "Elixir Energy" метан үйлдвэрлэлийн үйл ажиллагааны хүрээнд НОМГОН төсөл хэрэгжиж байна. Энэ талбай нь томоохон уурхайнуудтай (Оюутолгой, Тавантолгой) ойролцоо байрладаг бөгөөд эдгээр уурхай эхний ээлжинд ашиглах хийх төлөвтэй. Устөрөгчийн хаб байгуулж буй БНХАУ-ын ӨМӨЗО-ны Бугат хотоос 400 км-ийн зайд байрлаж буй нь уг төслийг Хятадын хойд нутгийн аж үйлдвэрүүдтэй холбох боломж бүрдүүлж байна.</td></tr>
<tr><td colspan="2">Төслийн үндсэн техникийн болон санхүүгийн шинж чанар</td></tr>
</table>

Төслийн нэр	
Ашиглалтын үед H2-ын тооцоолсон нийт үйлдвэрлэл жилд (хамаарах үе шаттайгаар)	Мэдээлэл байхгүй
Төслийн төлөв байдал (урьдчилсан ТЭЗҮ, ТЭЗҮ, барилга байгууламж, үйл ажиллагаа)	Урьдчилсан ТЭЗҮ боловсруулж дууссан, Урд талын инженерийн дизайн (FEED) үе шат эхэлсэн. 2023 оны VIII сарын байдлаар төслийн гүйцэтгэгч инженерийн зөвлөх компани дараагийн шатны ТЭЗҮ-ийг 1-1.5 жилийн дотор дуусгахаар төлөвлөж байна.
Эхлэх огноо (хэрэв ашиглалтад ороогүй бол төлөвлөгөөт хугацааг бичнэ)	Тодорхойгүй боловч 2023 оны VIII сарын байдлаар хөрөнгө оруулалтын эцсийн шийдвэр (FID) хүлээгдэж буй, Инженерийн зураг төслийн урьдчилсан (FEED) үе шат 2024 оны IV, 2025 оны I улиралд эцэслэгдэнэ. 2024 оны IX сард эхлэх огноог олон нийтэд нээлттэй мэдээлнэ гэсэн хүлээлт бий
Бууруулах зардал тонн CO2 эквивалент (tCO2-e)	Мэдээлэл байхгүй
Электролиз төхөөрөмжийн үйлдвэрлэх хүчин чадал	Мэдээлэл байхгүй
Электролиз төхөөрөмж нэг бүрийн ашиглалтын хугацаа	Мэдээлэл байхгүй
Электролиз төхөөрөмж нэг бүрийн цахилгаан зарцуулалт	Мэдээлэл байхгүй
Эрэлтийн гол эх үүсвэр	Үйл ажиллагааны эхний үе шатанд Монгол Улсын (Өмнийн говийн бүс) уул уурхайн операторууд, ялангуяа нүүрстөрөгч халах зорилготой хөрөнгө оруулагчтай болон/эсвэл зохицуулалтын хөшүүргэтэй үндэстэн дамнасан компаниудад анхаарлаа хандуулах
Үйлдвэрлэлийн байршлын нөхцөл (тусгайлан төвлөрсөн эсхүл тархсан)	Үйл ажиллагааны хоёр дахь үе шатанд БНХАУ-ын хойд хэсэгт байрлах аж үйлдвэрийн үйлчлүүлэгчидтэй хийсэн гэрээ хэлэлцээрийн дагуу өргөтгөлийн бизнес төлөвлөгөө гарна.
Төлөвлөсөн үйлдвэрлэлийн өртөг	Төсөлд ногоон устөрөгчийн үйлдвэрлэлийн зардлыг килограмм тутамд 3 орчим ам.доллароор тооцсон боловч зардлын нарийвчилсан задаргааг хийгээгүй байна.

Төслийн нэр	
Төлөвлөсөн дотоодын эрэлт	Мэдээлэл байхгүй
Нийт хөрөнгө оруулалтын хэрэгцээ	Мэдээлэл байхгүй
Түншилж буй аж ахуйн нэгжийн нэрс.	Нэгдүгээр шат: 110-130 сая ам

I Зөвлөлдсөн нэмэлт эх сурвалж: (AECOM, 2023[2])

Танилцуулга, төслийн тойм

“Говь H2” түншлэлийн төслийг Монголд арав гаруй жилийн туршлагатай “Elixir Energy”, 85%-ийг Toyota Tsusho, 15%-ийг “SoftBank” групп тус тус эзэмшдэг Японы “Terras Energy” компани хэрэгжүүлж байн. Энэтөсөл өмнийн говийн бүс нутагт “Elixir Energy” компанийн одоо байгаа метан үйлдвэрлэлийн талбайн (НОМГОН төсөл) ойролцоо байрлан салхи, нарны эрчим хүчийг ашиглан ногоон устөрөгч үйлдвэрлэх зорилготой. Үүнд сэргээгдэх эрчим хүч үйлдвэрлэх зай хураагуур, ногоон устөрөгчийн үйлдвэрлэл, устөрөгч нийлүүлэхбайгууламжууд багтаж, хурдацтай хөгжиж буй Хятадын устөрөгчийн зах зээлд чиглэнэ.

Олон улсын эрчим хүчний зөвлөх үйлчилгээ “AECOM” төслийн урьдчилсан ТЭЗҮ-ийг боловсруулжж дуусгасан ба 2023 оны VIII сарын байдлаар инженерийн зураг төсөл (FEED) шатанд, инженерийн зөвлөх үйлчилгээ үзүүлэхээр баталгаажаагүй явж байна. Урьдчилсан ТЭЗҮ-д ашигласан дуу чимээ мэдрэгч (SODAR) цамхаг ашиглан урьдчилсан судалгаа хийсэн ба санхүүжилтийн хэлэлцээр хийхэд чухал мэдээлэл болсон. Төсөл эхний ээлжинд дотоодод устөрөгч үйлдвэрлэхэд төвлөрч дараагийн дараагийн үе шатанд Хятад руу үйлдвэрлэлийн зориулалтад экспортлохоор төлөвлөж байна.

Дотоодын болон Хятадын зах зээлийн эрэлт хэрэгцээг тодорхойлохоор яриа хэлэлцээ өрнөж байгаа ба офф тэйк гэрээ байгуулах ажил хүлээгдэж байна. Одоо байгаа болон төлөвлөж буй дэд бүтэц, тэр дундаа Бугат дахь Хятадын устөрөгчийн хабтай ойр, стратегийн хувьд чухал ач холбогдолтой . Усны нөөцийн менежментийн хувьд боловсруулах шат дамжлагатай холбоотой дэд бүтэц байгуулах шаардлага тулгамдсан асуудал хэвээр байна.

“Говь H2” төсөл нь тодорхой эрэлтийн төсөөлөл, санхүүгийн шийдвэр гаргах, үйлдвэрлэл өргөжүүлэхэд шаарддлагатай Хятадын эрэлт хэрэгцээг тодруулаагүй байна. Төсөлд ногоон устөрөгчийн үйлдвэрлэлийн зардлыг нэг кг тутамд 3 ам.доллароор тооцсон боловч зардлын нарийвчилсан задаргааг өгөөгүй.

Үндэстэн дамнасан корпорацуудын нүүрстөрөгч тэглэх хүчин чармайлтаас улбаатайгаар уул уурхайн салбараас дотоодын эрэлт хэрэгцээ голчлон үүснэ гэсэн хүлээлттэй. Төсөл нь эцсийн хөрөнгө оруулалтын шийдвэр гаргахын өмнө оффтэйк гэрээ байгуулах шаардлагатай, зөрүү тооцох гэрээ (CFD) ашиглах талаар тодорхой төлөвлөгөө байхгүй.

Монгол, Хятадын эцсийн хэрэглэгчидтэй хамтран ажиллаж байгаа бөгөөд аммиак зэрэг устөрөгчийн деривативууд судлах боломжтой болович тодорхой мэдээлэл өгөөгүй. Туршилтын эхний шатны хөрөнгө оруулалтыг 110-130 сая ам.доллароор тооцсон, нарийвчилсан задаргаа болон тэлэх хэрэгцээ шаардлага тодорхойгүй хэвээр. Монгол Улсын Ногоон Санхүүгийн Корпораци, АХБ зэрэг хөгжлийн банк санхүүгийн байгууллагад хувь эзэмшүүлэх замаар нэмэлт санхүүжилт эрэлхийлж байна.

Төслийн нөхцөл, түүхий эдийн хэрэгцээ

“Говь H2” төсөл усны хэрэгцээгээ үнэлж, ойр орчмын уурхайн үйл ажиллагаанаас олборлох, боловсруулах, хог хаягдлын менежментийн талаарх горимыг судалж байна. Нөөц хүрэлцээтэй гэдэгт итгэлтэй байгаа ч говийн бүс нутгийн нийгэм, улс төрийн эмзэг байдлаас үүдэн ус болзошгүй эрсдэлд тооцно. Үйл ажиллагааг оновчлохын тулд устөрөгчийн станцтай усан хангамжийг хамтад нь байрлуулах зэрэг асуудал төлөвлөгөөнд тусгагдсан.

Нар салхины станцаас авах цахилгаанаар эрчим хүчээ хангана. Сүлжээнд холбох хоёр хувилбар бий. Үүнд: 1) Илүүдэл сэргээгдэх эрчим хүчийг зай хураагуурт хадгалах эсвэл 2) Сүлжээнд нийлүүлэх. Сүлжээнд холбогдох хөрөнгө оруулалтын шаардлага нь хүчин сүлжээний хүчин чадлаа өргөтгөх, шинэ ДЦС-ын бүтээн байгуулалтаас хамаарна.

Технологи хөгжүүлэх стратеги боловсруулахдаа дэлхийд салбартаа тэргүүлэгчдийн санал хүсэлтийг тусгаж авснаар эцэслэх шатандаа байна.

Ур чадвар, чадавх, орон нутагт ажлын байр бий болгох

“Говь H2” төсөл нь эхний шатанд уул уурхайн салбарын хэрэглэгчдээ устөрөгчөөр хангахын тулд орон нутгийн тээврийн дэд бүтэц, магадгүй авто зам ашиглахаар төлөвлөж байна. Тодорхой зохицуулалт хүлээгдэж буй. Төслөө өргөжүүлэхэд Монгол, Хятадын хооронд устөрөгч тээвэрлэх шугам хоолойн дэд бүтцэд шинэ хөрөнгө оруулалт шаардлагатай. Худалдааны сүлжээнд холбогдох дэд бүтцийн хөрөнгө оруулалтыг дэмжих зорилгоор АХБ зэрэг хөгжлийн банкнууд зөвлөж байгаа юм.

Бодлого зохицуулалтад анхаарах зүйлс

“Говь H2” төсөл төсвийн санхүүжилт хүлээн аваагүй. Гэвч Монгол Улсын сэргээгдэх эрчим хүч, метан хийн салбарт туршлагатай түншүүдийнхээ дэмжлэгтэйгээр лиценз, зөвшөөрөл олгох үйл явцыг удирдан чиглүүлж байна. Ногоон устөрөгчийн хөгжлийн зохицуулалтын тайланг Монгол Улсын Эрчим хүчний яаманд хүргүүлсэн. Монгол Улсад электролиз төхөөрөмжийн болон ногоон устөрөгчийн стандарт байхгүй байгааг хүлээн зөвшөөрч, Засгийн газартай хамтран шаардлагатай зохицуулалтыг бий болгохоор зорьж байна.

Төслийн эрсдэлт хүчин зүйлийн талаарх төсөөлөл

“Говь H2” төслийн хүрээнд туршилт үйлдвэр барих ажил үндсэндээ уул уурхайн компанитай гэрээ байгуулахаас хамаарна гэж үзэж байна. Дэд бүтэц, үйл ажиллагаанд их хэмжээний хөрөнгө оруулалт хийхээс өмнө устөрөгчийн баталгаатай зах зээлээ баталгаажуулах нь санхүүгийн эрсдэлийг бууруулах зорилготой.

Төсөл 5: HYRASIA ONE төсөл

Төслийн нэр	
Төслийн зураг эсвэл дүрслэл	*Төслийн байршил*
	Баруун Казахстан дахь “Мангыстау” нутаг
Төслийн үндсэн техникийн болон санхүүгийн өгөгдөл	

Төслийн нэр	
Ашиглалтын үед H2-ын тооцоолсон нийт үйлдвэрлэл жилд(холбогдох бол үе шаттайгаар)	2032 он гэхэд HYRASIA One нь 2 сая тонн ногоон устөрөгч буюу 11 сая тонн ногоон аммиак үйлдвэрлэнэ.
Төслийн төлөв байдал (урьдчилсан ТЭЗҮ, ТЭЗҮ, барилга байгууламж, үйл ажиллагаа)	ТЭЗҮ
Эхлэх огноо (хэрэв ашиглалтад ороогүй бол төлөвлөгөөт хугацааг бичнэ)	2032
Бууруулах зардал тонн CO2 эквивалент (tCO2-e)	Мэдээлэл байхгүй
Электролиз станцын үйлдвэрлэлийн хүчин чадал	20 ГВт электролизерийн хүчин чадалтай
Электролиз төхөөрөмж бүрийн ашиглалтын хугацаа	Мэдээлэл байхгүй
Нэгж электролиз төхөөрөмжийн цахилгаан зарцуулалт	Мэдээлэл байхгүй
Эрэлтийн гол эх үүсвэр	Мэдээлэл байхгүй
Үйлдвэрлэлийн байршлын нөхцөл (тусгайлан төвлөрсөн эсхүл тархсан)	Мэдээлэл байхгүй
Төлөвлөсөн үйлдвэрлэлийн өртөг	Мэдээлэл байхгүй
Төлөвлөсөн дотоодын эрэлт	Мэдээлэл байхгүй
Нийт хөрөнгө оруулалтын хэрэгцээ	40-50 тэрбум ам.долларын хөрөнгө оруулалт хийхээр төлөвлөж байгаа тус компани 2026 он хүртэл 5-6 тэрбум ам.долларын хөрөнгө оруулалт хийхээр төлөвлөж байна.
Түншилж буй аж ахуйн нэгжийн нэрс.	“Svevind Energy” групп

I Зөвлөлдсөн нэмэлт эх сурвалж: (Svevind Energy Group, 2024[3])

Танилцуулга, төслийн тойм

HYRASIA ONE төслийн удирдагч ХБНГУ-ын Свевинд компани баруун Казахстаны Мангистау хотод төвлөрсөн сэргээгдэх эрчим хүчний томоохон санаачлагч юм. Хоёр сая тонн ногоон устөрөгч эсвэл 11 сая тонн ногоон аммиак үйлдвэрлэх 20 ГВт-ын хүчин чадалтай 40 ГВт-ын салхи, нарны эрчим хүчний цогцолбор байгуулахаар төлөвлөж байна. Мөн ус давсгүйжүүлж боловсруулах шинэ үйлдвэр хамаарна.

2022 оны X сард Казахстаны Засгийн газартай Хөрөнгө оруулалтын гэрээ байгуулсан. Урьдчилсан инженерийн зураг төсөл (FEED), Байгаль орчин, нийгэмд нөлөөлөх байдлын үнэлгээг 2023-2026 онд хийхээр төлөвлөж байна. “FEED”-ийн бэлтгэл ажил, геологийн судалгааны ажил 2023 оны VI сард эхэлсэн. 2027 он гэхэд бүтээн байгуулалт эхэлж, 2030 он гэхэд ашиглалтад орж, 2032 он гэхэд бүрэн хүчин чадалдаа хүрнэ.

“HYRASIA ONE” төсөл нь экспортын болон дотоодын хэрэглээнд анхаарч, Казахстаныг ногоон устөрөгчийн томоохон үйлдвэрлэлээр Европ, Азийн зах зээлд том тоглогч болгох зорилготой юм. Бордоо, хими, цемент үйлдвэрлэл зэрэг салбарыг хөгжүүлэхийн зэрэгцээ бүс нутгийн худалдаа, эрчим хүчний солонгоруулалтыг дэмжих төлөвтэй байна. Нар, салхины эрчим хүч, электролиз станцад устөрөгч үйлдвэрлэх, хувиргах үйлдвэр, Курык боомтын ойролцоох экспортын терминал зэргийг нэгтгэнэ.

Хөрөнгө оруулалтын зардлыг 40-50 тэрбум ам.доллароор төлөвлөж байгаа бол 5-6 тэрбум ам.долларын анхны хөрөнгө оруулалтыг 2026 он гэхэд “FID” хийхээр төлөвлөж байна. Казахстаны Засгийн газартай байгуулсан Хөрөнгө оруулалтын гэрээний хүрээнд цаашид хөрөнгө оруулалт татахыг зорьж байна.

Төслийн нөхцөл, түүхий эдийн хэрэгцээ

Төслийн үндсэн түүхий эд нь нар, салхи, ус юм. Салхины хурд ихтэй, нарны тусгал өндөртэй бүсэд байрладаг тул нөөцийн нарийвчилсан мэдээлэл алга байна. Каспийн тэнгисээс ус татаж, давсыг ялгана. 20 ГВт-ын хүчин чадалтай электролиз станц, давсгүйжүүлэх шинэ үйлдвэр дэмжигдсэн.

Ойролцоогоор 34,000 хавтгай дөрвөлжин км талбайг судалгаанд зориулж нөөцөлсөн ба 50 км2 талбайг үйлдвэрлэл явуулахад зориулна. Төсөл нь 20 ГВт-ын хүчин чадалтай электролиз станц болон зэрэгцээ 40 ГВт нар, салхины цахилгаан станцыг хөгжүүлэх зорилготой. Сүлжээний хүчин чадал, эрчим хүчний хэрэглээний талаарх мэдээлэл тодорхойгүй, цахилгаан болон устөрөгчийн станцыг айлсуулан барина.

Ур чадвар, чадавх, орон нутагт ажлын байр бий болгох

Төсөл хэрэгжсэнээр 1800 байнгын ажлын байр, бүтээн байгуулалтын явцад 3500 ажлын байр бий болно гэж тооцоолж байна. Бүс нутгийн газрын тос, байгалийн хийн экспортын туршлага ногоон устөрөгчийн үйлдвэрлэлд шилжих үндэс суурийг бүрдүүлдэг. Каспийн тэнгисийн Курык боомтын ойролцоо байрлах уг төсөл төмөр зам, усан онгоц, дамжуулах хоолойг ашиглан өдөрт 32 мянган тонн ачаа тээвэрлэх хүчин чадалтай тээврийн сүлжээг бий болгоно. Гэвч доор дурдсанчлан одоогийн тээврийн сүлжээний хязгаарлалт экспортын интеграцийн үр ашгийг бууруулах эрсдэлтэй.

Бодлого зохицуулалтад анхаарах зүйлс

Казахстаны Свевинд төсөл нь Засгийн газрын хүчтэй дэмжлэгтэй, ирээдүйн хөрөнгө оруулалтын чухал санаачилга мөн. Гэвч ногоон устөрөгчийн зохицуулалтын тогтолцоо байхгүйгээс хөгжүүлэгчид бэрхшээлтэй тулгардаг. Одоогийн байдлаар саарал химийн бодисын зохицуулалтаар зөвхөн устөрөгчийг үйлдвэрлэлийн хий гэж ангилд тооцдог, энэ нь төсөл батлахад хүндрэл учруулж байна. Шаардлагатай зөвшөөрлийг баталгаажуулах нь бас нэг том бэрхшээл мөн. Экспортын үйл ажиллагаатай холбоотой тул олон улсын дүрэм журамд нийцүүлэх, ялангуяа Европын Холбооны зах зээлд нэвтрэх талаар хүчин чармайлт гаргаж байна. Эдгээр зохицуулалтын асуудлыг шийдвэрлэх нь төсөл урагшлахад зайлшгүй шаардлагатай.

Төслийн эрсдэлт хүчин зүйлийн талаарх төсөөлөл

Логистикийн гол бэрхшээл төслийн амжилтад эрсдэл учруулж болзошгүй. Ираны төмөр замын эгц налуу зам тээвэрлэлтийг удаашруулж, илүү үнэтэй болгодог бол Туркийн гатлага онгоцны хязгаарлагдмал хүчин чадал саад учруулж, ногоон аммиакийн Европ руу шилжүүлэх хөдөлгөөнийг саатуулж бүр хязгаарлаж болзошгүй. Эдгээр асуудлууд төслийн үр ашиг, Европын экспортын эрэлтийг хангах чадварт нөлөөлж болзошгүй.

Төсөл 6: GH2 ACWA эрчим хүчний төсөл

Төслийн нэр	
Төслийн зураг эсвэл дүрслэл	*Төслийн байршил*
	Ногоон устөрөгчийн үйлдвэр: Ташкент хотоос 45 км зайд, Чирчик хотод байрладаг. Баш 52 МВт-ын салхин цахилгаан станц: Бухар мужийн Гиждуван дүүрэгт Аякагитма усан сангийн зүүн хойно 8хотгор) байрладаг. Ногоон аммиакийн үйлдвэрлэл: Навои эсвэл Сырдаръяа боловсруулах үйлдвэрийн ойролцоо байрладаг.
Төслийн үндсэн техникийн болон санхүүгийн шинж чанар	
Ашиглалтын үед H2-ын тооцоолсон нийт үйлдвэрлэл жилд (холбоотой үе шаттайгаар)	Жилд 3000 тонн ногоон устөрөгч
Төслийн төлөв байдал (урьдчилсан ТЭЗҮ, ТЭЗҮ, барилга байгууламж, үйл ажиллагаа)	Мэдээлэл байхгүй
Эхлэх огноо (хэрэв ашиглалтад ороогүй бол төлөвлөгөөт хугацааг бичнэ)	Хоёр үе шаттайгаар COD ашиглалтад орно
Бууруулах зардал тонн CO2 эквивалент (tCO2-e)	2024 оны 9-р сарын 1 гэхэд HPA-д зориулсан COD-1
Электролиз станцын үйлдвэрлэлийн хүчин чадал	2025 оны 1-р сарын 1 гэхэд PPA-д зориулсан COD-2
Электролиз төхөөрөмж бүрийн ашиглалтын хугацаа	Мэдээлэл байхгүй
Нэгж электролиз төхөөрөмжийн цахилгаан зарцуулалт	20 МВт электролизер

Төслийн нэр	
Эрэлтийн гол эх үүсвэр	Мэдээлэл байхгүй
Үйлдвэрлэлийн байршлын нөхцөл (тусгайлан төвлөрсөн эсхүл тархсан)	Мэдээлэл байхгүй
Төлөвлөсөн үйлдвэрлэлийн өртөг	Узбекистаны Үндэсний цахилгаан эрчим хүчний сүлжээтэй (NEGU) байгуулсан 25 жилийн гэрээний хугацаанд сүлжээнд нийлүүлсэн сэргээгдэх эрчим хүчийг 100% худалдан авна
Төлөвлөсөн дотоодын эрэлт	Мэдээлэл байхгүй
Нийт хөрөнгө оруулалтын хэрэгцээ	Мэдээлэл байхгүй
Түншилж буй аж ахуйн нэгжүүдийн нэрс.	Мэдээлэл байхгүй

Зөвлөлдсөн нэмэлт эх сурвалж: (ACWA Power, 2023[4])

Танилцуулга, төслийн тойм

2023 оны I сард Узбекистаны Эрчим хүчний яам болон ACWA Power компани бордоо үйлдвэрлэлд байгалийн хийн хараат байдлыг бууруулах зорилгоор Ташкент хотод устөрөгчийн ногоон байгууламжийг хөгжүүлэх гэрээнд гарын үсэг зурав. ACWA Power (ACWA) нь Саудын Арабд төвтэй, дэлхийн 77 улсад 78.2 тэрбум ам.долларын хөрөнгөтэй, 2019 оноос хойш Узбекистанд үйл ажиллагаагаа явуулж байна. Тус компани Узбекистаны аж үйлдвэрлэлд нүүрстөрөгч халах, ялгарлыг бууруулах арга хэмжээг дэмжин ногоон устөрөгч, аммиакийн үйлдвэрлэлд анхаарлаа хандуулж буй. Энэ нь удахгүй гарах Хилийн нүүрстөрөгч тохируулгын механизм (CBAM) -тай уялдуулах юм

ACWA Power компани Узбекистанд ногоон устөрөгч үйлдвэрлэх байгууламж, ногоон аммиакийн үйлдвэр гэсэн хоёр төслийг боловсруулж байна.

Ногоон H2 үйлдвэрлэл: Устөрөгчийн байгууламж нь Ташкент хотоос 45 км зайд, Узкимёсаноат/МАКСАМ-Чирчик-Навои бордооны үйлдвэрийн ойролцоо байрлана. Жилд 20МВт-ын электролиз станц 3000 тонн ногоон устөрөгч үйлдвэрлэх ба 85-100 сая ам.долларын хөрөнгө оруулалт хийхээр төлөвлөж, 2024 оны сүүлээр үйлдвэрлэлээ эхлүүлэх төлөвтэй байна. Устөрөгчийн станцаас гадна ACWA Power нь 52 МВт-ын салхин станц (WF) Бухар мужийн Баш хотод барина. Уг станц 80 МВт-ын хүчин чадалтай, сүлжээнд цахилгаан нийлүүлж, устөрөгчийн байгууламжийг тэжээх юм. Энэхүү салхин цахилгаан станц нь одоо баригдаж байгаа ACWA Power Bash 500 МВт-ын салхин станц (WF)-тай хамт байрлана. Төслүүдийг ACWA Power болон Uzkimyosanoat ХК (UKS)-ийн хамтарсан компани удирдах ба ACWA 80%, UKS 20% эзэмшинэ. UKS нь тусгай зөвшөөрөл, лиценз, инженерчийн шийдэл, газар чөлөөлөх ажлыг хариуцаж, сүлжээний холболтыг хөнгөвчлөхийн зэрэгцээ өөрийн харьяа байгууллагаар дамжуулан үйлдвэрлэсэн устөрөгчийн 10% -ийг худалдаж авна. ACWA Power UKS Green H2 хамтарсан компани салхин станц болон холбогдох дэд бүтцийн бүтээн байгуулалт, санхүүжилт, барилга угсралт, ашиглалт, засвар үйлчилгээ зэрэгт хяналт тавих юм. “Узкимёсаноат” төрийн өмчит үйлдвэрийн газартай 15 жилийн хугацаатай устөрөгч худалдан авах гэрээ, Узбекистаны Үндэсний цахилгаан эрчим хүчний сүлжээ компанитай эрчим хүч худалдан авах гэрээ байгууллаа.

Ногоон аммиакийн үйлдвэрлэл: Ногоон аммиакийн төслийг хоёр үе шаттайгаар хэрэгжүүлж, жилд 500,000 тонн ногоон аммиак үйлдвэрлэн хийн хэрэглээг жилд 0.6 сая МВт-аар бууруулах ъзорилготой. Уг байгууламж Навои эсвэл Сырдарьяа боловсруулах үйлдвэрийн ойролцоо байрладаг. 3.5-4 тэрбум ам.долларын өртөгтэй уг төсөлд 2 ГВт сэргээгдэх эрчим хүч, 1 ГВт-ын электролиз станцын бүтээн байгуулалт багтсан. 2023 онд Хамтарсан бүтээн байгуулалтын гэрээ байгуулсан. Ногоон аммиак төсөл нийт хөрөнгө оруулалтын дийлэнх хувийг эзэлж, 30 жилийн хугацаанд нэг тэрбум ам.долларын хөрөнгө оруулалт шаардлагатай, 1-2 тэрбум ам.долларын үйл ажиллагааны зардалтай. Төсөл нь дөрвөн тэрбум ам.долларын гадаадын шууд хөрөнгө оруулалт татах зорилготой ч зардлын нарийвчилсан задаргааг хараахан зарлаагүй байна.

Гадаад, дотоод эрэлт, үйлдвэрлэлийн зардлын талаар дэлгэрэнгүй мэдээлэл хараахан гараагүй.

Төслийн нөхцөл, түүхий эдийн хэрэгцээ

Ногоон устөрөгчийн төслийн хувьд сэргээгдэх эрчим хүч, ус нь үндсэн түүхий эд болно. Усны хэрэгцээ, хангамжийн талаар тодорхой мэдээлэл хараахан гараагүй байна. Одоо хэрэгжиж буй “Баш салхи” төслийг өргөтгөж, 52 МВт цахилгаан эрчим хүч үйлдвэрлэн 175 ГВт.ц цахилгаан эрчим хүчийг үндэсний сүлжээнд нийлүүлэхийг зорьж байна. Энэ цахилгааныг устөрөгчийн үйлдвэр рүү татна. Үйлдвэрлэсэн ногоон устөрөгчөө Узкимёсаноатын ногоон шээг/шивтэр/ мочевины үйлдвэрт зарна

Ногоон аммиакийн төсөлд 500,000 тонн ногоон аммиак үйлдвэрлэхийн тулд ойролцоогоор 2 ГВт сэргээгдэх эрчим хүчний эх үүсвэр, төслийн нэг хэсэг болох 1 ГВт хүчин чадалтай электролиз станц шаардлагатай. Сэргээгдэх эрчим хүчний байгууламжуудыг ногоон аммиакийн үйлдвэртэй хамт байрлуулах уу, эсвэл ногоон устөрөгчийн төсөлтэй адилаар үндэсний сүлжээнд холбогдон эрчим хүчээр хангах уу гэдгийг тодорхой заагаагүй байна. Энэ төслийн усны хэрэгцээг ихэвчлэн электролиз станцад ашиглах ба ойролцоогоор 4500 м³/хоног гэж тооцоолсон.

Ур чадвар, чадавх, орон нутагт ажлын байр бий болгох

Ногоон устөрөгч болон ногоон аммиакийн төслүүд нь барилг угсралтын болон ашиглалтын үе шатанд ажлын байр үүсгэнэ.

Барилгын ажлын явцад 100 орчим ажлын байр шинээр бий болгоно. Барилгын ажил ид өрнөж байх үед нийт ажиллах хүчний 50 хүртэлх хувийг орон нутгаас авна. Ашиглалтын үе шатанд салхин станцад 16 орчим ажлын байр, ногоон устөрөгчийн үйлдвэрт 10 орчим ажлын байр бий болно. Баш 52 МВт-ын болон Баш 500 МВт-ын салхин станцыг хамтад нь байгуулснаар нийт 35-40 ажилчин хоёр салхин цахилгаан станцын ашиглалт, засвар үйлчилгээг хийх боломжтой.

Ногоон аммиак төслийн дөрвөн жилийн барилга угсралтын үе шатанд 3000 орчим ажлын байр бий болгоно гэж тооцоолж байгаа бөгөөд ашиглалтын арван жилийн хугацаанд 200-250 орчим ажлын байр бий болно.

Ногоон устөрөгчийн үйлдвэрлэлийг дэмжихийн тулд одоо байгаа дэд бүтцийг хөшүүрэг болгон сайжруулна. Төслийн хүрээнд багтсан сүлжээг өргөтгөх, сайжруулах зэрэг нэмэлт дэд бүтэц шаардаж магадгүй. Хэдийгээр бордоо тээвэрлэх дэд бүтэц бий болсон ч агуулах, үйлдвэрлэлийн талбай, бусад байгууламж зэрэг дэд бүтцийн шинэ бүрэлдэхүүн хэсгүүд зайлшгүй шаардлагатай.

Бодлого зохицуулалтад анхаарах зүйлс

Эрх зүйн таатай орчин бүрдүүлэхэд төрөөс оролцогч талуудын хамтын ажиллагаа шаардлагатай болсон. I үе шатны ололт амжилтад тулгуурлан Олон улсын сэргээгдэх эрчим хүчний гэрчилгээ (iRECs), зах зээл бий болгох гм ажлыг эхлүүлсэн. Аж үйлдвэрлэлийн шинэчлэлтэй холбоотой бэрхшээл, сорилтыг даван туулахад төрийн дэмжлэг маш чухал байв. Эдгээр төслийг үргэлжлүүлэх таатай орчныг бүрдүүлэхэд дээд удирдлагын амлалт чухал үүрэг гүйцэтгэсэн билээ.

Төслийн санхүүжилт, эрсдэл хуваах арга, төслийн ерөнхий бүтэц зэрэг нь Узбекистаны Эрчим хүчний яам, Аж үйлдвэр, мэдээллийн технологийн яамны бодлогын дэмжлэгтэйгээр тулгамдсан олон асуудлыг шийдвэрлэж чаджээ.

Төслийн эрсдэлт хүчин зүйлийн талаарх төсөөлөл

ACWA Power газар хөрсний экологи, агаарын чанар, дуу чимээ, чичиргээ, хөрс, геологи, гүний болон гадаргын ус, замын хөдөлгөөн ба тээвэр, дэд бүтэц, инженерийн шугам сүлжээ, археологи, соёлын өв, ландшафт болон үзэгдэх орчин, сүүдэрлэлт, хатуу хог хаягдал, бохир усны менежмент, нийгэм-эдийн засаг, иргэдийн эрүүл мэнд, аюулгүй байдал, түүнчлэн хөдөлмөрийн нөхцөл, хүн амын шилжилт хөдөлгөөний нөлөөллийн үнэлгээг хийсэн байна.

Гол эрсдэл, бууруулах стратеги ажиллагаа:

Амьдрах орчин алдагдах: Талбай цэвэрлэх, ухах зэрэг барилгын ажил нь ургамал, ан амьтанд эрсдэл учруулж, бүс нутгийн экосистемийг доройтуулж болзошгүй. Энэ нөлөөг багасгахын тулд салхин үүсгүүр, дэд станцын эргэн тойронд 30 метр хамгаалалтын бүс байгуулж, хөрсний элэгдлээс сэргийлж орох гарах гарц зам, дэд станцуудын барилгын ажлын үлдээх ул мөрийг хянана.

Агаарын чанар: Барилгын үйл ажиллагаанаас үүдэлтэй тоосжилт, бохирдуулагчийн ялгарал нь ургамал, ан амьтанд сөргөөр нөлөөлдөг. Үүнийг шийдвэрлэхийн тулд байгаль орчин болон ойр орчмын хүн амыг хамгаалах нөлөөллийн үнэлгээ, нөлөөллийг бууруулах стратегиэ тодорхойлсон Биологийн олон янз байдлын менежментийн төлөвлөгөө боловсруулсан.

Эдгээр арга хэмжээ нь байгаль орчинд үзүүлэх нөлөөллийг багасгах, төсөл хариуцлагатай хэрэгжүүлэх хөгжүүлэх үйл ажиллагааг хангах зорилготой юм.

Ашигласан материал

ACWA Power (2023), *Bash 52MW Wind Farm Republic of Uzbekistan: Environmental & Social Impact Assessment Volume 2 - Addendum to the Bash 500MW WF ESIA*. [4]

AECOM (2023), *Gobi Green H2 Prefeasibility Study*, https://aecom.com/au/projects/gobi-green-h2-prefeasibility-study/. [2]

Petro Matad Limited (2024), *Petro Matad Limited Operational Update*, https://markets.ft.com/data/announce/full?dockey=1323-16439481-5TDTQH3AKNPG7UR7F088D307FA. [1]

Svevind Energy Group (2024), *About Hyrasia One*, https://hyrasia.one/the-project. [3]

www.ingramcontent.com/pod-product-compliance
Lightning Source LLC
Chambersburg PA
CBHW061215240926
51846CB00006B/1238
* 9 7 8 9 2 6 4 5 3 5 0 1 5 *